高等学校计算机公共课程"十三五"规划教材

信息技术基础

杨树元　杨立军　主编

边　玲　陈　雪　耿宗科

谷　佩　霍利岭　路　慧　参编

武新慧　张　华

中国铁道出版社
CHINA RAILWAY PUBLISHING HOUSE

内 容 简 介

本书是根据教育部计算机基础课程教学指导委员会最新制定的《关于进一步加强高等学校计算机基础教学的意见暨计算机基础课程教学基本要求》及全国计算机等级考试（NCRE）一、二级 MS Office 应用 2013 版最新大纲编写的。主要内容包括计算机基础知识、Windows 7 操作系统、MS Office 2010 办公自动化系统（Word、Excel、PowerPoint）、计算机网络基础及 Internet 应用、多媒体技术及其应用等。本书概念清楚，内容丰富，每章配有习题，并有配套实验指导书，便于理论教学和上机指导。

本书可作为高等院校本、专科学生信息技术基础课程的教材，也可用作全国计算机等级考试（NCRE）一、二级 MS Office 应用的指导书，亦可作为计算机爱好者的自学用书。

图书在版编目（CIP）数据

信息技术基础 / 杨树元，杨立军主编. — 北京：
中国铁道出版社，2016.8（2017.6 重印）
高等学校计算机公共课程"十三五"规划教材
ISBN 978-7-113-22205-5

Ⅰ. ①信… Ⅱ. ①杨… ②杨… Ⅲ. ①电子计算机－
高等学校－教材 Ⅳ. ①TP3

中国版本图书馆 CIP 数据核字(2016)第 190248 号

书　　名：信息技术基础
作　　者：杨树元　杨立军　主编

策　　划：王占清　　　　　　　　读者热线：(010) 63550836
责任编辑：王占清
封面设计：付　巍
封面制作：白　雪
责任校对：汤淑梅
责任印制：郭向伟

出版发行：中国铁道出版社（100054，北京市西城区右安门西街 8 号）
网　　址：http://www.tdpress.com/51eds/
印　　刷：北京市昌平百善印刷厂
版　　次：2016 年 8 月第 1 版　　2017 年 6 月第 2 次印刷
开　　本：787mm×1 092 mm　1/16　印张：19　字数：457 千
书　　号：ISBN 978-7-113-22205-5
定　　价：45.00 元

版权所有　侵权必究

凡购买铁道版图书，如有印制质量问题，请与本社教材图书营销部联系调换。电话：(010) 63550836

打击盗版举报电话：(010) 51873659

信息技术是研究如何获取信息、处理信息、传输信息和使用信息的技术。

本书讨论的信息技术是指利用计算机、网络等各种硬件设备及软件工具，对信息进行获取、加工、存储、传输与使用的技术。

当前，信息技术已经应用到经济发展和社会生活的各个方面，人们的生产方式、生活方式以及学习方式都发生了深刻的变化，全民教育、优质教育、个性化学习和终身学习已成为信息时代教育发展的重要特征。面对日趋激烈的国力竞争，世界各国普遍关注教育信息化在提高国民素质和增强国家创新能力方面的重要作用。《国家中长期教育改革和发展规划纲要（2010—2020年）》明确指出："信息技术对教育发展具有革命性影响，必须予以高度重视。"

本书根据教育部计算机基础课程教学指导委员会最新制定的《关于进一步加强高等学校计算机基础教学的意见暨计算机基础课程教学基本要求》编写而成。主要内容包括计算机基础知识、Windows 7操作系统、MS Office 2010办公自动化系统（Word 2010、Excel 2010、PowerPoint 2010）、Internet及其应用、多媒体技术及其应用。本书概念清楚，内容丰富，每章配有习题，与《信息技术基础实验指导》（杨立军、杨树元主编，中国铁道出版社出版）配套使用，便于理论教学和上机指导。

本书适合作为高等院校"信息技术基础"课程的教材，也可用作全国计算机等级考试（NCRE）一、二级MS Office应用的指导书，亦可作为计算机爱好者的自学用书。书中所有素材、案例及教案可向作者（邮箱 yxdgsxs@163.com）索取。

本书由杨树元、杨立军主编，参加本书编写的人员及负责的章节如下：张华、耿宗科编写第1章；武新慧编写第2章；边玲、杨树元编写第3章；路慧编写第4章；陈雪编写第5章；谷佩、杨立军编写第6章；霍利岭编写第7章。全书由杨树元、杨立军统稿。

本书的编写得到了河北师范大学汇华学院的大力支持和帮助，由"河北师范大学汇华学院精品教材建设项目"资助，在此深表感谢。李孟建、杨继清对本书提出了宝贵的意见及建议，在此对两位老师深表感谢。同时，对在本书出版过程中提出建议和给予帮助的其他朋友表示深深的感谢。

由于编者能力所限，书中难免存在一些不足和疏漏之处，恳请大家批评指正。

编　者

2016年5月

目 录

目录

第①章

→ 计算机基础知识

计算机是人类历史上最伟大的发明之一，它的出现推动了整个社会的飞速发展，使人类社会从工业社会步入了信息社会。因此，在信息化社会的今天，每一位大学生都需要掌握以计算机技术为核心的信息技术基本知识，具备一定的信息技术应用能力。

1.1 计算机概述

在漫长的人类文明发展过程中，出现过许多计算工具，例如算筹、算盘、计算尺等，这些计算工具帮助人们进行科学计算，为推动人类文明发展做出了巨大的贡献。进入 20 世纪后，计算机的出现又让人类文明进入一个崭新的时代。

1.1.1 计算机的发展简史

计算机具有极高的处理速度、超大的信息存储空间、精准的计算和逻辑判断能力，是一种按程序自动运行的现代化智能电子设备。

1. 电子计算机的诞生

1946 年 2 月 14 日，在美国宾夕法尼亚大学，世界上第一台电子多用途计算机 ENIAC（Electronic Numerical Integrator And Calculator）正式投入运行，如图 1–1 所示。在隆重的揭幕仪式上，ENIAC 表演了它的"绝招"：在 1 s 内进行 5 000 次加法运算；在 1 s 内进行 500 次乘法运算，这比当时最快的电子计算器的运算速度要快 1 000 多倍。全场起立，欢呼科学技术进入了一个新的发展时期。

2. 计算机发展的四个阶段

ENIAC 被广泛认为是世界上第一台现代意义上的计算机。但从技术上讲，ENIAC 尚未正式运行就几乎过时了。因为在它正式运行之前，一份新型电子计算机的设计报告又呼之欲出。这份报告的起草人就是美籍匈牙利数学家冯·诺依

图 1–1 ENIAC

曼。他对 ENIAC 作了两项重大的改进，在计算机发展史上树起了一座新的里程碑。其改进主要包括两方面：

① 将十进制改为二进制，从而大大简化了计算机的结构和运算过程。

② 将程序与数据一起存储在计算机内，使得电子计算机的全部运算成为真正的自动过程。

今天计算机的基本结构仍采用冯·诺依曼提出的原理和思想，因此冯·诺依曼也被誉为"现代电子计算机之父"。

从第一台电子计算机诞生至今，计算机技术以前所未有的速度迅猛发展。一般根据计算机所采用的逻辑元件，将计算机的发展分为如下四个阶段，如表 1-1 所示。

表 1-1　第一代至第四代计算机主要特征

特　征	第一代 （1946—1955 年）	第二代 （1956—1964 年）	第三代 （1965—1970 年）	第四代 （1971 年至今）
逻辑元件	电子管	晶体管	中小规模集成电路	（超）大规模集成电路
内存储器	汞延迟线、磁芯	磁芯存储器	半导体存储器	半导体存储器
外存储器	磁鼓	磁鼓、磁带	磁带、磁盘	磁盘、光盘
外围设备	读卡机、纸带机	读卡机、纸带机、电传打字机	读卡机、打印机、绘图机	键盘、显示器、打印机、绘图机
处理速度	$10^3 \sim 10^5$ IPS	10^6 IPS	10^7 IPS	$10^8 \sim 10^{10}$ IPS
内存容量	数千字节	数十千字节	数十千字节~数兆字节	数十兆字节
编程语言	机器语言	汇编语言、高级语言	汇编语言、高级语言	高级语言、第四代语言
系统软件	无	操作系统	操作系统、实用程序	操作系统、数据库管理系统
代表机型	ENIAC IBM 650 IBM 709	IBM 7090 IBM 7094 CDC 7600	IBM 360 系列 富士通 F230 系列	大型、巨型计算机 微型、超微型计算机

① 第一代电子计算机是电子管计算机。到 1955 年，全世界已经生产了几千台大型电子计算机，其中有的运算速度已经高达每秒几万次。这些电子计算机都以电子管为主要组件，所以叫电子管计算机。这代计算机体积大，耗电量多，发热量大，速度慢，存储容量小，程序设计采用机器语言或汇编语言，主要用于军事和科学计算。利用这一代电子计算机，人们将人造卫星送上了天。

② 第二代电子计算机是晶体管计算机。1956 年，美国贝尔实验室用晶体管代替电子管，制成了世界上第一台全晶体管计算机 Lepreachaun。至 20 世纪 60 年代，世界上已生产了 3 万多台晶体管计算机，运算速度达到了每秒 300 万次。第二代计算机较之第一代具有速度快、寿命长、体积小、重量轻、耗电量少等优点。汇编语言使用更加普遍，并出现了一系列高级程序设计语言，使编程工作更加简化。应用领域已拓展到信息处理及其它科学领域。

③ 第三代电子计算机是中小规模集成电路计算机。1962 年，美国得克萨斯公司与美国空军合作，以集成电路作为计算机的基本电子组件，制成了一台实验性的样机。在这时期，计算机的体积、功耗都进一步减少，可靠性却大为提高，运算速度达到了每秒 4 000 万次。与晶体管元件相比，集成电路体积更小，耗电更省，寿命更长。软件方面出现了操作系统以及结构化、模块化程序设计方法。进一步扩大了计算机的应用范围，广泛应用于信息处理、工业控制、科学计算等领域。

④ 第四代电子计算机是大规模/超大规模集成电路计算机。1971 年 Intel 公司制成了第一代微处理器 4004，这一芯片集成了 2 250 个晶体管组成的电路，微型计算机应运而生并得到迅猛发展。伴随着性能不断提高，体积大大缩小，价格不断下降，使得计算机逐步普及到家庭。多媒体、计算机网络技术的发展促进了计算机日新月异的发展势头。目前，计算机已经进入网络时代，应用到了社会各个领域。

3. 我国计算机的发展史

我国计算机的起步相对来说比较晚，从 1956 年开始研制第一代计算机，1958 年 8 月 1 日由中国科学院计算所研制的通用数字电子计算机可以运行短程序，标志着我国第一台电子数字计算机诞生。

我国第二代晶体管计算机的研制是 1965—1972 年。1965 年中国科学院成功研制了我国第一台大型晶体管计算机 109 乙机，之后推出 109 丙机，该机在两弹试验中发挥了重要作用。

我国第三代中小规模集成电路计算机的研制是 1973 年至 20 世纪 80 年代初。1974 年，清华大学等单位联合设计、研制成功采用集成电路的 DJS–130 小型计算机，运算速度达每秒 100 万次。

和国外一样，我国第四代计算机研制也是从微机开始的。目前，我国的微机生产水平已达到了国际先进水平，诞生了联想、长城、方正、同方、浪潮等一批国际微机品牌，其中联想公司在 2004 年已收购 IBM 全球个人计算机（Personal Computer，PC）业务，一跃成为全球第三大 PC 制造商。

1.1.2　计算机的主要特点及分类

1. 计算机的特点

（1）能自动运行程序且支持人机交互

计算机采用了存储程序控制的方式，能在程序控制下自动并连续地进行高速运算。只要输入已编好的程序，并将其启动，计算机就能自动完成所有任务，这是计算机最突出的特点。另外，计算机的多种输入/输出设备以及相应的软件，可支持用户进行方便的人机交互。

（2）运算速度快，运行精度高

计算机发展到今天，不但可以快速地完成各种指令、任务，而且具有前几代计算机无法比拟的计算精度。2013 年 6 月，在第 41 届世界超级计算机 TOP500 排行中，由我国自主研制的"天河二号"超级计算机系统名列榜首，其运算速度达每秒 33.86 千万亿次。2014 年 6 月有，在第 43 届世界超级计算机 500 强排行榜上，"天河二号"再次位居榜首，荣获世界超算"三连冠"，其运算速度比第二名"泰坦"快近一倍。随着计算机技术的发展，计算机的运算速度还在不断提高。

（3）具有记忆和逻辑判断能力

计算机借助于逻辑运算，可以进行逻辑判断，并根据判断结果自动确定下一步该做什么。计算机的存储系统由内存和外存组成，具有存储和"记忆"大量信息的能力。现代计算机的内存容量已经以吉字节（GB）计算，外存的容量更是惊人，普通的 PC 硬盘容量已经达到太字节（TB）。

（4）可靠性高

随着微电子技术和计算机技术的发展，电子计算机平均无故障运行时间（MTBF）可达到几十万小时以上，具有很高的可靠性。

（5）网络与通信功能

计算机技术与通信技术的结合，产生了计算机网络。20 世纪最伟大的发明之一就是 Internet，它连接了全世界 200 多个国家和地区的各种计算机。人们通过计算机网络可共享网上资料、互相学习等。

除此之外，现代的微型计算机（MicroComputer）还具有体积小、重量轻、耗电少、易维

第 1 章　计算机基础知识

护、易操作、功能强、使用方便、价格便宜等优点，可以帮助人们完成更多复杂的工作。

2. 计算机的分类

（1）按用途分类

计算机按其用途分类，可分为专用计算机（Special Purpose Computer）和通用计算机（General Purpose Computer）。专用计算机是指专为某一特定问题而设计制造的电子计算机，如在导弹和火箭上使用的计算机大部分是专用计算机。通用计算机能解决多种类型的问题，适合各种工作环境，通用性强，如 PC。

（2）按处理信息的方式分类

计算机按其处理信息的方式可分为模拟计算机（Analogue Computer）、数字计算机（Digital Computer）和混合计算机（Hybrid Computer）。模拟计算机用来处理模拟数据，这些模拟数据通过模拟量表示，模拟量可以是电压、电流、温度等。这类计算机在模拟计算和控制系统中应用较多。例如，利用模拟计算机求解高阶微分方程，其解题速度非常快。数字计算机用来处理二进制数据，适合于科学计算、信息处理、过程控制和人工智能等，有速度快、精度高、自动化、通用性强等特点，是可以进行数字信息和模拟物理量处理的计算机系统。混合计算机则集中了模拟计算机和数字计算机各自的优点，通过模/数、数/模转换器将数字计算机和模拟计算机连接，构成完整的混合计算机系统。

（3）按性能指标分类

计算机按其性能指标可分为巨型计算机、小巨型计算机、大型主机、小型计算机、工作站和微型计算机等六类，该分类方法是由美国电气和电子工程师协会（Institute of Electrical and Electronics Engineers，IEEE）提出的。

① 巨型计算机又称"超级计算机"，是一种大规模的电子计算机，主要表现为高速度和大容量，其运算速度可达每秒 1 000 万次以上，存储容量也在 1 000 万位以上。这类计算机价格相当昂贵，主要用于复杂、尖端的科学研究领域，特别是军事科学计算。生产这类计算机的能力可以反映一个国家的计算机科学水平。图 1-2 所示为我国研制成功的"银河Ⅱ"巨型计算机。

② 小巨型计算机是小型超级计算机，其功能略低于巨型计算机，价格只有巨型计算机的 1/10，具有更好的性价比。

③ 大型主机一般用在高科技和尖端科研领域。它由许多中央处理器协同工作，有着海量存储。大型主机的运算速度能达到每秒千亿次，通常能容纳上万用户同时使用，经常用来作为大型的商用服务器，具有很强的处理和管理能力，主要用于大银行、大公司、规模较大的高校和科研所。图 1-3 所示为 IBM Z9 系列大型计算机。

图 1-2 "银河Ⅱ"巨型计算机

图 1-3 IBM Z9 系列大型计算机

④ 小型计算机是小规模的大型计算机，其运行原理类似于 PC 和服务器，但性能和用途又与之截然不同。它是一种高性能的计算机，比大型计算机价格低，但几乎有着同样的处理能力，可以满足中、小型部门的工作需要。

⑤ 工作站是介于微型机和小型机之间的一种高档微机，其运算速度比微机快，具有大容量主存、大屏幕显示器，以及较强的联网功能，多用于计算机辅助设计和图像处理。

⑥ 微型计算机简称"微机"，是由大规模集成电路组成的电子计算机。微型计算机以中央处理器（CPU）为核心，由运算器、控制器、存储器、输入设备和输出设备五部分组成。目前市场上销售的绝大部分台式计算机和笔记本式计算机都属于微型计算机，是目前计算机中数量最多的一类，具有功能强、体积小、灵活性高、价格便宜等优势。

目前，微型计算机和工作站、小型计算机甚至大型计算机之间的界限已经越来越模糊，各类计算机之间的主要区别体现在运算速度、存储容量及机器体积等方面。

说明："服务器"是用来描述计算机在应用中的角色，而不是表示计算机的档次。随着 Internet 的普及，各种档次的计算机在网络中发挥着各自不同的作用，服务器是网络中最重要的一个角色。担任服务器的计算机可以是大型机、小型机或高档次的微型机等。

1.1.3 计算机的主要应用领域

1. 科学计算

科学计算是计算机最早也是相对最成熟的应用领域。第一批问世的计算机全部被用作快速计算的工具。今天，计算机的计算能力得到了很大的提高，从而推进了科学研究的进展，尤其对解决一些复杂的计算问题提供了可能。例如，各种数学、物理复杂问题的计算，天气预报中的数据计算等。

2. 信息处理

信息处理又称数据处理，是指对大量信息进行存储、加工、分类、统计、查询等处理。信息处理是目前计算机应用最广泛的领域，例如金融、管理、教育、科研、医疗等各方面都有大量的信息需要及时分析和处理，以便为决策提供依据。

3. 过程控制

过程控制又称实时控制，是指利用计算机对工业生产过程中的某些信号自动进行检测，并进行处理和判定，按最佳值进行调节的过程。用计算机进行控制，可以大大提高自动化水平，减轻劳动强度，提高劳动生产率。尤其在现代化的今天，计算机在卫星、导弹发射等国防尖端领域更是起着不可替代的作用。

4. 计算机辅助

计算机辅助是计算机应用的一个非常广泛的领域。利用计算机可以辅助人们实现部分或全部具有设计性质的工作。计算机辅助主要有计算机辅助设计（CAD）、计算机辅助制造（CAM）、计算机辅助测试（CAT）和计算机辅助教学（CAI）等。

5. 人工智能

人工智能是指用计算机来模仿人的智能，使计算机具有识别语言、文字、图形以及进行推理、学习和适应环境的能力。人工智能是计算机应用的前沿领域。目前，人工智能已应用于机器人、医疗诊断、智能学习系统等方面。

6. 网络与通信

计算机技术与现代通信技术的完美结合产生了计算机网络。计算机网络的建立，不仅把不同地域、不同国家、不同行业联系在一起，而且大大改变了人们的生活和工作方式。网络使人们足不出户就可以预订车票、网上购物等，为人类生产、生活的各个方面提供了便利。

1.1.4 计算机的发展趋势

自世界上第一台电子多用途计算机诞生以来，距今已有近 70 年的历史。在这几十年中，计算机及其所涉及的技术领域不断发展与完善，计算机技术的发展也飞速前进。当前计算机正朝着巨型化、微型化、智能化、网络化、多媒体化等方向发展。

1. 计算机的发展方向

当今计算机的发展趋势，可从以下三个角度来考虑。

第一，未来计算机要向"高"度发展。所谓"高"即指计算机的"高性能"和"高速度"，主要表现为计算机的 CPU 主频越来越高。以目前最普通的家用台式计算机为例，其 CPU 频率已超过 4 GHz。高速计算机已成为未来计算机发展的一个必然趋势。

第二，未来计算机要向"深"度发展，即向信息的智能化发展。如何把互联网的大量信息转换成人们想要的知识，同时人机界面更加友好，是计算科学需要完成的重要课题。未来的计算机要致力于模拟人类思维，不仅能完成"复杂"的任务，更需要做出一些"智慧"的判断，如推理、学习、联想等。自"人工智能"的概念提出以来，计算机在智能化方向迈进的步伐较为缓慢，许多预期的目标都未能实现，这说明探索人类智能是一项十分艰巨的任务。

第三，未来计算机要向"广"度发展，计算机发展的趋势就是无处不在，也就是说，要让计算机无处不在，像"没有计算机一样"。这里的计算机，不仅仅指个人计算机，而是指人们家里的每一件家用电器中都渗透着计算机技术，所有的电器都会被智能化。另外，日常用的书籍、相册、学习用品等，全部都被计算机技术所电子化，而且这些计算机与现在的手机合为一体，随时随地都可以上网，相互交流信息。所以有人预言未来计算机将成为不被人所注意的最常用的生活用品。

2. 未来新一代的计算机

直到今天，人们使用的所有计算机，都采用冯·诺依曼提出的"存储程序"原理为体系结构，因此也统称为冯·诺依曼型计算机。20 世纪 80 年代以来，美国、日本等发达国家开始研制新一代计算机，是微电子技术、光学技术、超导技术、电子仿生技术等多学科相结合的产物，目标是希望打破以往固有的计算机体系结构，使计算机能进行知识处理、自动编程、测试和排错，能用自然语言、图形、声音和各种文字进行输入和输出，能具有人类那样的思维、推理和判断能力。非传统计算机技术有：利用光作为载体进行信息处理的光计算机；利用蛋白质、DNA 的生物特性设计的生物计算机；模仿人类大脑功能的神经元计算机以及具有学习、思考、判断和对话能力，可以辨别外界物体形状和特征，且建立在模糊数学基础上的模糊电子计算机等。未来的计算机还可能是超导计算机、量子计算机、DNA 计算机或纳米计算机等。

3. 计算机技术与网络技术的新发展

在当代，计算机科学与技术的发展可谓突飞猛进。各种新概念、新应用、新产品不断在市场上推出，令人目不暇接。走在各类学科中最尖端的计算机科学，正全面影响着人们的生活、学习和工作方式。

（1）物联网

物联网，顾名思义就是连接物品的网络，其概念早在 20 世纪末就提出。1999 年，美国麻省理工学院建立了"自动识别中心（Auto-ID）"，提出"万物皆可通过网络互联"，阐明了物联网的基本含义。早期的物联网是依托射频识别（RFID）技术的物流网络，随着技术和应用的发展，物联网的内涵已经发生了较大变化。

国际电信联盟（ITU）对物联网定义是：通过二维码识读设备、射频识别装置、红外感应器、全球定位系统和激光扫描器等信息传感设备，按约定的协议，把任何物品与互联网相连接，进行信息交换和通信，以实现智能化识别、定位、跟踪、监控和管理的一种网络。

简单地说，物联网就是解决物品与物品（Thing to Thing，T2T）、人与物品（Human to Thing，H2T）、人与人（Human to Human，H2H）之间的互联。但是与传统互联网不同的是：H2T 是指人利用通用装置与物品之间的连接，从而使得物品连接更加地简化；H2H 是指人之间不依赖于 PC 而进行的互连；而物联网希望做到的则是 T2T，即物品能够彼此进行"交流"，无须人的"干预"。因为互联网并没有考虑到对于任何物品连接的问题，故人们使用物联网来解决这个传统意义上的问题。物联网示意图如图 1-4 所示。

那么，如何理解物联网与实际物品之间的交流呢？我们来举一些例子说明。

例如，有一天，在衣橱里的每件衣服上，都能有一个电子标签，当拿出一件上衣时，就能显示这件衣服搭配什么颜色的裤子，在什么季节、什么天气穿比较合适。又如，给放养的每一只羊都分配一个二维码，这个二维码会一直保持到超市出售的每一块羊肉上，消费者通过手机扫描二维码，就可以知道羊的成长历史，确保食品安全。再如，在电梯上装上传感器，当电梯发生故障时，无须乘客报警，电梯管理部门会借助网络在第一时间得到信息，以最快的速度去现场处理故障。

（2）云计算

云计算（Cloud Computing）的概念是由 Google 首先提出的。云计算作为一种网络应用模式，由一系列可以动态升级和被虚拟化的资源组成，这些资源被所有云计算的用户共享并且可以方便地通过网络访问，用户无须掌握云计算的技术，只需要按照个人或者团体的需要租赁云计算的资源。

根据美国国家标准与技术研究院（NIST）定义：云计算是一种按使用量付费的模式，这种模式提供可用的、便捷的、按需的网络访问，进入可配置的计算资源共享池（资源包括网络、服务器、存储、应用软件、服务等），这些资源能够被快速提供，只须投入很少的管理工作，或与服务供应商进行很少的交互，云计算简图如图 1-5 所示。云计算概念被大量运用到生产环境中，国外的云计算已经非常成熟，如 IBM、Microsoft 都拥有自己的云平台。而国内著名的腾讯、新浪、百度等企业目前也都拥有云平台，以提供相应的数据服务。各种基于云计算的应用服务范围正日渐扩大，影响力也无可估量。

对于云计算服务的使用者来说，"云"中的资源是可以随时获取，并且无限扩展的。用户可以按需支付并使用"云"服务。云计算提供了最可靠、最安全的数据存储中心，用户不用再担心数据丢失、病毒入侵等麻烦。因为在"云"的另一端，有全世界最专业的团队来帮助管理信息，有全世界最先进的数据中心来帮助保存数据。

图 1-4　物联网示意图

图 1-5　云计算简图

云计算是当前一个热门的技术名词，很多专家认为，云计算会改变互联网的技术基础，甚至会影响整个产业的格局。正因为如此，很多大型企业都在研究云计算技术和基于云计算的服务，亚马逊、谷歌、微软、戴尔、IBM 等 IT 国际巨头以及百度、阿里巴巴等国内业界都在其中。几年之内，云计算已从新兴技术发展成为当今的热点技术。

（3）大数据

对于"大数据"（Big Data），研究机构 Gartner 给出了这样的定义："大数据"是需要新处理模式才能具有更强的决策力、洞察发现力和流程优化能力的海量、高增长率和多样化的信息资产。

从技术上看，大数据与云计算的关系就像一枚硬币的正反面一样密不可分。大数据必然无法用单台的计算机进行处理，必须采用分布式架构。它的特色在于对海量数据进行分布式数据挖掘，但必须依托云计算的分布式处理、分布式数据库和云存储、虚拟化技术。

随着云时代的来临，大数据也吸引了越来越多的关注。大数据的特点有四个层面：第一，数据量巨大，从 TB 级别跃升到 PB 级别。第二，数据类型繁多，大数据的数据来自多种数据源。第三，处理速度快，这也是大数据的鲜明特征。第四，价值密度低，只要合理利用数据并对其进行正确、准确的分析，将会带来很高的价值回报。一般将其归纳为四个"V"——Volume（数据体量大）、Variety（数据类型繁多）、Velocity（处理速度快）、Value（价值密度低）。

（4）计算思维

计算思维是运用计算机科学的基本概念进行问题求解、系统设计以及人类行为理解等，涵盖计算机科学之广度的一系列思维活动。计算思维选择合适的方式去陈述一个问题，对一个问题的相关方面建模并用最有效的办法实现问题求解。

计算思维是每个人的基本技能，不仅仅属于计算机科学家。在培养解析能力时，不仅要掌握阅读、写作和算术（Reading, wRiting, and aRithmetic, 3R），还要学会计算思维。

计算思维利用启发式推理来寻求解答，就是在不确定情况下的规划、学习和调度。它就是搜索、搜索、再搜索，结果是一系列的网页，一个赢得游戏的策略，或者一个反例。计算思维利用海量数据来加快计算，在时间和空间之间，在处理能力和存储容量之间进行权衡。

那么，如何理解计算思维渗透到人们的日常生活中？我们来举几个简单的例子。比如，学生上学前把当天需要的书、习题册、文具等放进背包，这就是"预置"和"缓存"。当孩子丢了自己的物品时，家长建议他沿着经过的道路寻找，这就是"回推"。对于溜冰爱好者来说，在什么时候停止租用冰鞋而为自己买一双呢？这就是"在线算法"。事实上，计算思维将渗透到每个人的生活之中。

可以这样理解：计算思维是一条人类求解问题的途径，但并非要使人类像计算机那样地思考。计算机枯燥且沉闷，而人类聪明并富有想象力，是人类赋予计算机激情。只要配置了计算设备，就能用自己的智慧去解决那些在计算时代之前不敢尝试的问题，真正达到"只有想不到，没有做不到"的境界。

1.2　计算机系统组成

自电子计算机问世以来，人们对计算机的研究就不断深入。随着计算机技术的快速发展，计算机的应用领域覆盖了社会各个方面，但计算机系统的基本组成和工作原理并没有发生太大的变化。

1.2.1　计算机基本组成

一个完整的计算机系统由硬件系统和软件系统两部分组成，如图 1-6 所示。硬件通常是指一切看得见、摸得着的设备实体，是客观存在的物理实体，由电子元件和机械元件构成，是计算机系统的物质基础。软件系统是指运行在计算机上的程序和数据，泛指各类程序和文件，是计算机系统的灵魂。没有软件的计算机称为"裸机"，不能供用户使用；而没有硬件对软件的物质支持，软件的功能无从谈起，两者相辅相成，缺一不可。

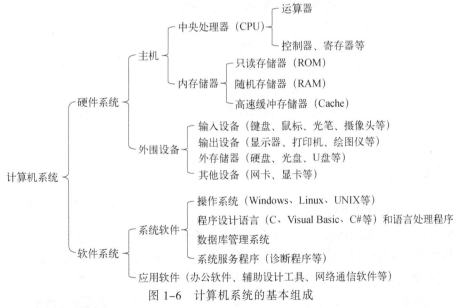

图 1-6　计算机系统的基本组成

1.2.2　计算机工作原理

1. 冯·诺依曼原理

冯·诺依曼原理奠定了现代计算机的基本结构。该原理最初是由以冯·诺依曼为首的研制小组于 1945 年提出来的，故称为"冯·诺依曼原理"，其核心是"存储程序"和"程序控制"。

冯·诺依曼原理的基本思想如下：

① 计算机内部采用二进制来表示指令和数据。

② 将指令和数据事先存入存储器中，然后再启动计算机工作，这就是存储程序的基本含义。

③ 计算机（指硬件）由运算器、存储器、控制器、输入设备和输出设备五大基本部件组成。

其中，五大基本部件中的运算器、控制器和存储器简介如下：

① 运算器：核心部件是算术逻辑单元（Arithmetic Logic Unit，ALU），是计算机对信息数据进行处理和运算的部件，它的主要功能是进行算术运算和逻辑运算。

② 控制器：是计算机的指挥中心，负责从存储器中取出指令，并对指令进行译码，根据指令的要求，按时间先后顺序向其他各部件发出控制信息，保证各部件协调一致地工作。

③ 存储器：是计算机记忆或暂存数据的部件，用来保存数据、指令和运算结果等，一般分为内存储器和外存储器。

2. 计算机的工作原理

计算机的工作过程实际上是执行程序的过程，而程序是一个特定的指令序列。指令是指计算机能够识别并执行某种基本操作的命令。一条指令通常分成操作码和地址码两部分，操作码指明计算机执行何种操作，如加法、取数操作等；地址码指明参与运算数据在内存或 I/O 设备的位置。计算机系统中所有指令的集合称为该计算机的指令系统。当计算机在工作时，有两种信息在执行指令的过程中流动：数据流和控制流。

一般把计算机完成一条指令所花费的时间称为一个指令周期，指令周期越短，指令执行越快。通常所说的 CPU 主频就反映了指令执行周期的长短。

指令的执行过程一般分为以下几个步骤：

① 取指令：将要执行的指令从内存中取出送到 CPU。

② 分析指令：由译码器对指令的操作码进行译码，并转换成相应的控制信号。

③ 执行指令：根据操作码和操作数完成相应操作。

④ 产生下一条指令的地址。

⑤ 重复步骤①~④。

1.2.3 计算机硬件组成

硬件系统是计算机的物质基础，没有硬件就不能称之为计算机。计算机硬件系统（以微型计算机为例）主要包括中央处理器、存储器、输入/输出系统及总线结构。

1. 中央处理器

中央处理器（Central Processing Unit，CPU），包括运算器和控制器两大部件，是计算机的核心部件。CPU 是一小块集成电路，如图 1-7 所示。目前世界上生产微机 CPU 的厂家主要有 Intel（英特尔）和 AMD（超威）两家公司。

CPU 的性能指标直接决定微型计算机的性能指标，CPU 的性能指标主要包括主频、字长、高速缓存、制造工艺等。

图 1-7　CPU

（1）主频

主频是指 CPU 的时钟频率，单位是 MHz（或 GHz），表示在 CPU 内数字脉冲信号振荡的速度，是微型计算机性能的一个重要指标。主频越高，CPU 在一个时钟周期里所能完成的指令数就越多，CPU 的运算速度也就越快。

（2）字长

计算机系统中，CPU 在单位时间内能处理的二进制数的位数叫字长。如果一个 CPU 单位时间内能处理字长为 64 位数据，通常称这个 CPU 为 64 位 CPU。

（3）高速缓存

封闭在 CPU 芯片内部的高速缓冲存储器，是一种速度比内存更快的存储器，用于暂时存储 CPU 运算时产生的部分指令和数据，相当于内存和 CPU 之间的缓冲区，实现内存和 CPU 的速度匹配。

2. 存储器

存储器是指存储程序和数据的部件。它分为内存储器（简称内存或主存）和外存储器（简称外存或辅存）两类。

（1）内存

内存是计算机各种信息存放和交换的中心，是主板上的存储部件，用来存储当前运行的程序和数据。内存以字节（8 位二进制）为存储单元，一个存储器包含若干存储单元，每个存储单元有一个唯一的编号，称为单元的地址。CPU 根据存储单元地址从内存中读出数据或向内存写入数据。内存容量就是所有存储单元的总数，以字节为基本单位。较之于外存，内存容量小，存取速度快。

按存取方式，内存可分为只读存储器（Read Only Memory，ROM）和随机存储器（Random Access Memory，RAM）。

ROM 的特点是只能从中读出信息，不能随意写入信息，是一个永久性存储器，断电后信息不会丢失。ROM 主要用来存放固定不变的程序和数据，如机器的开机自检程序、初始化程序、基本输入/输出设备的驱动程序等。

RAM 随着计算机的启动，可以随时存取信息，特点是断电后信息会丢失。通常，微型计算机的内存容量配置就是指 RAM，它是计算机性能的一个重要指标。目前，一般内存选配容量在 2～8 GB 之间。内存插在主板的存储器插槽上，其外观如图 1-8 所示。

图 1-8　金士顿 8GB DDR3 1600 内存

由于 RAM 的读/写速度比 CPU 慢得多，当 RAM 直接与 CPU 交换数据时，会出现速度不匹配，所以现在的计算机系统在内存和 CPU 间配有高速缓冲存储器（Cache）。

（2）外存

外存的特点是存储容量大，信息能永久保存，但相对于内存其存储速度慢。目前，常用的外存有硬盘、光盘和可移动外存。

① 硬盘存储器（Hard Disk Driver，HDD）简称硬盘，是微机的主要外存设备，由磁盘片、

图 1-9　硬盘及其内部结构

读/写控制电路和驱动机构组成，用于存放计算机操作系统、各种应用程序和数据文件。硬盘大部分组件都密封在一个金属外壳内，如图 1-9 所示。

一个硬盘内部有多个盘片，这些盘片安装在一个同心轴上，每一个盘片都有两个盘面，一般每个盘面都可以存储数据。每个盘面被划分为磁道和扇区，其中磁道在格式化时被划分成许多同心圆，这些同心圆轨迹称为磁道；所有盘面上的同一磁道构成一个圆柱，通常称为柱面；将每个磁道分成若干弧段，每个弧段称为一个扇区。硬盘的容量和这几个概念是分不开的。

$$硬盘容量=磁头数×柱面数×每柱面扇区数×每扇区字节数$$

硬盘作为主要的存储设备，通过硬盘接口连接到计算机的主板。常见的硬盘接口有 ATA（Advanced Technology Attachment）、SATA（Serial ATA）和 SCSI（Small Computer System Interface）。ATA 和 SATA 接口的硬盘主要用在个人计算机上，SCSI 接口的硬盘主要应用在工作站或中、高端服务器上。

② 光盘全称为高密度光盘（Compact Disk，CD），是以光信息作为存储信息的载体，是一种广泛使用的外存。光盘按读/写限制分为只读光盘、只写一次光盘和可擦写光盘，前两种属于不可擦除的，如 CD-ROM（Compact Disk-Read Only Memory）是只读光盘，CD-R（Compact Disk-Recordable）是只写一次光盘。

光驱又称光盘驱动器，用来读取光盘中的信息，通常操作系统及应用软件的安装需要依靠光驱完成。刻录机又称光盘刻录机，其外观与光驱相似，但除了具有光驱的全部功能外，还可以在光盘上写入或擦除数据。目前，DVD 刻录机已成为市场主流。

③ 可移动外存：常见的可移动外存储设备有闪存卡、U 盘和移动硬盘。

- 闪存（Flash Memory）是一种新型半导体技术，具有低功耗、高可靠性、高存储密度、高读/写速度等特点，其种类繁多，有 Compact Flash（CF）卡、索尼公司的 Memory Stick（MS）和 Scan Disk（SD）卡等。目前，基于闪存技术的闪存卡主要面向数码照相机、智能手机等产品，可通过读卡器读取闪存卡上的信息。

- U 盘是一种新型非易失性半导体存储器，具有体积较小、便于携带、系统兼容性好等特点，目前容量通常在 4～64 GB 之间。另外，它采用标准的 USB 接口，支持即插即用。当前的计算机都配有 USB 接口，在 Windows 7 操作系统下，通过 USB 接口即插即用，使用非常方便。

- 移动硬盘，多采用 USB、eSATA 接口，能提供较高的数据传输速度，是一种容量更大的移动存储设备，内部可以是机械硬盘也可以是固态硬盘，能在一定程度上满足需要经常传送大量数据的用户的需要，容量可达几百吉字节到几太字节。

3. 输入设备

输入设备（Input Devices）是指将数据和信息输入到计算机中的设备，其作用是把数字、字符、图像、声音等形式的信息转换成计算机能识别的二进制代码。目前常用的输入设备有键盘、鼠标、扫描仪、摄像头等。

（1）键盘

键盘（Keyboard）是至今为止计算机系统最常用、最普通、也很重要的输入设备，如

图 1-10 键盘

图 1-10 所示。键盘是计算机与用户之间交换信息的主要工具，主要用来输入字符信息。目前常见的键盘有 104 键，分为主键盘区、数字键区、功能键区和编辑键区。目前，键盘大多采用 USB 接口或无线方式与主机相连。

键盘上的字符是根据字符的使用频率确定的。一般将键盘一分为二，左右手分管两边，键位的基本键和键位的指法分布如图 1-11（a）所示。键盘上的每一个键都是触发键，击键时不可用力太猛，触键后手指应迅速抬起。

图 1-11（b）所示的八个键称为基本键，打字时双手应放在这八个基本键上。

（a）键位的指法分布

（b）基本键

图 1-11 键位的指法分布和基本键

① 主键盘区：位于键盘的中部，包括下列键。

字符键包括英文字母键、数字键、特殊符号键等。这些键又分为单字符键和双字符键。当按某一单字符键时，可输入该键上的字符；当按某一双字符键时，输入该键的下挡字符，若按【Shift】键的同时按该键，可输入上挡字符。

【Shift】：上挡控制键，单独使用无意义。按住此键时，可输入双字符键的上挡字符。输入英文字母时，在小写状态下，按住此键，可输入大写英文字母；在大写状态下，按住此键，可输入小写英文字母。

【Caps Lock】：字母大写锁定键，按此键，对应的指示灯亮，输入的英文字母为大写形式；再按此键，对应的指示灯灭，输入的英文字母为小写形式。

【Ctrl】：控制键，单独使用无意义，与其他键配合使用。常用的一些组合键有【Ctrl+A】（全选）、【Ctrl+C】（复制所选项目）、【Ctrl+X】（剪切所选项目）、【Ctrl+V】（粘贴项目）。

【Alt】：转换键，与【Ctrl】键类似。常用的组合键有【Alt+ Print Screen】（将当前活动程序窗口以图像方式复制到剪贴板）。

【Enter】：回车键，作为一段输入的结束，或者用于对输入内容的确认。

【Backspace】：退格键，按一次退格键将删除光标前面的一个字符。

【Tab】：制表键，在制作表格时用于定位。

第 1 章 计算机基础知识

② 数字键区：也称小键盘区，位于键盘的右部。当输入大量的数字时，用右手在数字小键盘上输入可大大提高录入速度。按【Num Lock】键，对应指示灯亮，进入数字锁定状态，可直接输入数字。若指示灯不亮，输入内容为下挡编辑键内容。

③ 功能键区：位于键盘的最上面一排，包括下列键。

【Esc】：释放键，用于退出正在运行的程序。对于一般用户而言，【Esc】键并不常用，但是借助【Esc】键却能实现不少快捷操作。在不同的软件中【Esc】键的功能各不相同。

【F1】～【F12】：特殊功能键，其功能由系统或应用程序定义。

【Print Screen】：打印屏幕键，将屏幕上的内容复制到剪贴板上。

【Scroll Lock】：屏幕锁定键。

【Pause】：暂停键。

④ 编辑键区：位于主键盘区和数字键区之间，包括下列键。

【→】、【←】、【↑】、【↓】：光标移动键，控制光标按箭头方向移动一个字符或一行。

【Insert】：插入/改写转换键，每按一次，由插入状态改为改写状态，或由改写状态改为插入状态。

【Delete】：删除键，按此键将删除光标后面的一个字符。

【Home】：将光标移动到所在行的最左边。

【End】：将光标移动到所在行的最右边。

【Page Up】：用于翻页，把上一页的内容显示在屏幕上。

【Page Down】：用于翻页，把下一页的内容显示在屏幕上。

（2）鼠标

鼠标是增强键盘输入功能的重要设备，通常有两个按键和一个滚轮，利用它可以快捷、准确、直观地在屏幕上定位光标，适合菜单式命令的选择和图形界面的操作。对于屏幕上较远距离光标的移动，用鼠标远比键盘方便，它是多窗口环境下必不可少的输入工具。目前，鼠标大多采用 USB接口或无线方式与主机相连，外观如图 1–12 所示。

图 1–12　鼠标

鼠标分为机械鼠标和光电鼠标两大类，其中光电鼠标又可分为有线鼠标和无线鼠标。现在大多数高分辨率的鼠标都是光电鼠标，市面上的鼠标还有采用激光引擎、蓝影引擎和 4G 鼠标。激光鼠标适用于竞技游戏，微软蓝影鼠标除了拥有激光鼠标快速反应性能外，还兼备了光电鼠标强大兼容性的特点，4G 鼠标具有更高分辨率，感应性更好。

机械鼠标虽然价格低廉，但容易磨损，不易保持清洁，已退出微机标准配置；光电鼠标定位准确，可靠耐用，而且随着技术的成熟价格越来越低，是目前微机的标准配置。

鼠标一般有左键、右键和滚轮，一般情况下，左键为鼠标的主键，右键为副键，滚轮多在有滚动条的窗口中使用。鼠标的基本操作包括指向、单击、右击、双击和拖动。

① 指向：指移动鼠标，将鼠标指针移到操作对象上。

② 单击：指快速按下并释放鼠标左键。单击一般用于选定一个操作对象。

③ 右击：指快速按下并释放鼠标右键。右击一般用于打开一个与操作相关的快捷菜单。

④ 双击：指连续两次快速按下并释放鼠标左键。双击一般用于打开窗口，启动应用程序。

⑤ 拖动：指按下鼠标左键，移动鼠标到指定位置，再释放按键的操作。拖动一般用于选择多个操作对象、复制或移动对象等，也可以用来拖动窗口等。

（3）其他输入设备

除了最常用的键盘、鼠标外，现在的其他输入设备已有很多种，如扫描仪、手写笔、条形码阅读器、摄像头、麦克风和数码照相机等，如图 1-13 所示。

① 扫描仪是图像和文字的输入设备，可以直接将图形、图像、文本或照片等输入到计算机中。扫描仪的主要技术指标有分辨率（dpi，每英寸扫描所得的像素数）、灰度值或颜色值、扫描速度等。扫描仪通常采用 USB 接口，支持即插即用，使用非常方便。

扫描仪　　　　　　　手写笔　　　　　条形码阅读器　　　　摄像头

图 1-13　其他输入设备

② 条形码阅读器是一种扫描条形码的装置，可以将不同宽度的黑白条纹转换成对应的编码输入到计算机中。许多自选商场和图书馆都用它来帮助管理商品和图书。

4. 输出设备

输出设备（Output Devices）是指将主机内的信息转换成数字、文字、符号、图形、图像或声音等进行输出的设备，常用的输出设备有显示器、打印机和绘图仪等。

（1）显示器

显示器又称监视器，是计算机系统中最重要的输出设备之一。按其工作原理，显示器可分为阴极射线管（CRT）显示器、液晶显示器（LCD）和等离子显示器（PD）等。

显示器的主要技术指标包括以下几方面：

① 屏幕尺寸：用屏幕对角线尺寸来度量，以英寸为单位，如 19 英寸、23 英寸等。

② 点距：显示器所显示的图像和文字都是由"点"组成的，即像素（Pixel）。点距就是屏幕上相邻两个像素点之间的距离，是决定图像清晰度的重要因素，点距越小，图像越清晰。

③ 分辨率：是显示器屏幕上每行和每列所能显示的像素点数，用"横向点数×纵向点数"表示，如 1024×768 像素、1920×1080 像素等。

显示器通过显卡与主机相连。显卡又称显示适配器，它将 CPU 送来的影像数据处理成显示器可以接收的格式，再送到显示屏上形成影像。显示器和显卡构成了计算机系统的显示系统，其外观如图 1-14 所示。

图 1-14　CRT、LCD、PD 显示器和显卡

（2）打印机

打印机也是计算机常用的输出设备，是指把文字或图形在纸上输出的计算机外围设备。目前，打印机主要通过 USB 接口与主机连接，其外观如图 1-15 所示。

根据打印方式，打印机可分为击打式打印机和非击打式打印机。击打式打印机主要是针式打印机，又称点阵打印机，其结构简单，打印的耗材费用低，特别是可以进行多层打印。目前，针式打印机主要应用在票据打印领域。

非击打式打印机常用的有激光打印机和喷墨打印机。这类打印机的优点是：分辨率高、噪声小、打印速度快，但打印成本较高。用彩色激光打印机或彩色喷墨打印机可以打印彩色图形。彩色激光打印机价格和打印成本比较昂贵，喷墨打印机则相对低廉适合家庭使用。普通喷墨打印机的打印分辨率远低于激光打印机，不适合在打印精度要求较高的场合使用，比如喷墨打印机打印出来的普通条形码可能无法识别。

（a）针式打印机　　　　　　（b）激光打印机　　　　　　（c）喷墨打印机

图 1-15　常见打印机

3D 打印机是一种新型打印机，它是快速成形技术的一种机器，以数字模型文件为基础，运用粉末状金属或塑料等可黏合材料，通过逐层打印的方式来构造物体。3D 打印机可以应用到需要模型和原型的任何行业，如国防科工、医疗卫生、建筑设计、家电电子、配件饰品等。目前，受价格、原材料、行业标准等因素影响，其发展存在一定瓶颈。随着 3D 打印材料的多样化发展以及打印技术的革新，3D 打印不仅在传统的制造行业体现出非凡的发展潜力，同时其魅力更延伸至食品制造、服装奢侈品、影视传媒以及教育等多个与人们生活息息相关的领域。

5．**总线结构**

计算机硬件的主要部件并不是孤立存在的，它们在处理信息的过程中需要相互连接和进行数据传输。在计算机系统中各部件通过总线进行连接。总线（Bus）是计算机系统各部件间信息传送的公共通道，常被比喻为"高速公路"，它包含了运算器、控制器、存储器和输入/输出设备之间信息传送所需要的全部信号通道；总线结构是微型计算机硬件结构的重要组成部分。根据总线内所传送的信息性质将总线分为三类，如图 1-16 所示。

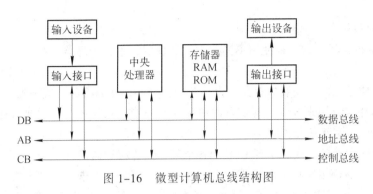

图 1-16　微型计算机总线结构图

① 地址总线（Address Bus）用来传送地址信息。地址总线采用统一编址方式实现 CPU 对内存或 I/O 设备的寻址，CPU 能直接访问内存地址的范围取决于地址线的宽度。

② 数据总线（Data Bus）用来传送数据信息。数据信息可以由 CPU 传至内存或 I/O 设备，也可以由内存或 I/O 设备送至 CPU。数据总线的位数是 CPU 一次可传输的数据量，它决定了 CPU 的类型与档次。

③ 控制总线（Control Bus）用来传输 CPU、内存和 I/O 设备之间的控制信息，这些控制信息包括 I/O 接口的各种工作状态信息、I/O 接口对 CPU 提出的中断请求、CPU 对内存和 I/O 接口的读/写信息、访问信息及其他各种功能控制信息，是总线中功能最强、最复杂的总线。

根据连接设备的不同，总线又可以分为内部总线、系统总线和外部总线。内部总线位于 CPU 芯片内部，用于运算器、各寄存器、控制器和 Cache 之间的数据传输；系统总线是连接系统主板与扩展插槽的总线；外部总线则是用于连接系统与外围设备的总线。

6. 主板

总线体现在硬件上就是计算机主板（Main Board），又称系统板（System Board）或母板（Mother Board），是计算机系统的重要硬件之一。其外观如图 1-17 所示。主板通常是矩形印制电路板，其上配有 CPU、内存条、显卡、声卡、鼠标和键盘等各类插槽或接口，而光盘驱动器和硬盘驱动器则通过扁线与主板相连。主板安装在计算机机箱内，将计算机的各个部件紧密地联系在一起，是计算机稳定运行的重要保障之一。

图 1-17　主板

主板上一般包括以下部件：

① CPU 插座，不同的主板使用不同的中央处理器，中央处理器升级时，一般主板也要更换。

② 存储器插槽，用来安装内存条，内存条的引脚必须和插槽的引线一致。

③ 主板芯片组，用来控制对存储器的访问和对外围设备的接口，主要包括北桥芯片、南桥芯片、BIOS 芯片等三大芯片。

④ 系统总线和外部总线，实现 CPU 和各个部件的连接和通信。

⑤ 各种接口插槽用来接插各种接口卡，如显卡、网卡、声卡、电视卡等。现在的主板连接外围接口板的插槽主要是 PCI-E 插槽，即支持 PCI-E 总线标准的插槽。

⑥ 各种外围设备的接口，如 USB 接口、串行接口、并行接口等。

现在的主板集成度越来越高，声卡、网卡等一般都集成到主板上，芯片数目越来越少，故障率逐步降低，速度及稳定性也随之提高。

1.2.4　计算机软件组成

一台计算机中，如果没有安装任何软件，则称为"裸机"。计算机软件系统是相对于硬件系统而言的，它们一起构成了一个完整的计算机系统。没有软件系统的计算机是无法工作的。计算机的性能不仅仅取决于硬件系统，更大程度上取决于软件的配置是否完善、齐全。硬件系统和软件系统相互依赖、不可分割。

软件是计算机的灵魂。计算机软件系统是指运行在计算机上的程序，以及运行程序所需的数据和相关文档的总称。软件是用户与硬件之间的接口，用户通过软件使用计算机资源。

计算机软件系统包括系统软件和应用软件两类。

1. 系统软件

系统软件是指管理计算机资源、分配和协调计算机各部件工作，使用户能方便地使用计算机而编制的软件，常用的系统软件有操作系统、计算机语言处理程序、数据库管理程序等，其中最主要的是操作系统，它提供了一个软件运行的环境。

系统软件是软件的基础，主要有以下几类：

（1）操作系统

操作系统是最重要最基本的系统软件，是系统软件的核心。它是管理和控制整个计算机软、硬件资源，方便用户充分而有效地使用这些资源的程序集合。操作系统是沟通用户与计算机之间的"桥梁"，是人机交互的界面，用户必须通过操作系统才能使用计算机。

操作系统的主要作用：

① 提高系统资源的利用，通过对计算机软、硬件资源进行合理的调度与分配，改善资源的共享和利用状况。

② 提供方便友好的用户界面。

③ 提供软件开发的运行环境，在开发软件时，需要使用操作系统管理下的计算机系统，调用有关的工具软件及其他软件资源。

常见的操作系统及其特点如表 1-2 所示。

表 1-2　常见操作系统及其特点

操 作 系 统	特　　　　点
DOS	单用户、单任务；只包括设备管理和文件管理两部分
Windows	多用户、多任务；图形化界面
Mac OS X	采用了先进的网络和图形技术；特有的新型虚拟存储管理等
UNIX	运行效率高、可拆卸的树形结构文件系统、可移植性好等
Linux	多用户、多任务操作系统；开放源代码，完全免费；操作系统的内核可根据需要进行定制；硬件环境要求低；具有强大的网络通信功能等

操作系统的种类繁多，有嵌入式操作系统、个人计算机操作系统、多处理器操作系统、网络操作系统和大型机操作系统等，如广泛使用在智能手机或平板电脑的嵌入式操作系统Android、IOS 等，主要用于个人计算机上的桌面操作系统 Windows 7、Windows 8、Mac OS X 等，主要用于服务器操作系统 Windows Server 2008、Red Hat Linux 等。

（2）计算机语言及语言处理系统

计算机语言又称程序设计语言，是指编写计算机程序所使用的语言，是人与计算机之间交流的工具。按照和硬件结合的紧密程度，可以将程序设计语言分为机器语言、汇编语言和高级语言。

① 机器语言：机器语言是直接用二进制代码表达的计算机语言，是计算机系统能够直接执行的语言，不需翻译。因此，它的效率最高，执行速度最快。但使用机器语言编写程序困难，可移植性差，可读性差，并且不易掌握。另外，机器语言与机器型号有关，不能通用，是"面向机器"的语言。

② 汇编语言：汇编语言是一种符号化的机器语言，它是用助记符（Mnemonics）代替机器语言的二进制代码，用地址符号（Symbol）或标号（Label）代替指令或操作数的地址。例如，使用 ADD 表示加法，使用 MOV 表示传送等。用汇编语言编写的程序比用机器语言编写的程序易于理解。

用汇编语言编写的程序称为汇编语言"源程序"。源程序不能直接执行，需要翻译成等价的机器语言程序才能在计算机中执行。翻译工作可以由被称为汇编程序的软件自动完成。

汇编语言较机器语言易于理解与记忆，并保持了机器语言程序占用存储空间少、执行速度快的优点。汇编语言也是"面向机器"的语言，不具备通用性和可移植性。汇编语言与机器语言合称为低级程序设计语言，简称低级语言。

③ 高级语言：高级语言更接近人类自然语言，它不依赖计算机硬件，可读性好、易掌握、可移植性好。高级语言种类较多，常用的有 C 语言、Basic 语言、Visual C++、C#、Java 和 Delphi 等。随着应用需求的多样化，出现了许多新兴的高级语言，在解决实际问题的时候有了更多的选择。用高级语言编写的源程序也不能直接执行，需要把它翻译成机器语言后才能执行。

翻译高级语言源程序，有两种方式：一种是解释方式，另一种是编译方式。解释方式是通过解释程序对源程序一边翻译一边执行，如 Java 就是属于解释型程序设计语言。解释程序将高级语言编写的源程序按动态的运行顺序逐句进行翻译并执行，即每翻译一句就产生一

第1章　计算机基础知识

系列完成该语句功能的机器指令并立即执行这一系列机器指令，如此进行，直至源程序运行结束。在这一过程中，如出现错误，则系统会显示出错信息，待修正后继续下去。解释程序的这种工作方式，便于实现人机会话。

编译方式是将源程序一次性全部翻译，生成等价的机器语言程序，然后通过链接程序将生成后的机器语言程序链接成可执行程序。完成翻译工作的程序叫编译程序。通常 Windows 系统下可执行文件的扩展名是.exe。由于可执行文件可脱离源程序和语言处理程序直接被执行，所以运行速度较快。

高级程序设计语言不依赖机器，程序具有可移植性。

对程序设计语言进行翻译处理的软件统称为语言处理系统软件，包括用于翻译汇编语言程序的汇编程序，以及用于翻译各种高级语言程序的解释程序和编译程序。通常把语言处理系统软件归入系统软件。

（3）数据库管理系统

数据库管理系统（DataBase Management System，DBMS）是应用最广泛的软件之一，它是一种操纵和管理数据库的大型软件，用于创建、使用和维护数据库。用户通过 DBMS 访问数据库中的数据，数据库管理员也通过 DBMS 进行数据库的维护工作。

1）与数据库管理系统相关的几个概念

数据库技术产生于 20 世纪 60 年代中期，其主要目的是有效地管理和存取大量的数据资源。从数据管理的角度看，数据管理技术的发展大致经历了三个阶段：人工管理阶段、文件系统阶段和数据库系统阶段。要理解数据库管理系统，就要了解以下几个相关的概念。

① 数据：是指数据库中存储的基本对象。数据的种类有很多，如文字、图形、图像、声音、客户的档案记录等。

② 数据库：是指存储在计算机系统内有结构的数据集合，简单来说，就是指存放数据的仓库。数据库中的数据按照一定的数据模型组织、描述和存储，具有较小的冗余度、较高的数据独立性和易扩展性，并能被各种用户共享。

③ 数据库系统：是指引入数据库后的计算机应用系统。它包含以数据为主体的数据库和管理数据库的数据库管理系统，一般由数据库、数据库管理系统、应用开发工具、应用系统、数据库管理员和用户构成。

④ 数据模型：是对现实生活中各种数据特征的抽象，是数据库中数据的存储方式。每一种数据库管理系统都基于某种数据模型，主要的数据模型有层次模型、网络模型、关系模型和面向对象模型等。

⑤ 关系模型：是目前数据库系统中应用最广泛的一种数据模型，在数据库产品中关系模型占主导地位。它是用二维表结构来表示实体及实体间联系的模型，并以二维表格的形式组织数据库中的数据。一个关系就是一张二维表，每个关系有一个关系名即二维表的表名；二维表中的行称为元组，又称记录；列称为属性，又称字段；每列有一个列名，又称字段名。一个关系应满足如下性质：

- 表格中的每一列都是不可分割的基本属性。
- 每列具有相同的数据类型。
- 每列被指定唯一的列名。
- 任意两行的内容不能完全相同。

- 各行之间、各列之间可以任意变动顺序而不影响表格信息。
- 每个关系都有一个主键，它能唯一地标识关系中的一个记录。

现在流行的关系数据库产品有 Microsoft Access、MySQL、SQL Server 和 Oracle 等。它们都以各自特有的功能，在数据库市场上占有一席之地。

2）数据库管理系统的功能

数据库管理系统具备以下基本功能：

① 数据定义：数据库管理系统提供数据定义语言（Data Definition Language，DDL）。DDL主要用于创建、修改数据库的库结构。

② 数据操作：数据库管理系统提供数据操作语言（Data Manipulation Language，DML），供用户实现对数据的追加、删除、更新、查询等操作。

③ 数据库的运行管理：包括多用户环境下的并发控制、安全性检查和存取限制控制等功能。

④ 数据组织、存储与管理：数据库管理系统要分类组织、存储和管理各种数据，包括数据字典、用户管理、存取路径等。

⑤ 数据库的维护。

⑥ 通信功能。

（4）系统辅助工具软件

系统辅助工具软件是系统软件的一个组成部分，用来帮助用户更好地控制、管理和使用计算机的各种资源，如显示系统信息、整理磁盘、制作备份、监控系统、查杀病毒等。

2. 应用软件

应用软件是用户为了解决某些特定具体问题而开发和研制或外购的各种程序，它通常涉及应用领域知识，并在系统软件的支持下运行，如文字处理、图形处理、动画设计、网络应用等软件。常见的应用软件有：

（1）办公软件

办公软件是日常办公需要的一些软件，一般有文字处理软件、电子表格处理软件、演示文稿制作软件等。常见的办公软件有微软公司的 Microsoft Office 和金山公司的 WPS 等。

（2）多媒体处理软件

多媒体处理软件主要用于处理音频、视频及动画等。常用的视频处理软件有 Adobe Premiere、Flash、Cool Edit、Maya、3ds Max 等，其中 Flash 用于制作二维动画，Cool Edit 用于音频处理，Maya、3ds Max 等是大型的 3D 动画处理软件。

（3）游戏软件

游戏软件通常是指用各种程序和动画效果相结合的软件产品，正在不断发展壮大。游戏软件主要来自欧美、日本等国家，我国也自主研发了不少游戏软件。

1.3 信息的表示及编码知识

现代社会中，信息一直在发挥着重大的作用，是人类生存和社会发展的基本资源。信息的处理、管理和应用能力越来越成为一种最基本的生存能力。

第1章 计算机基础知识

1.3.1 信息与计算机中的数据

1. 信息与数据

信息是一个非常流行的词汇，就像空气一样，不停地在人们身边流动，并为人们服务。人们通过信息认识各种事物，借助信息的交流加强人与人之间的联系，互相协作，从而推动社会的前进。

信息（Information）是客观事物状态及其运动特征的一种普遍形式，它是对各种事物变化和特征的反映，体现了事物之间的相互作用和联系。信息是人们用来认识事物的一种知识，人们生活离不开信息，就像人离不开空气和水一样。因此，信息、物质、能量，是人类赖以生存和发展的三大要素。

信息可以分为多种形态，有数字、文本、图像、声音、视频等，这些形态之间可以相互转化。例如，将歌声录进计算机，就是把声音信息转化成了数字信息。

信息可以从不同的角度进行分类。按其表现形式，可分为数字信息、文本信息、图像信息、声音信息、视频信息等；按其应用领域，可分为社会信息、管理信息、科技信息和军事信息等；按其加工的顺序，又可分为一次信息、二次信息和三次信息等。

计算机科学中的信息通常被认为是能够用计算机处理的有意义的内容，它必须借助于某种形式表现出来，即数据，如数值、文字、图形、图像等。

数据（Data）是信息的载体，它将信息按一定规则排列并用符号表示出来。这些符号可以构成数字、文字、图像等，也可以是计算机代码。

接收信息者必须了解构成数据的各种符号序列的意义和规律，才能根据这些意义去获得所接收信息的实际意思。例如，当一个学生从老师那里拿到成绩单时，假定其考试成绩是 80 分，写在试卷上的 80 分实际上是数据。80 这个数据本身是没有意义的。只有当数据以某种形式经过处理、描述或与其它数据比较时，数据背后的意义才会出现。"这名学生考试考了 80 分"这才是信息，信息是有实际意义的。所以，只有了解了数据的背景意义后，才能获得相应的信息。数据要转化为信息，可以用公式"数据+背景=信息"表示。

信息和数据是相互联系、相互依存又相互区别的两个概念。数据是信息的具体表现形式，它反映了信息的内容；信息是数据处理之后产生的结果，具有针对性、时效性。

2. 计算机中的数据

计算机最主要的功能是信息处理。在计算机内部，各种信息，如数字、文字、图形、图像、声音等都必须采用二进制来表示。

计算机中的数据是以二进制形式存储和运算的，它的特点是逢二进一。计算机采用二进制，是因为只需表示 0 和 1，技术上容易实现，如电压电平的高与低、开关的接通与断开；0 和 1 两个数在传输和处理时不易出错、可靠性高；二进制的 0 和 1 正好与逻辑量"假"和"真"相对应，易于进行逻辑运算。逻辑运算主要包括三种基本运算：逻辑加法（又称"或"运算）、逻辑乘法（又称"与"运算）和逻辑否定（又称"非"运算）：

（1）逻辑加法

逻辑加法通常用符号"+"或"∨"来表示。逻辑加法运算规则如下：

$$0+0=0, \quad 0 \vee 0=0$$

$$0+1=1, \quad 0 \vee 1=1$$
$$1+0=1, \quad 1 \vee 0=1$$
$$1+1=1, \quad 1 \vee 1=1$$

可以看出，逻辑加法有"或"的意义。也就是说，在给定的逻辑变量中只要有一个取值为 1，其逻辑加的结果为 1。

（2）逻辑乘法

逻辑乘法通常用符号"×"或"∧"或"·"来表示。逻辑乘法运算规则如下：

$$0 \times 0=0, \quad 0 \wedge 0=0, \quad 0 \cdot 0=0$$
$$0 \times 1=0, \quad 0 \wedge 1=0, \quad 0 \cdot 1=0$$
$$1 \times 0=0, \quad 1 \wedge 0=0, \quad 1 \cdot 0=0$$
$$1 \times 1=1, \quad 1 \wedge 1=1, \quad 1 \cdot 1=1$$

不难看出，逻辑乘法有"与"的意义。它表示只当参与运算的逻辑变量都同时取值为 1 时，其逻辑乘积才等于 1。

（3）逻辑非

逻辑非常用符号"冖"或"ˉ"来表示。其运算规则如下：

$$\neg 0=1, \quad \overline{0}=1（非 0 等于 1）$$
$$\neg 1=0, \quad \overline{1}=0（非 1 等于 0）$$

日常生活中，人们习惯使用十进制数据、文字等，因而计算机的输入输出仍采用人们所熟悉的形式。其间的转换，则由计算机系统的硬件和软件来实现，转换过程如图 1-18 所示。

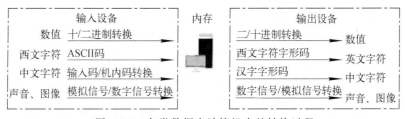

图 1-18　各类数据在计算机中的转换过程

1.3.2　计算机中数据的单位

在计算机中，数据是以二进制形式存储和运算的，数据的存储单位有位、字节和字，其中位是计算机中数据的最小单位，而存储容量的基本单位是字节。

1. 位

计算机中的最小数据单位是二进制的一个数位，简称位（bit）。一个二进制位有两种形态，即 0 或 1。

2. 字节

八个二进制位组成一个字节（Byte），简写为 B，1 B=8 bit，字节是数据存储最常用的单位。一个字节可以存储一个英文字符，两个字节可以存储一个汉字。

为了便于衡量存储器的大小，统一以字节为单位。将 2^{10} 字节即 1024 字节称为千字节，记为 1 KB；

2^{20} 字节称为兆字节，记为 1 MB；2^{30} 字节称为吉字节，记为 1 GB；2^{40} 字节称为太字节，记为 1 TB；2^{50} 字节称为拍字节，记为 1 PB；2^{60} 字节称为艾字节，记为 1 EB，即 1 EB=2^{10} PB=2^{20} TB=2^{30} GB=2^{40} MB=2^{50} KB=2^{60} B。其换算关系如下：

$$1 \text{ KB}=2^{10}\text{B}=1\ 024 \text{ B}$$
$$1 \text{ MB}=2^{20}\text{B}=1\ 024 \text{ KB}=1\ 024×1\ 024 \text{ B}$$
$$1 \text{ GB}=2^{30}\text{B}=1\ 024 \text{ MB}=1\ 024×1\ 024×1\ 024 \text{ B}$$

3. 字

字（Word）是计算机最方便、最有效进行操作的数据或信息长度，一个字由若干字节组成。字又称机器字，将组成一个字的位数称为该字的字长，字长越长容纳的位数越多，计算机的运算速度就越快，处理能力就越强。因而，字长是计算机硬件的一项重要技术指标，不同档次的计算机有不同的字长。微型计算机的字长有 16 位、32 位和 64 位等，传统的大、中、小型机的字长为 48～128 位。

1.3.3 进位计数制及其转换

1. 进位计数制

用一组固定的数字符号和一套统一的规则来表示数值的方法称为进位计数制。这些数字符号称为数码。

在一种进位计数制中，如果采用 R 个基本符号（0，1，2，...，$R-1$）表示数值，则称 R 进制，R 称为该进制的基数。

进位计数制中每一固定位置对应的单位值称为位权，位权等于基数的若干次幂，其代表的数值为该数字乘以一个固定的数值，如十进制数从低位到高位的位权分别为 10^0、10^1、10^2 等。例如，十进制数 123456 的值可表示为：

$$(123456)_{10}=1×10^5+2×10^4+3×10^3+4×10^2+5×10^1+6×10^0$$

同理，八进制数从低位到高位的位权分别为 8^0、8^1、8^2 等，用这样的位权能够表示八进制的数值。例如，八进制数 3421 的值可表示为

$$(3421)_8=3×8^3+4×8^2+2×8^1+1×8^0$$

任何一个数，可以将其展开成多项式和的形式，如 R 进制的数 N 表示如下：

$$N=a_n×R^n+\cdots+a_0×R^0+a_{-1}×R^{-1}+\cdots+a_{-m}×R^{-m}$$

其中，a_n、a_0、a_{-1} 和 a_{-m} 等是数码，R^n、R^0、R^{-1} 和 R^{-m} 等是位权。表 1-3 给出了计算机中常用的几种进制及其特点。

表 1-3 常用进制及其特点

进　制	十　进　制	二　进　制	八　进　制	十　六　进　制
运算法则	逢十进一	逢二进一	逢八进一	逢十六进一
基数	10	2	8	16
数码	0、1、2、3、4、5、6、7、8、9	0、1	0、1、2、3、4、5、6、7	0、1、2、3、4、5、6、7、8、9、A、B、C、D、E、F
位权	10^i	2^i	8^i	16^i
表示符号	D	B	O	H

2. R 进制转换为十进制

任何进制的数都可以展开成一个多项式，其中每项是位权与系数的乘积，这个多项式的和就是所对应的十进制数。例如：

$$(10011.101)_2=1\times2^4+0\times2^3+0\times2^2+1\times2^1+1\times2^0+1\times2^{-1}+0\times2^{-2}+1\times2^{-3}$$
$$=16+2+1+0.5+0.125$$
$$=(19.625)_{10}$$

将非十进制数转换成十进制数，是把非十进制数按位权值展开求和。例如：

$$(327.4)_8=3\times8^2+2\times8^1+7\times8^0+4\times8^{-1}$$
$$=192+16+7+0.5$$
$$=(215.5)_{10}$$

3. 十进制数转换成 R 进制数

将十进制数转换成 R 进制数转换规则为：将该数分成整数与小数两部分，整数部分除以基数取余，逆序排列（先获得的余数为 R 进制整数的低位，后获得的余数为 R 进制整数的高位）；小数部分乘以基数取整，顺序排列（先获得的整数为 R 进制小数的高位，后获得的整数为 R 进制小数的低位）。

例如，将十进制数$(103.625)_{10}$转换成二进制数。

转换过程如下：

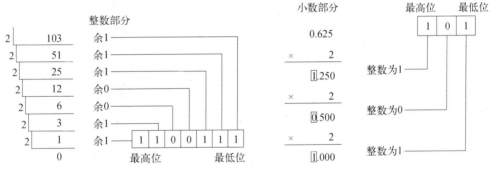

转换结果为：$(103.625)_{10}=(1100111.101)_2$

注意：

① 十进制小数在乘 2 转换成二进制的过程中并不能保证乘积的小数部分全部为 0，此时需要达到一定精度即可，这就是实数转换成二进制数会产生误差的原因。例如，$(0.87)_{10}$ 可以转换成$(0.1101111)_2$保留小数点后 7 位。

② 也可利用计算机中的计算器进行计算。

4. 二进制数、八进制数、十六进制数间相互转换

（1）二进制数与八进制数相互转换

因为 $2^3=8$，$2^4=16$，所以三位二进制数对应于一位八进制数，四位二进制数对应于一位十六进制数。

由二进制数转换成八进制数，以小数点为界，整数部分从右至左，小数部分从左至右，每三位分为一组，然后将每组二进制数转化成八进制数。如果分组后二进制整数部分最左边一组不够三位，则在左边补零，小数部分在最后一组右边补零。

例如，将二进制数(1011010111.11011)₂转换成八进制数，结果是(1327.66)₈。

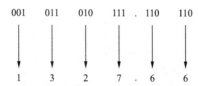

同理，将八进制数转换成二进制数是上述方法的逆过程，即将每位八进制数用相应的三位二进制数代替。

例如，将八进制数转(516.72)₈换成二进制数，结果是(101001110.11101)₂。

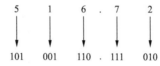

（2）二进制数与十六进制数相互转换

由二进制数转换成十六进制数，以小数点为界，整数部分从右至左，小数部分从左至右，每四位分为一组，然后将每组二进制数转换成十六进制数。如果分组后二进制整数部分最左边一组不够四位，则在左边补零，小数部分在最后一组右边补零。

例如，将二进制数(1011010111.11011)₂转换成十六进制数，结果是(2D7.D8)₁₆。

同理，将十六进制数转换成二进制数是上述方法的逆过程，将每位十六进制数用相应的四位二进制数取代。

例如，将十六进制数(A3F.B6)₁₆转换成二进制数，结果是(101000111111.10110110)₂。

A	3	F	.	B	6
1010	0011	1111	.	1011	0110

（3）八进制数与十六进制数相互转换

八进制数和十六进制数之间的转换可以借助二进制进行，即先将八进制数转换成二进制数，再将该二进制数转换成十六进制数，反之亦然。

1.3.4　数字编码

计算机处理的数据有数值数据和非数值数据两种。对数值数据本身，计算机采用的是二进制数字系统，为了记忆和书写方便，人们将二进制数转换成八进制数或十六进制数的表示形式。而对非数值数据中的各种符号、字母及数字字符等，计算机采用特定的编码来表示，编码仍用二进制来表示。这种对数据进行编码的规则称为码制。

1. 定点表示与浮点表示

计算机中表示的数值如果采用固定小数点位置的方法则称为定点表示。定点表示的数值有两种：定点整数和定点小数，如图 1-19 所示。对于定点整数，小数点的位置约定在最低位的右边，用来表示整数；对于定点小数，小数点的位置约定在符号位之后，用来表示小于 1 的纯小数。采用定点数表示的优点是数据的有效精度高，缺点是数据表示范围小。

（a）定点整数　　　　　　　　　　　（b）定点小数

图 1-19　定点数的小数点位置

为了能表示更大范围的数值，数学上通常采用"科学计数法"，即把数据表示成一个纯小数乘 10 的幂的形式。计算机数字编码中则可以把表示这种数据的代码分成两段：一段表示数据的有效数值部分，另一段表示指数部分，即表示小数点的位置。当改变指数部分的数值时，相当于改变了小数点的位置，即小数点是浮动的，因此称为浮点数。在计算机中指数部分称为阶码，数值部分称为尾数，格式如图 1-20 所示，通常阶码用定点整数表示，尾数用定点小数表示。

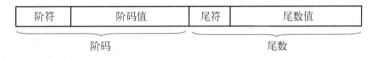

图 1-20　浮点数格式

2. 原码、反码和补码

对数值数据，采用在数值位的前面设置一个符号位来表示符号数，用 0 表示正，用 1 表示负。计算机中有多种不同的符号位和数值位一起编码的方法，常用的有原码、反码和补码。

原码的编码规则是：符号位用 0 表示正，用 1 表示负。数值部分用二进制的绝对值表示。

反码的编码规则是：正数的反码是其原码，负数的反码符号位为 1，数值部分是其原码按位取反。

补码的编码规则是：正数的补码是其原码，负数的补码则是其反码再加 1。

例如，两个整数的减法运算 42 - 84，用补码表示。

如用两字节存放数值，其中最高位为符号位，则 42-84=42+（-84）用补码表示如下：

42 的补码是

0000 0000	0010 1010

-84 的补码是

1111 1111	1010 1100

42 - 84 的运算，是 42 的补码加上-84 的补码运算，得到结果：

1111 1111	1101 0110

结果便是-42 的补码。

说明：在计算机系统中，数值一律用补码来表示和存储。原因在于，使用补码，可以将符号位和数值域统一处理；同时，加法和减法也可以统一处理。此外，补码与原码相互转换，其运算过程是相同的，不需要额外的硬件电路。

1.3.5 字符编码

微型计算机采用的字符编码是 ASCII 码，它是美国标准信息交换码（American Standard Code for Information Interchange），已被国际标准化组织（ISO）定为国际标准。ASCII 码有七位 ASCII 码和八位 ASCII 码两种。

1. 七位 ASCII 码

七位 ASCII 码称为基本 ASCII 码，该编码是国际通用的。它采用七位二进制表示 128 个字符，包括 10 个阿拉伯数字、52 个英文大小写字母、32 个标点符号和运算符，以及 34 个控制符，如表 1-4 所示。

表 1-4　七位 ASCII 码表

低四位＼符号＼高三位	000	001	010	011	100	101	110	111
0000	NUL	DLE	SP	0	@	P	`	p
0001	SOH	DC1	!	1	A	Q	a	q
0010	STX	DC2	"	2	B	R	b	r
0011	ETX	DC3	#	3	C	S	c	s
0100	EOT	DC4	$	4	D	T	d	t
0101	ENQ	NAK	%	5	E	U	e	u
0110	ACK	SYN	&	6	F	V	f	v
0111	BEL	ETB	'	7	G	W	g	w
1000	BS	CAN	(	8	H	X	h	x
1001	HT	EM	)	9	I	Y	i	y
1010	LF	SUB	*	:	J	Z	j	z
1011	VT	ESC	+	;	K	[	k	{
1100	FF	FS	,	<	L	\	l	|
1101	CR	GS	–	=	M	]	m	}
1110	SO	RS	.	>	N	^	n	~
1111	SI	US	/	?	O	_	o	DEL

七位 ASCII 码在计算机中用一个字节（八个二进制位）表示，将最左边一位（最高位）置为 0。如数字 0 的 ASCII 码是 00110000，对应的值是 48，字母 A 的 ASCII 码 01000001，对应的值是 65。

从 ASCII 码表中看出，有 34 个非图形字符（包含前 33 个字符和最后一个空格），94 个可打印字符，也称为图形字符。这些字符按照 ASCII 码值从小到大进行排列。

2. 八位 ASCII 码

八位 ASCII 码称为扩充 ASCII 码，将七位码扩展成八位码，可以表示 256 个字符。所表示的每个字符的字节最高位可以是 0，也可以是 1。

1.3.6 汉字编码

1. 国标码

国标码是汉字的国家标准编码，目前主要有 GB2312、GBK、GB18030 三种。

（1）GB2312 编码

1980 年，我国颁布了《信息交换用汉字编码字符集—基本集》，即国家标准 GB 2312—1980，简称国标码，又称汉字交换码。在 GB2312 国标码中收入了 6 763 个汉字和 682 个非汉字图形符号，其中，6 763 个汉字按使用频度分为一级汉字 3 755 个和二级汉字 3 008 个。国标码规定，每个符号由两个字节代码组成，每个字节占用低 7 位，最高位恒为 0。

（2）GBK 编码

GBK 编码方案于 1995 年发布，收录汉字 21 003 个，采用双字节编码。

（3）GB18030 编码

GB18030 编码方案于 2000 年发布第一版，收录汉字 27 533 个；2005 年发布第二版，收录汉字 70 000 余个，以及多种少数民族文字。GB18030 采用单字节、双字节、四字节分段编码。

新版向下兼容旧版，也就是说 GBK 是在 GB2312 已有码位基础上增加新码位，GB18030 是在 GBK 已有码位基础上增加新码位，各种编码方案中共有的字符编码相同。现在的中文信息处理应优先采用 GB18030 编码方案。

2. 汉字的输入码

为将汉字输入到计算机而设计的编码称为汉字输入码，目前主要是利用西文键盘输入汉字。因此，输入码是由键盘上的字母、数字或符号组成的。例如，搜狗拼音输入法、智能 ABC 输入法、五笔字型输入法等。下面以搜狗拼音输入法为例，简单介绍一些输入法的使用。

（1）输入法的选择与切换

可使用鼠标从多个输入法中单击选择一项，也可用键盘操作，按【Ctrl+Shift】组合键进行各项输入法之间的切换；按【Ctrl+Space】组合键进行中英文输入法之间的切换。

（2）输入法状态条的使用

选择一种输入法后，屏幕上会出现输入法状态条。搜狗拼音输入法的状态条如图 1-21 所示。输入法状态条表示当前的输入状态，可以通过单击状态条上的按钮或按快捷键来切换状态。以搜狗拼音输入法为例，它们的含义如图 1-22 所示。

图 1-21　搜狗输入法　　　　　　　图 1-22　搜狗输入法状态条图标含义

① 全角与半角。输入法状态条上有一个全角/半角切换按钮，可通过单击切换。在全角状态下，输入的所有字符和数字均占两个英文字符的显示位置；在半角状态下，输入的所有字符和数字均占一个英文字符的显示位置。

② 中文标点符号。输入法状态条上有一个中/英文标点切换按钮，可通过单击切换。在中文标点状态下可以输入各种中文标点符号，键位表如表 1-5 所示。

表 1-5　中文标点输入键位对照表

中文标点	键　位	说　明	中文标点	键　位	说　明
。句号	.		（）左右括号	（）	自动嵌套
，逗号	,		《单双左书名号	<	自动嵌套
；分号	;		》单双右书名号	>	自动嵌套
：冒号	:		……省略号	^	双符处理
？问号	?		——破折号	_	双符处理
！感叹号	!		、顿号	\	
""双引号	"	自动配对	·间隔号	@	

③ 软键盘。使用软键盘可以增加用户输入的灵活性。右击软键盘按钮，弹出软键盘菜单如图 1-23（a）所示，选择一种软键盘类型后，屏幕上会出现相应键盘图，例如选择特殊符号选项后，则出现图 1-23（b）所示软键盘，此时可以使用鼠标单击所需符号，也可以使用键盘敲击相应键位。

（a）软键盘菜单

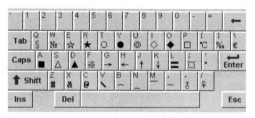

（b）特殊符号软键盘

图 1-23　软键盘

3. 机内码

汉字的机内码是汉字在计算机内部进行存储、处理和传输而统一使用的信息代码。为了实现中、西文并存，通常利用字节的最高位来区分某个码值是代表汉字还是 ASCII 码字符。所以，汉字机内码是在国标码的基础上，把两个字节的最高位一律由"0"改为"1"。由此可见，同一汉字的国标码和汉字机内码是不相同的。

4. 汉字字形码

汉字字形码又称汉字字模，用于汉字在显示屏或打印机上输出。每一个汉字的字形都预先存放在计算机内，汉字字形主要有点阵和矢量两种表示方法。点阵字形是用一个排列成方阵的点来描述汉字，凡笔画所到的格子点为黑点，用二进制数 1 表示，否则为白点，用 0 表

图 1-24　点阵字模和矢量字

示。一个 16×16 点阵的字形码需要 16×16÷8=32（字节）存储空间。汉字的矢量表示法是将汉字看作由笔画组成的图形，提取每个笔画的坐标值，所有坐标值组合起来就是该汉字字形的矢量信息，如图 1-24 所示。汉字的矢量表示法不会有失真的现象，可随意缩放，而点阵字形在放大后会出现马赛克。

从上述汉字编码的角度看，一般汉字的处理过程实际上是各种汉字编码间的转换过程，如图 1-25 所示。

图 1-25　汉字信息处理系统的工作过程

1.4　计算机安全

随着网络技术的快速发展，计算机信息资源共享规模的日益扩大，计算机系统的安全越来越受到重视。目前，对计算机安全威胁最大的是计算机病毒。

1.4.1　计算机病毒

1. 计算机病毒的定义

计算机病毒一词最早出现在南加利福尼亚大学 Fred Cohen 的博士论文中，他首次提出"计算机病毒"是"一种能把自己（或经演变）注入其他程序的计算机程序"，这是计算机病毒最早的科学定义。在《中华人民共和国计算机信息系统安全保护条例》中对计算机病毒进行了明确定义："计算机病毒，是指编制或者在计算机程序中插入的破坏计算机功能或者毁坏数据，影响计算机使用，并能自我复制的一组计算机指令或者程序代码。"

计算机感染病毒后，往往会出现屏幕显示异常、系统无法启动、系统自动重新启动或磁盘存取异常、机器速度变慢等不正常现象。

计算机病毒自出现之日起，就成为计算机的一大威胁。而自 20 世纪 90 年代 Internet 向公众开放以来，计算机病毒的危害程度越演越烈。随着计算机网络的发展，病毒借助计算机网络的传播会更加迅猛。

2. 计算机病毒的主要特点

计算机病毒主要具有以下几个特点：

（1）寄生性

计算机病毒寄生在其他程序之中，当执行这个程序时，病毒就起到破坏作用，而在未启动这个程序之前，它是不易被人发觉的。

（2）破坏性

计算机感染病毒后，可能会导致正常的程序无法运行，计算机内的文件被删除或受到不

同程度的损坏，通常表现为增、删、改、移。也有病毒会损害计算机的硬件系统达到更大的破坏作用。不同计算机病毒的破坏情况表现不一。

（3）传染性

计算机病毒不但本身具有破坏性，更有害的是具有传染性，一旦病毒被复制或产生变种，其速度之快令人难以预防。传染性是病毒的基本特征。计算机病毒会通过各种渠道从已被感染的计算机中扩散到未被感染的计算机上，在某些情况下造成被感染的计算机工作失常甚至瘫痪。只要一台计算机染毒，如不及时处理，那么病毒会在这台计算机上迅速扩散，其中的大量文件（一般是可执行文件）会被感染。而被感染的文件又成为新的传染源，再与其他机器进行数据交换或通过网络接触，病毒会继续传染。

（4）隐蔽性

计算机病毒具有很强的隐蔽性，有的可以通过病毒软件检查出来，有的根本就查不出来，时隐时现、变化无常，这类病毒处理起来通常很困难。

（5）潜伏性

计算机病毒侵入系统后，往往不是立即发作，而是有一定的潜伏期。当满足病毒触发条件时便会发作。计算机病毒的种类不同，触发条件也不同，潜伏期也不一样。

（6）计算机病毒的可触发性

病毒因某个事件或数值的出现，诱使病毒实施感染或进行攻击的特性称为可触发性。为了隐蔽自己，病毒必须潜伏，少做动作。如果完全不动，一直潜伏，病毒既不能感染也不能进行破坏，便失去了杀伤力。病毒既要隐蔽又要维持杀伤力，必须具有可触发性。病毒具有预定的触发条件，这些条件可能是时间、日期、文件类型或某些特定数据等。病毒运行时，触发机制检查预定条件是否满足，如果满足，启动感染或破坏动作，使病毒进行感染或攻击；如果不满足，则继续潜伏。

（7）不可预见性

不同种类的计算机病毒代码是千差万别的，且随着计算机病毒的制作技术的不断提高，使人防不胜防。计算机病毒对于反病毒软件来说永远是超前的。

3. 计算机病毒的分类

计算机病毒的分类方法很多，一般可分类如下：

（1）按照计算机病毒存在的媒体进行分类

根据病毒存在的媒体，病毒可以划分为网络病毒、文件病毒、引导型病毒。网络病毒通过计算机网络传播感染网络中的可执行文件，文件病毒感染计算机中的文件（如 COM、EXE、DOC 等），引导型病毒感染启动扇区（Boot）和硬盘的系统引导扇区（MBR），还有这三种情况的混合型，如多型病毒（文件和引导型）感染文件和引导扇区两种目标。

（2）按照计算机病毒传染的方法进行分类

根据病毒传染的方法可分为驻留型病毒和非驻留型病毒。驻留型病毒感染计算机后，把自身的内存驻留部分放在内存（RAM）中，这一部分程序挂接系统调用并合并到操作系统中去，它处于激活状态，一直到关机或重新启动。非驻留型病毒在得到机会激活时并不感染计算机内存。一些病毒在内存中留有小部分，但是并不通过这一部分进行传染，这类病毒也被划分为非驻留型病毒。

（3）根据病毒破坏的能力进行分类

① 无害型：除了传染时减少磁盘的可用空间外，对系统没有其它影响。

② 无危险型：这类病毒仅仅是减少内存、显示图像、发出声音及同类音响。

③ 危险型：这类病毒在计算机系统操作中造成严重的错误。

④ 非常危险型：这类病毒删除程序、破坏数据、清除系统内存区和操作系统中重要信息。

4. 计算机病毒的预防

计算机病毒随时都有可能入侵计算机系统，因此，用户应提高对计算机病毒的防范意识，采取"预防为主"的方针，不给病毒以可乘之机。

① 在使用的所有机器上安装杀毒软件。定期升级所安装的杀毒软件，每周对计算机进行一次全面的杀毒、扫描工作，以便发现并清除隐藏在系统中的病毒。当用户不慎感染上病毒时，应立即将杀毒软件升级到最新版本，然后对整个硬盘进行扫描操作，清除一切可以查杀的病毒。如果病毒无法清除，或者杀毒软件不能做到对病毒进行清晰的辨认，那么应该将病毒提交给杀毒软件公司，杀毒软件公司一般会在短期内给予用户满意的答复。

② 对操作系统下载补丁，以保证系统运行安全。有很多病毒利用系统漏洞或者系统和应用软件的弱点来进行传播，尽管杀毒软件能保护用户不被病毒侵害，但是及时安装操作系统中最新发现的漏洞补丁，仍然是一个极好的安全措施。

③不下载来历不明的软件及程序，不打开来历不明的邮件及附件。应选择信誉较好的下载网站下载软件，将下载的软件及程序集中放在非引导分区的某个目录下，在使用前最好用杀毒软件查杀病毒，确认无毒后再使用。

④对外来程序要使用杀毒软件进行检查（包括从移动硬盘、U 盘、E-mail、手机或平板电脑等存储设备中获得的程序），未经检查的可执行文件不能复制进硬盘，更不能安装及应用。

⑤ 定期拷贝重要的软件和数据作为备份，以免遭受病毒侵害后不能恢复。

⑥ 随时注意计算机的各种异常现象（如速度变慢，弹出奇怪的文件，文件尺寸发生变化，内存减少等），一旦发现，应立即用杀毒软件仔细检查。

1.4.2 木马程序

1. 木马的定义

在古罗马的战争中，古罗马人利用一只巨大的木马，赢得了战役的胜利，成为一段历史佳话，这就是木马名字的由来。而在当今的网络世界里，也有这样一种程序，它会想尽一切办法隐藏自己，像间谍一样潜入用户的计算机，为其他人的攻击打开后门，与战争中的木马非常相似，因而得名木马程序。

木马程序简称木马，是指潜伏在计算机中，由外部用户控制并从本机窃取信息和机密的程序，其全称为特洛伊木马，英文名为 Trojan horse。一般由两部分组成，分别是服务器端程序和客户端程序，其中服务器端程序安装在被控制计算机上，客户端程序安装在控制计算机上，服务器端程序和客户端程序建立起连接就可以实现对远程计算机的控制。

2. 木马的特征

目前，世界上有上千种木马程序。但它们一般都具有如下特征：

① 隐蔽性：隐蔽性是木马的首要特征。它的隐蔽性主要体现在不产生图标，并且木马

程序自动在任务管理器中隐藏，并以"系统服务"的方式欺骗操作系统。

② 欺骗性：木马程序为了要达到长期隐蔽的目的，就必须借助系统中已有的文件，以防被发现。

③ 自动运行性：木马程序通过修改系统配置文件或注册表的方式，在计算机系统启动时即可自动运行。

④ 自动恢复性：木马程序中的功能模块已不再是由单一的文件组成，而具备多重备份，可相互恢复。

⑤ 特殊性：通常，木马的功能是十分特殊的，除了普通的文件操作外，还具有记录用户事件、远程注册表的操作等功能。

3. 木马的分类

根据木马程序对计算机的具体动作方式，可把木马程序分为以下几类：

① 远程访问型：这类木马是现在使用最广泛的木马，它可以远程访问被攻击者的硬盘。

② 密码发送型：这类木马可以找到目标机的隐藏密码，把它们发送到特定的位置。

③ 破坏型：这类木马的功能就是破坏并且删除文件。

④ 键盘记录型：这类木马只记录用户的按键情况。

4. 木马攻击的预防和清除

计算机一旦中了木马程序，后果非常严重。那么如何来预防和清除木马程序的攻击呢？

① 使用网络防火墙软件可以有效地降低被木马攻击的危险性。

② 不要轻易打开不熟悉的邮件或来历不明的软件。

③ 不要使用盗版软件。

一旦不小心计算机感染上木马程序，最安全最有效的方法就是马上将计算机与网络的连接切断，利用专门的木马专杀工具进行查杀。目前的主流杀毒软件也可以检测和查杀木马程序，但在清除木马程序方面没有专杀工具那样强。此外，对于最新出现的木马，可以在网上搜索或购买专门的查杀工具来处理。

尽管越来越多的杀毒软件可以防范并查杀木马，但并非能查杀所有的木马程序，所以不能轻信"使用杀毒软件就绝对安全"。木马和网络病毒一样，是防不胜防的。对于那些连杀毒软件都"束手无策"的木马或病毒，就需要专业人士来进行处理了。

1.4.3　"黑客"与"骇客"

1. 黑客

"黑客"（Hacker）是取其英文名的发音翻译而来的，原意是"开辟、开创"。早期的"黑客"在美国计算机界具有褒义色彩，通常指那些热衷于计算机技术，计算机技艺高超的专家及程序员。他们有着撰写程序的专才，并具备热衷研究、追根问底探究问题的特质。"黑客"基本上可以认为是一种业余爱好，通常是出于个人兴趣，而非为了谋利或工作需要。

怀着狂热的兴趣和对计算机执着的追求，这些"黑客"不断地学习和研究，发现计算机和网络中存在的漏洞，并提出解决和修补漏洞的方法。事实上，早期的"黑客"推动了计算机技术和网络技术的发展，使互联网日益安全完善。

2. 骇客

"骇客"（Cracker）的意思是"解密、破译"，多指专门从事破译密码的活动的人。他们辱没了"黑客"的名声，以至于不少人将"黑客"和"骇客"混淆。所以，真正的破坏者应该是指那些"骇客"，他们做得更多的是破解商业软件，恶意入侵他人的网站并给他人带来损失。他们只追求入侵的快感，并非掌握很深的技术，编程能力也并非高超，有些甚至不会编程。

"黑客"与"骇客"之间最主要的不同是：黑客们创造新东西，骇客们破坏东西。但现在这两个词已经被普通混用为"黑客"，再强调"黑客与骇客"早没什么实际意义了。事实上，到了今天，"黑客"一词已成为那些计算机破坏者的代名词。

3. 黑客的主要行为

（1）学习技术

互联网上的新技术一旦出现，黑客就必须立刻学习，并用最短的时间掌握这项技术，这里所说的掌握并不是一般的了解，而是阅读有关的"协议"、深入了解此技术的机理，否则一旦停止学习，那么依靠他以前掌握的内容，并不能维持他的"黑客身份"超过一年。

（2）伪装自己

黑客的一举一动都会被服务器记录下来，所以黑客必须伪装自己使得对方无法辨别其真实身份，这需要有熟练的技巧，用来伪装自己的 IP 地址、使用跳板逃避跟踪、清理记录扰乱对方线索、巧妙躲开防火墙等。

（3）发现漏洞

漏洞对黑客来说是最重要的信息，黑客要经常学习别人发现的漏洞，并努力寻找未知漏洞，并从海量的漏洞中寻找有价值的、可被利用的漏洞进行试验，当然他们最终的目的是通过漏洞进行破坏或者修补这个漏洞。

（4）利用漏洞

黑客利用漏洞可以做下面的事情：

① 获得系统信息：有些漏洞可以泄露系统信息，暴露敏感资料，从而进一步入侵系统。

② 入侵系统：通过漏洞进入系统内部或取得服务器上的内部资料，或完全掌管服务器。

③ 寻找下一个目标：利用自己已经掌管的服务器作为工具，寻找并入侵下一个系统。

④ 做一些好事：修复漏洞或者通知系统管理员，做出一些维护网络安全的事情。

⑤ 做一些坏事：黑客在完成上面的工作后，会判断服务器是否还有利用价值。如果有利用价值，他们会在服务器上植入木马或者后门，便于下一次来访；而对没有利用价值的服务器他们决不留情，系统崩溃会让他们感到无限的快感。

4. 网络攻防技术

针对日益泛滥的黑客攻击，必须采取一些行之有效的手段来进行防范。一般来说，黑客防范技术和工具主要包括：防火墙、安全扫描、评估分析、入侵检测、网络陷阱、备份恢复和病毒防范等。下面介绍几种具体的黑客防范技术。

（1）针对密码破解的防范技术

尽量经常变更密码，不要所有地方都使用同一个密码，设置密码时要让自己容易记住而别人难以猜测，如位数要足够长、大小写混合等；不要把密码写下来，不要告诉别人，不要让他人看见，不要把密码存在网页和文件或者 Modem 的字符串存储器中。

（2）针对 IP 欺骗的防范技术

如果是来自网络外部的 IP 欺骗，可以在局域网的对外路由器里设置不允许声称来自内部网的数据，同时配置好防火墙。如果是来自于网络内部，那就不易防范了，一般可以采用监控的方法，用 NETLOG 或者类似的监控工具来检查外接口上的数据包，如果发现数据包的源地址和目的地址都是内部的地址，就说明有黑客要开始攻击系统了，需加以防范。

（3）针对电子邮件攻击的防范技术

针对假冒的或者陌生的邮件，不要轻易打开，不能按照黑客的指示去做，而是通过正常的渠道来证实邮件的真伪，如电话询问等。电子邮件轰炸是一种常见的攻击手段，如果发现有邮件服务器被攻击的现象，如收发邮件变慢或者根本不能收发，则应该马上采取措施查明攻击源，并立即调整防火墙的配置，杜绝来自源头的数据包。

在防范黑客攻击的手段中，防火墙和入侵检测是极其有效的。总之，总会找到防范黑客的最新技术手段，使得网络尽量安全。

小结

本章主要介绍了计算机的基础知识、计算机系统组成和数字、字符编码。计算机系统是由计算机的硬件系统和软件系统所组成。迄今为止，实用的计算机系统绝大部分采用冯·诺依曼体系结构，硬件系统由存储器、运算器、控制器、输入设备和输出设备等五大部件所组成。软件系统包括系统软件和应用软件两大部分，操作系统是系统软件的核心，具有管理计算机各种软硬件资源、协调计算机各个部件正常工作、为用户提供友好的操作界面的功能。

计算机中的数据都是以二进制形式存储、传输和加工处理的。常用的数制有二进制、八进制、十进制和十六进制。计算机中最常用的字符编码是 ASCII 码。汉字国标码 GB2312 编码是用两个字节来表示一个汉字，每个字节的最高位为 0。

最后介绍了计算机病毒的概念以及预防。计算机病毒是人为编写的一段程序代码或者指令集合。为了确保计算机系统和数据的安全，应安装有效的杀毒软件，并定期升级；同时采取防范措施，防止计算机病毒的破坏和传播。

习题

一、单项选择题

1. 1946 年诞生了世界上第一台多用途电子计算机，它的英文名字是（　　　　）。

    A. UNIVAC　　　　　B. EDVAC　　　　　C. ENIAC　　　　　D. MARRK

2. 计算机应用最早也最成熟的应用领域是（　　　　）。

    A. 数值计算　　　　B. 数据处理　　　　C. 过程控制　　　　D. 人工智能

3. 二进制数 01100100 转换成十六进制数是（　　　　）。

    A. 64　　　　　　　B. 63　　　　　　　C. 100　　　　　　D. 144

4. 中央处理器（CPU）的主要组成部件是（　　　　）。

    A. 控制器和内存　　　　　　　　　　B. 运算器和内存

    C. 控制器和寄存器　　　　　　　　　D. 运算器和控制器

5. 计算机能够直接识别和执行的语言是（　　　　）。

    A. 汇编语言   B. 自然语言   C. 机器语言   D. 高级语言

6. 计算机病毒是指"能够侵入计算机系统并在计算机系统中潜伏、传播，破坏系统正常工作的一种具有繁殖能力的"（　　　　）。

    A. 特殊程序   B. 源程序   C. 特殊微生物   D. 流行性病毒

7. 汉字在计算机内部的传输、处理和存储都使用汉字的（　　　　）。

    A. 字形码   B. 输入码   C. 机内码   D. 国标码

8. 实现 CPU 与其他部件之间数据传送的是（　　　　）。

    A. 数据总线   B. 地址总线   C. 控制总线   D. 运算总线

9. 下列各类存储器中，断电后其中信息会丢失的是（　　　　）。

    A. RAM   B. ROM   C. 硬盘   D. 光盘

10. 以下属于系统软件的有（　　　　）。

    A. 操作系统   B. Word 程序   C. 编辑程序   D. BASIC 源程序

二、简答题

1. 目前计算机科学领域的前沿技术有哪些？除了书中介绍的几种技术，你还知道哪些？

2. 计算机的发展经历了哪几个阶段？第一台具有现代意义的计算机是什么？为什么？

3. "黑客"和"骇客"一样吗？你是如何看待的？

第 2 章

→ Windows 7 操作系统

操作系统（Operating System，OS）是最基本的系统软件，它是管理和控制计算机硬件与软件资源的计算机程序。操作系统是用户和计算机的接口，同时也是计算机硬件和其他软件的接口，用户通过操作系统的使用和设置，使计算机更有效地进行工作。

2.1　Windows 7 操作系统简介

2.1.1　Windows 7 操作系统特点

2009 年 10 月 22 日，微软公司在美国正式发布 Windows 7 操作系统。Windows 7 操作系统在硬件性能要求、系统性能和可靠性上都有突破性的发展，它的界面更加简洁、精确、清晰。

1. 产品系列

Windows 7 产品系列较多，分别为 Windows 7 Starter（初级版）、Windows 7 Home Basic（家庭基础版）、Windows 7 Home Premium（家庭高级版）、Windows 7 Professional（专业版）、Windows 7 Enterprise（企业版）、Windows 7 Ultimate（旗舰版）。

（1）Windows 7 Starter（初级版）

初级版仅适用于一些配置比较低端的机器，其功能相对较少，它最大的优势就是简单、便宜，对于仅仅上网冲浪的用户来说是不错的选择。

（2）Windows 7 Home Basic（家庭基础版）

家庭基础版是家庭高级版的简化版，它的适用范围不太广泛，仅在新兴市场投放，例如中国、印度、巴西等。

（3）Windows 7 Home Premium（家庭高级版）

家庭高级版可以轻松地欣赏和共享用户喜爱的电视节目、照片、视频和音乐，可以满足追求个性效果的个人家庭用户使用。

（4）Windows 7 Professional（专业版）

专业版适用于对网络数据备份、远程控制有特别需求的爱好者和小企业用户。

（5）Windows 7 Enterprise（企业版）

企业版适用于高级用户，它对于企业的数据管理、共享和安全功能有所支持。

（6）Windows 7 Ultimate（旗舰版）

旗舰版是综合版本，融合了家庭高级版和专业版全部功能，因而它占用的硬件资源最大。

2. 系统特点

Windows 7 操作系统进行了巨大的变革，其中主要针对用户的个性化设计、娱乐视听设计、应用服务设计、用户易用性设计以及笔记本式计算机的特有设计等几个方面增加了很多特色功能。其突出特点如下：

（1）美观大方

Windows 7 提供的 Aero 特效使整个桌面看上去更华丽，并且 Windows 7 主题壁纸也是一大特色，微软官方首次提供了海量的主题壁纸素材供用户免费下载，任何 Windows 7 用户都可以轻松打造一个绚丽的桌面。

（2）快速高效

Windows 7 大幅提升了系统开关机速度，据实测其启动过程的系统加载时间一般不超过20 s，这与其他的操作系统相比是一个很大的进步。

（3）简单易用

Windows 7 有很多便捷设计，例如最大化窗口、窗口半屏显示、跳转列表、系统故障快速修复、3D 桌面效果等。这些新功能令 Windows 7 成为简单易用的操作系统。

（4）安全稳定

Windows 7 的安全措施改进了基于角色的计算方案和用户账户管理，在数据保护和坚固协作的固有冲突之间搭建沟通桥梁，同时也会开启企业级的数据保护和权限许可。

（5）连接便捷

Windows 7 的连接功能不仅可以帮助用户在最短时间内完成网络连接，而且还能够紧密和快捷地将其他计算机所需要的信息以及电子设备无缝连接起来，使所有的计算机和电子设备连为一体。

2.1.2　Windows 7 的运行环境与安装

用户可以根据实际情况选择相应的 Windows 7 版本安装，在安装之前，首先要清楚Windows 7 系统对硬件的要求，确定自己的计算机是否能够正常安装。

1. Windows 7 的运行环境

根据微软提供的说明，Windows 7 对计算机的基本硬件配置要求如下：

① 处理器 CPU：1 GHz 32 位或 64 位处理器。

② 内存：1 GB 内存（基于 32 位）或 2 GB 内存（基于 64 位）。

③ 显卡：带有 WDDM1.0 或更高版本驱动程序的 DirectX 9 显卡。

④ 硬盘：16 GB 可用硬盘空间（基于 32 位）或 20 GB 可用硬盘空间（基于 64 位）。

⑤ 显示器：分辨率至少为 1024×768 像素。

⑥ 其他：CD-ROM 或 DVD 驱动器，键盘、Windows 支持的鼠标等。

2. Windows 7 的安装

Windows 7 的安装过程并不复杂，只需根据安装向导的提示逐步完成操作即可。

① 进入 BIOS 设置界面，设光驱为第一引导设备，将 Windows 7 安装光盘放入光驱，启动系统。

② 出现安装向导，依次出现设置语言、时间以及输入法的界面，一般情况采用默认设置，

直接单击【下一步】按钮即可。

③ 单击【请阅读许可条款】界面中的【我接受许可条款】按钮，选择安装类型。这里是全新安装，因此选中【自定义（高级）】选项。

④ 在【您想将 Windows 安装在何处】界面中选择安装 Windows 7 的磁盘分区，单击【下一步】按钮，开始安装系统。这个过程会持续一段时间，需要耐心等待。

⑤ 按照系统提示，经过输入用户名、密码及密码提示问题等几个步骤。在输入产品密钥界面，只有输入正确的产品序列号才可以进行后续的安装。

⑥ 完成 Windows 自动安装更新的方式、设置日期和时间、设置网络等步骤，就可以看到 Windows 7 的界面了，这说明操作系统已成功安装。

全新的 Windows 7 系统安装好之后，用户就可以自由体验。

2.1.3　Windows 7 的启动和关闭

1. Windows 7 的启动

① 依次按下计算机显示器和机箱的开关，计算机将进行硬件自检，通过后即开始系统引导，启动 Windows 7。

② 启动后会出现用户登录界面，如图 2-1 所示。

图 2-1　用户登录界面

③ 根据使用计算机的用户数目，登录界面分为单用户登录和多用户登录两种。选择需要登录的用户图标，在用户名下方的文本框中输入密码，按【Enter】键或者单击文本框右侧的箭头按钮，即可进入系统。如果没有设置登录密码，可直接进入系统。

2. Windows 7 的退出

当长时间不使用计算机时，可根据需要通过关机、休眠/睡眠、锁定和切换用户等操作，退出 Windows 7 操作系统。

（1）关机

计算机使用完毕需正常关机退出，关闭所有正在运行的应用程序。具体操作为：单击【开始】按钮，在弹出的【开始】菜单中单击右侧的【关机】按钮，计算机会自动安全关闭，如图 2-2 所示。

（2）休眠/睡眠

Windows 7 提供了睡眠和休眠两种待机模式，进入睡眠或者休眠状态后，计算机电源保持打开状态，当前系统的所有状态都会保存下来，而硬盘和显示器都会关闭；当唤醒计算机后，就可以让系统恢复到正常的运行状态。具体操作方法为：在【开始】菜单中单击【关机】按钮右侧的小三角按钮，在弹出的菜单中选择【睡眠】或【休眠】命令即可，如图2-2所示。

图 2-2　关闭计算机

处于休眠状态时，要重新使主机恢复原来工作，需按下主机的电源按钮启动计算机；处于睡眠状态时，要恢复原来工作，需按键盘上的任意键或移动鼠标，可唤醒系统。

睡眠与休眠的不同点在于休眠模式是将内存中的数据全部转存到硬盘上的休眠文件中，然后切断所有设备的供电；睡眠模式是将内存中的数据全部转存到硬盘上的休眠文件中，然后关闭除内存外所有设备的供电。

（3）锁定

锁定功能是指系统保持当前的任务，数据仍然保存在内存中，计算机进入了低耗电运行状态。具体操作方法为：在【开始】菜单中单击【关机】按钮右侧的小三角按钮，在弹出的菜单中选择【锁定】命令，系统切换到登录界面。用户再次使用时，只需输入用户名和密码即可继续原来的操作。

（4）注销

注销功能可以使用户在不必重启计算机的情况下重新登录系统，系统只恢复用户的一些个人环境设置。具体操作方法为：在【开始】菜单中单击【关机】按钮右侧的小三角按钮，在弹出的菜单中选择【注销】命令，退出当前环境，系统强制关闭当前运行的程序，切换到用户登录界面。

（5）切换用户

在【开始】菜单中单击【关机】按钮右侧的小三角按钮，在弹出的菜单中选择【切换用户】命令，可以选择其他的用户账户进入系统。

2.2 初识 Windows 7

Windows 7 属于个性化操作系统，对于初学者而言，仍需简单了解桌面组件、窗口的使用方法，才能更好地使用它进行娱乐和工作。

2.2.1 Windows 7 的桌面组件

登录操作系统以后，可以看到 Windows 7 初始桌面，该桌面由【开始】按钮、桌面图标、任务栏等几大部件组成，如图 2-3 所示。

图 2-3　Windows 7 桌面

1. 【开始】按钮

在 Windows 7 操作系统中，【开始】按钮使用一个圆形的 Windows 徽标表示。单击该按钮可以弹出【开始】菜单，【开始】菜单是计算机程序、文件夹和基本设置的主要入口，里面包括程序列表、系统文件夹、系统设置程序和搜索框等几部分，如图 2-4 所示。

图 2-4　【开始】菜单

2. 任务栏

任务栏一般位于屏幕的底部，是一个长方条。使用任务栏可以在多个正在运行的应用程序之间自由切换，如图 2-5 所示。

【开始】按钮　　　　　程序按钮区　　　　　　　　　　　语言栏　通知区域　　　桌面显示按钮

图 2-5　任务栏

① 【开始】按钮：单击该按钮可以弹出【开始】菜单。

② 程序按钮区：鼠标指向任务栏中的图标，可以显示已打开的程序或文档，单击进行切换。

③ 语言栏：显示当前的输入法状态。

④ 通知区域：包括时钟、音量、网络及其他一些显示特定程序和计算机设置状态的图标。

⑤ 【显示桌面】按钮：该按钮位于任务栏的最右侧。鼠标指针移动到该按钮上，可以预览桌面，单击该按钮可以快速返回桌面。

3. 桌面图标

桌面图标是指在 Windows 桌面上各种各样代表应用程序、文件和文件夹的小图标。操作系统安装完成后，桌面仅有一个回收站图标，随着安装的应用程序以及桌面的文件或文件夹的增多，桌面图标也会随之增多。桌面图标的类型有多种，如驱动器图标、应用程序图标、文件夹图标、快捷方式图标等。

为方便用户使用，可以在桌面上创建某些文件或程序的快捷方式，具体方法如下：

方法一：在要创建快捷方式的程序或者文件上右击，在弹出的快捷菜单中选择【发送到】→【桌面快捷方式】命令。

方法二：在要创建快捷方式的程序、文件或文件夹上右击，在弹出的快捷菜单中选择【复制】命令，然后在桌面空白处右击，在弹出的快捷菜单中选择【粘贴快捷方式】命令。

方法三：在桌面空白处右击，选择【新建】→【快捷方式】命令，弹出【创建快捷方式】对话框；在【请键入对象的位置】中单击【浏览】按钮，选中想要创建快捷方式的程序或文件（夹），单击【下一步】按钮；在【键入快捷方式名称】文本框中输入要设置的程序名称，单击【完成】按钮。

4. 桌面背景

桌面背景的作用是美化屏幕。用户可以根据自己的喜好选择不同图案和不同色彩的背景进行个性化修饰。

2.2.2　Windows 7 窗口组成

窗口是 Windows 系统为完成用户指定的任务而在桌面上打开的矩形区域。当同时打开多个窗口时，当前操作的窗口称为活动窗口，其他窗口是后台窗口。

Windows 7 中各窗口的基本外观相同，包括标题栏、地址栏、菜单栏、工具栏、导航窗格、工作区等，如图 2-6 所示。

图 2-6 典型的 Windows 7 窗口

① 标题栏：位于窗口的最上面，除小部分窗口的标题栏为空白外，大部分会显示当前打开文件或程序的名称。标题栏右侧的控制按钮区分别为窗口的【最小化】、【最大化/还原】和【关闭】按钮。

② 地址栏：用于显示当前内容的地址或路径。用户既可以方便地访问本地或网络的文件夹，也可以直接在地址栏中输入网址访问互联网。

③ 搜索框：具有搜索功能，当输入搜索内容时，计算机就会寻找与关键字相匹配的内容，直到搜索到需要的内容。

④ 菜单栏：列出了当前应用程序所能使用的各种命令（默认菜单栏不显示，按【Alt】键可打开/关闭菜单栏）。

⑤ 工具栏：显示常用的工具按钮。

⑥ 导航窗格：包含【收藏夹】、【库】、【计算机】、【网络】四个项目，选择不同的项目，在右侧的工作区显示相应内容。

⑦ 工作区：显示当前选定项目所对应的内容。

⑧ 滚动条：当窗口无法显示所有内容时就会出现滚动条，拖动滑块或单击其两端的三角按钮，可以水平或垂直滚动显示内容。

⑨ 预览窗格：当选中文件时，预览窗格会调用与文件相关联的应用程序进行预览。

⑩ 细节窗格：用来显示选中对象的详细信息。

⑪ 状态栏：用来显示一些与窗口中的操作有关的提示信息。

2.2.3 Windows 7 窗口的基本操作

Windows 7 操作系统是一个多任务、多线程的操作系统，同一时间桌面可能有两个甚至多个窗口同时呈现。

1. 打开窗口

打开窗口的方法有多种，如双击应用程序图标、文件夹图标或文件图标，就可以打开相应的窗口；也可以在要打开的对象上右击，从弹出的快捷菜单选择【打开】命令。

2. 关闭窗口

当某个窗口不再使用时，需关闭该窗口或程序，以节省系统资源，可以通过以下方式关闭：

① 单击窗口标题栏右侧的【关闭】按钮 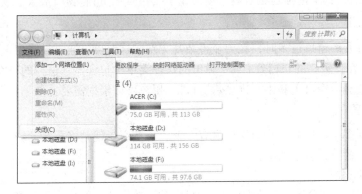。

② 在窗口的菜单栏中选择【文件】→【关闭】命令，如图 2-7 所示。

图 2-7　利用菜单栏关闭窗口

③ 在标题栏上右击，在弹出的快捷菜单中选择【关闭】命令，如图 2-8 所示。

图 2-8　右击标题栏关闭窗口

④ 单击窗口标题栏的最左侧，在弹出的菜单中选择【关闭】命令，如图 2-9 所示。

图 2-9　利用标题栏左侧命令关闭窗口

⑤ 按【Alt+F4】组合键快速关闭窗口。

3. 移动窗口

将鼠标指向窗口的标题栏，按下鼠标左键不放，将其拖动到合适的位置后，释放鼠标，即可移动窗口。

4. 改变窗口大小

① 放大或缩小窗口：将鼠标移动到窗口的边框上或窗口的四角上，当指针呈现双箭头时，拖动鼠标即可放大或缩小窗口。

② 最小化窗口：单击标题栏右侧【最小化】按钮 ▭ ，可将窗口最小化到任务栏上的程序按钮区。

③ 最大化窗口：单击标题栏右侧【最大化】按钮 ▢ ，可将窗口放大到整个屏幕。

5. 排列窗口

当桌面上打开的窗口过多时，就会显得杂乱无章，这时可以通过设置窗口的显示形式对窗口进行排列。在任务栏的空白处右击，弹出的快捷菜单中包含显示窗口的三个命令，即【层叠窗口】、【堆叠显示窗口】和【并排显示窗口】，用户可以根据需要选取。

6. 切换窗口

桌面上打开多个窗口时，活动窗口只有一个，切换窗口就是将非活动窗口转换成为活动窗口。切换窗口的具体方法如下：

（1）使用快捷键

① 【Alt+Tab】组合键：按【Alt+Tab】组合键，在屏幕中间的位置会显示所有打开的应用程序和文件夹图标，按住【Alt】键不放，反复按【Tab】键，这些图标就会依次被选中并突出显示，当要切换的窗口图标突出显示时，释放【Alt】键，该窗口就会成为活动窗口。

② 【Alt+Esc】组合键：【Alt+Esc】组合键的使用方法与【Alt+Tab】组合键的使用方法相同，但不会出现窗口图标方块，而是直接在各个窗口之间进行切换。

③ 【Win+Tab】组合键：在 Aero 主题效果下，重复按【Win+Tab】组合键，Windows 7 操作系统将会在 3D 效果的绚丽窗口之间进行切换。

（2）利用程序按钮区

每运行一个程序，在任务栏的程序按钮区中会出现一个相应的程序按钮，单击程序按钮可以切换到相应的程序窗口。

2.2.4 Windows 7 外观个性化设置

Windows 7 的默认设置不一定适合每个用户，可通过个性化设置改变操作系统的外观。

1. 设置 Windows 7 桌面主题

桌面主题就是 Windows 桌面各个模块的风格，包括桌面上的可视元素和声音等。具体设置如下：

① 在桌面空白处右击，在弹出的快捷菜单中选择【个性化】命令，如图 2-10 所示。

② 在打开的【个性化】窗口中，可以看到系统提供的【我的主题】和【Aero 主题】等，根据自己的喜好进行相应选择，如图 2-11 所示。

2. 桌面背景个性化设置

Windows 7 系统提供了很多个性化的桌面背景，包括图片、纯色和带有颜色框架的图片等，操作步骤如下：

① 在打开的【个性化】窗口中，单击【桌面背景】图标，打开【桌面背景】窗口，如图 2-12 所示。

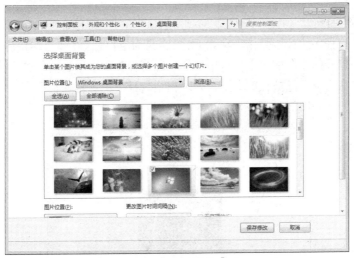

图 2-10 【个性化】选择　　　　　　　　　　　图 2-11 主题选择

② 在【图片位置】下拉列表中选取图片存放位置，在其下方的列表框中选择图片作为桌面背景，如图 2-12 所示。

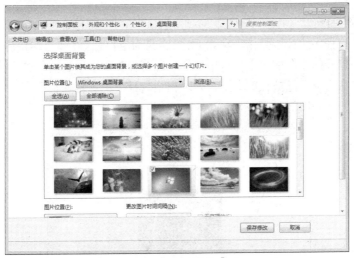

图 2-12 【桌面背景】窗口

③ 图片在桌面上的位置分五种方式，分别为填充、适应、拉伸、平铺和居中，选择其中一种，单击【保存修改】按钮。

④ 若选择系统默认以外的图片，则单击【图片位置】右侧的【浏览】按钮，在弹出的对话框中找到相应的图片即可。

3. 桌面图标个性化设置

为桌面添加图标的具体操作步骤如下：

① 在桌面空白处右击，在弹出的快捷菜单中选择【个性化】命令，打开【个性化】窗口。

② 在窗口的左侧窗格中选择【更改桌面图标】选项，弹出【桌面图标设置】对话框，如图 2-13 所示。

③ 根据需要选择相应的图标，单击【确定】按钮。

桌面上的图标可按照名称、大小、项目类型或修改日期排列。具体步骤为：右击桌面空白处，在弹出的快捷菜单中选择【排列方式】级联菜单中的相应命令，排列方式选择如图 2-14 所示。

图 2-13　【桌面图标设置】对话框　　　　　图 2-14　桌面图标排列方式

4. 屏幕保护程序

设置屏幕保护程序的具体操作步骤如下：右击桌面空白处，在弹出的快捷菜单中选择【个性化】命令，在打开的【个性化】窗口中选择【屏幕保护程序】选项，弹出【屏幕保护程序设置】对话框，在【屏幕保护程序】下拉列表框中选择一种屏幕保护程序，设置等待时间，单击【确定】按钮，如图 2-15 所示。

图 2-15　【屏幕保护程序设置】对话框

5. 更改桌面小工具

Windows 7 操作系统提供了侧边栏功能，自带了很多实用的小工具，如日历、天气、时钟等。默认情况下，侧边栏并不显示出来，小工具也不显示，需要进行自行添加。

具体操作步骤如下：

① 在桌面空白处右击，在弹出的快捷菜单中选择【小工具】命令，如图 2-16 所示。

② 打开【小工具库】窗口，如图 2-17 所示。

③ 窗口列出了系统自带的多个小工具，双击对应的图标或者右击图标，即可添加相应的小工具。

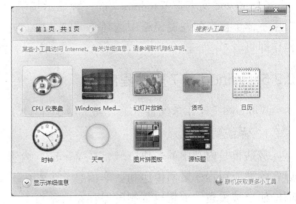

图 2-16　选择【小工具】命令　　　　　图 2-17　【小工具库】窗口

6. Windows 7 字体

添加、预览、显示、隐藏和删除字体的操作如下：

（1）添加字体

Windows 7 操作系统默认安装的字体不一定满足用户的需求，用户可自行安装其他字体，安装步骤为：在要安装的字体文件上右击，在弹出的快捷菜单中选择【安装】命令，命令菜单如图 2-18 所示。

（2）预览、显示和隐藏字体

系统提供字体的预览、显示和隐藏等功能，便于用户了解各种字体。打开【控制面板】/【外观和个性化】窗口，选择【预览、删除或者显示和隐藏字体】链接，打开【字体】窗口，如图 2-19 所示。单击某一种字体，在工具栏即显示【预览】、【删除】、【显示】和【隐藏】按钮，选择不同命令，即可进行相应操作。

图 2-18　字体安装　　　　　　　　图 2-19　【字体】窗口

（3）设置字体大小

为使阅读屏幕上的内容更容易，可对字体的大小进行设置。打开【字体】窗口，在左侧窗格中单击【更改字体大小】链接，在右侧窗格中选择一种字体大小选项，即可在预览区域查看相应效果。

（4）ClearType 调谐器

ClearType 文本是 Windows 7 的一种显示技术，可以使字体看起来更清晰。调整的步骤为：在【字体】窗口的左侧窗格中选择【调整 ClearType 文本】选项，在弹出的对话框中按提示操作即可。

2.2.5　Windows 7 附件程序

Windows 7 操作系统自带了一些实用小程序。

1. 系统剪贴板

剪贴板是内存中的一块区域，是 Windows 内置的一个非常有用的工具，通过剪贴板，可以在各种应用程序之间传递和共享信息。但是剪贴板只能保留一份数据，每当新的数据传入，旧的便会被覆盖。剪切或复制时保存在剪贴板上的信息，只有再剪贴或复制另外的信息，或停电、或退出 Windows，或有意地清除时，才可能更新或清除其内容，即剪贴或复制一次，就可以粘贴多次。

2. 画图程序

启动画图程序的步骤为：单击【开始】按钮，选择【所有程序】→【附件】→【画图】命令，打开【画图】窗口，如图 2-20 所示，用户可以进行图形绘制和图片简单编辑等操作。

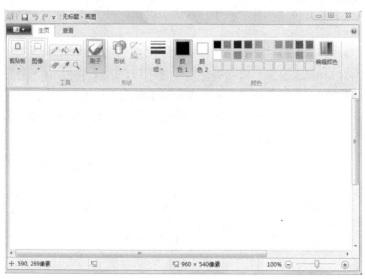

图 2-20　【画图】窗口

3. 截图工具

启动截图工具的步骤为：单击【开始】按钮，选择【所有程序】→【附件】→【截图工具】命令，即可打开截图工具。启动【截图工具】后，拖动鼠标，框选要截取的屏幕区域，释放鼠标，完成截图。如果有特殊要求，用户可以单击【新建】按钮旁边的箭头，从列表中选择【任意格式截图】、【矩形截图】、【窗口截图】或【全屏幕截图】，捕获需要的屏幕区域。截图成功后，可以将截图保存为 HTML、PNG、GIF 或 JPEG 类型文件。

注：键盘上的【Print Screen】键可以对整个屏幕进行截图。按下该键，在打开的【画图】窗口中选择【编辑】→【粘贴】命令，按【Ctrl+S】组合键将图片保存即可。按【Alt +Print Screen】组合键则只抓取当前活动窗口。

4. 计算器

Windows 7 系统自带的计算器程序不仅具用标准计算器功能，而且集成了编程计算器、科学性计算器和统计信息计算器的高级功能。另外还附带了单位转换、日期计算和工作表等功能，使计算器变得更加人性化。打开计算器的步骤为：单击【开始】按钮，选择【所有程序】→【附件】→【计算器】命令。

5. 命令提示符

对于习惯使用 DOS 命令的用户，命令提示符是一个非常实用的工具，Windows 7 操作系统仍然保留了这一功能，打开步骤为：单击【开始】按钮，选择【所有程序】→【附件】→【命令提示符】命令，即可打开【命令提示符】窗口。用户在命令提示符下输入命令，按【Enter】键即可执行。

【例】打开附件中命令提示符，在当前提示符下输入"dir"命令，将屏幕中输出的所有内容保存到"命令.txt"文件中。

【解】具体操作步骤如下：

① 单击【开始】按钮，选择【所有程序】→【附件】→【命令提示符】命令，打开【命令提示符】窗口。

② 在命令提示符后输入"dir"命令，按【Enter】键，屏幕显示当前目录下包含的所有内容。

③ 单击左上角的"命令提示符"控制图标，在控制菜单中选择【编辑】→【全选】命令，当前屏幕内容全部被选中，如图 2-21 所示。

图 2-21 命令提示符

④ 单击左上角的"命令提示符"控制图标，在控制菜单中选择【编辑】→【复制】命令，当前屏幕显示内容全部被复制。

⑤ 单击【开始】按钮，选择【所有程序】→【附件】→【记事本】命令，在空白区域右击，在弹出的快捷菜单中选择【粘贴】命令，根据题目要求以"命令.txt"为文件名进行保存。

6. 记事本

记事本存储文件的扩展名为.txt，其特点是只支持纯文本。一般来说，如果仅保存网页上的文本，可直接复制粘贴到记事本中，这时只留下纯文本而去除掉其他格式。

2.3 Windows 7 文件管理

计算机内存储了大量信息及各种软件供用户使用，这些信息都以文件的形式存储在磁盘、光盘等外部存储器上。因此，计算机操作系统提供了文件管理功能。

2.3.1 文件和文件夹的概念

1. 文件

在计算机中，文件是以计算机硬盘为载体存储在计算机上的信息集合。它可以是文本文档、图片、程序等。

（1）文件的命名

在操作系统中，每个文件都必须有唯一的名字。为了使用方便，文件名一般由主文件名和扩展名组成，主文件名和扩展名之间用一个"."字符分隔，同一文件夹中的文件不能重名。

文件的命名规则包括：文件主名可由1～255个字符组成，不能出现"\""/"":""*""?""""""""<"">""|"等特殊字符，扩展名至多有188个字符，通常由1～3个字符组成。文件名不区分大小写，但在显示时可以保留大小写格式，文件名中可以包含多个分隔符"."。

（2）文件的类型

计算机中的文件可分为系统文件、通用文件与用户文件三类。前两类是在安装操作系统和硬件、软件时装入磁盘的，其文件名和扩展名由系统自动生成，不能随便更改或删除。表2-1中列出了常见的扩展名对应的文件类型。

表 2-1 文件类型

文件扩展名	文 件 类 型	文件扩展名	文 件 类 型
.docx	Word 文档	.obj	目标代码文件
.xlsx	电子表格文件	.txt	文本文档/记事本文档
.pptx	演示文稿文件	.exe、.com	可执行文件
.rar、.zip	压缩文件	.hlp	帮助文档
.wav、.mid、.mp3	音频文件	.htm、.html	超文本文件
.avi、.mpg	可播放视频文件	.bmp、.gif、.jpg	图形文件
.bak	备份文件	.int、.sys、.dll、.adt	系统文件
.tmp	临时文件	.bat	批处理文件
.ini	系统配置文件	.wps	WPS 文本文件

（3）文件的属性

一个文件包括两部分内容，一是文件所包含的数据；二是有关文件本身的说明信息，即文件属性。文件的属性包含类型、大小和创建时间等信息。右击该文件，在弹出的快捷菜单中选择【属性】命令，弹出【属性】对话框，在【常规】选项卡中可查看文件类型、打开方式、位置、大小、占用空间、创建时间、修改时间、访问时间和属性等相关信息。一个文件（夹）通常可以具有只读、隐藏、存档等属性。

2. 文件夹

文件夹是操作系统用来组织和管理文件的一种形式，是为方便用户查找、维护和存储而设置的。文件夹一般采用多层次结构，每一个磁盘有一个根文件夹，它包含若干文件和文件夹。每个文件夹下面可进一步创建若干文件夹用于存储文件和文件夹。这种多层次结构既帮助用户分类存储不同类型和功能的文件，又方便文件查找，还允许不同文件夹中文件拥有相同的文件名。

在有关文件夹的常用词中，有根文件夹、子文件夹和父文件夹等概念。

① 根文件夹：每个磁盘有一个根文件夹，它是由操作系统在格式化磁盘时创建的，其他文件夹都是创建在根文件夹下。

② 子文件夹：每个文件夹下面可创建若干文件夹用于存储文件和文件夹，将其称为子文件夹。

③ 父文件夹：子文件夹的上级文件夹称为父文件夹。

3. 路径

在多层次结构文件系统中，当要访问某个文件时，不只是依靠文件名来区分，还需要依靠3个因素，即文件存放的磁盘、存放的文件夹和文件名。除了文件名外，一般还需要知道该文件的路径信息，即文件放在什么位置。

（1）磁盘和盘符

为了定位一个文件，首先必须说明该文件存放的磁盘。磁盘用一个英文字母来表示，软磁盘一般称为 A 盘、B 盘，硬盘和光盘一般从 C 开始编号，依次为 C 盘、D 盘、E 盘等。磁盘名上加一个冒号":"，就成为盘符，如"A:""C:"等。

（2）路径

文件夹的保存可以多层嵌套，要定位某个子文件夹的存放位置，还要引出"路径"的概念。所谓路径是指从此文件夹到彼文件夹之间所经过的各个文件夹的名称，两个文件夹名之间用分隔符"\"分开。路径的表达格式为：<盘符>: \ <文件夹名> \ …… \ <文件夹名> \ <文件名>。

路径有绝对路径和相对路径之分：

① 绝对路径：从根文件夹开始所列出的路径称为绝对路径。

例如，用绝对路径定位文件 Notepad.exe。

C:\windows\Notepad.exe

② 相对路径：从当前文件夹开始表示文件的路径称为相对路径。执行某一操作时系统所在位置的文件夹称为当前文件夹，相对路径与当前文件夹密切相关。

例如，假设当前文件夹为 Program Files，用相对路径定位文件 Notepad.exe。

..\Windows\Notepad.exe（先返回当前文件夹的父文件夹（根文件夹），再向下定位 Notepad.exe 文件）

2.3.2 认识 Windows 7 资源管理器

使用资源管理器可以方便地实现浏览、查看、移动和复制文件或文件夹等操作。

1. 资源管理器的打开方式

打开资源管理器的方法为：

① 右击【开始】按钮，在弹出的快捷菜单中选择【打开 Windows 资源管理器】命令，打开资源管理器窗口，如图 2-22 所示。

② 单击【开始】按钮，选择【所有程序】→【附件】→【Windows 资源管理器】命令。

③ 按【Win+E】组合键。

图 2-22　资源管理器窗口

2. 资源管理器窗口的组成

Windows 7 中的资源管理器包含标题栏、地址栏、搜索栏、导航窗格、右窗格，以及文件预览面板等。

3. 资源管理器的基本操作

（1）展开文件夹

单击资源管理器导航窗格"▷"符号可以展开下一级子文件夹。单击导航窗格磁盘或文件夹项目，在右侧窗格中显示其包含的内容。

（2）折叠文件夹

单击资源管理器导航窗格"◢"符号，可以把展开的项目折叠起来。

说明："▷"符号表示可以展开下一级项目，"◢"符号表示项目已经展开。

2.3.3 文件和文件夹的基本操作

1. 选择文件或文件夹

对文件或文件夹进行操作之前应先将其选中。

（1）选择单个文件或文件夹

单击文件或文件夹即可选中单个文件或文件夹，此时该对象高亮显示。

（2）选择多个文件或文件夹的操作

按住【Shift】键同时单击，可实现多个连续文件或文件夹的选择；按住【Ctrl】键同时单击，可以实现多个不连续文件或文件夹的选择。

（3）全部选中文件或文件夹

按【Ctrl+A】组合键可以选择当前文件夹下全部文件或文件夹。

2. 新建文件和文件夹

（1）新建文件

常用方法如下：

① 打开资源管理器窗口，在导航窗格中选中新建文件的位置，选择【文件】→【新建】命令，在弹出的子菜单中，有新建不同类型文件的命令，如文本文档、Microsoft Word 文档等。

② 直接在桌面或右侧窗格中空白处右击，在弹出的快捷菜单中选择【新建】命令，在级联菜单中选择一种文件类型，即创建了一个该类型的文件。

（2）新建文件夹

用户可以根据需要创建多个文件夹，然后将不同类型或用途的文件分别放在不同的文件夹中，便于文件管理。

常用方法如下：

① 打开资源管理器窗口，选定新文件夹所在的位置（桌面、驱动器或某个文件夹）。在菜单栏中选择【文件】→【新建】→【文件夹】命令，此时在右侧窗格中出现一个名为"新建文件夹"的新文件夹，输入新文件夹的名称即可。

② 可直接在桌面或右侧窗格中的空白处右击，在弹出的快捷菜单中选择【新建】→【文件夹】命令，输入新文件夹的名称。

③ 通过单击窗口【工具栏】中的【新建文件夹】按钮新建文件夹。

3. 复制文件或文件夹

在日常操作中，经常需要对一些重要的文件和文件夹备份，即创建与原文件或文件夹相同的副本，这就是文件或文件夹的复制。

（1）利用编辑菜单

选定要复制的对象，选择菜单栏中的【编辑】→【复制】命令，在导航窗格中选定目标位置，再次选择菜单栏中的【编辑】→【粘贴】命令。

（2）利用快捷菜单

在要复制的对象上右击，在弹出的快捷菜单中选择【复制】命令；然后在导航窗格中选定目标位置，在右侧窗格空白处右击，在弹出的快捷菜单中选择【粘贴】命令，即可完成复制操作。

（3）利用快捷键

选择要复制的对象，按【Ctrl+C】组合键执行复制命令，在目标位置按【Ctrl+V】组合键执行粘贴命令。

（4）利用鼠标拖动

利用资源管理器，选定要复制的对象：如果在同一个驱动器的不同文件夹间进行复制，在选中对象后，同时按住【Ctrl】键拖动鼠标到目标位置，然后先松开鼠标再松开【Ctrl】键；如果在不同驱动器之间复制，则直接选中对象拖动鼠标到目标位置即可。

4. 移动文件或文件夹

移动操作是将原来位置的文件或文件夹移动到目标位置。

（1）利用编辑菜单

选中要移动的对象，选择菜单栏中的【编辑】→【剪切】命令，在导航窗格中选定目标位置，在菜单栏选择【编辑】→【粘贴】命令。

（2）利用快捷菜单

在要移动的对象上右击，在弹出的快捷菜单中选择【剪切】命令，然后在目标位置的空白处右击，在弹出的快捷菜单中选择【粘贴】命令。

（3）利用快捷键

选定要移动的对象，按【Ctrl+X】组合键执行剪切命令，在导航窗格中选定目标位置，按【Ctrl+V】组合键执行粘贴命令。

（4）利用鼠标拖动

如果在同一个驱动器中的不同文件夹间移动，可直接用鼠标选中对象并拖动到目标位置，松开鼠标即可；如果在不同驱动器间移动，拖动鼠标时需按住【Shift】键，到目标位置后先松开鼠标再松开【Shift】键。

5. 重命名文件或文件夹

用户可以根据工作需要对文件或文件夹进行重命名操作，常用方法如下：

① 右击需要修改名称的对象，在弹出的快捷菜单中选择【重命名】命令。对象的名字即处于可编辑状态，输入新对象名称，然后按【Enter】键（或在空白处单击）即可完成重命名操作。

② 单击要重命名的对象，然后按【F2】键。

③ 选定要重命名的对象后，再一次单击该文件或文件夹的名称框，可以重命名。

6. 删除文件或文件夹

文件或文件夹的删除可以分为暂时删除和彻底删除两种。

（1）暂时删除，删除的对象存放于回收站中

常用方法如下：

① 选定要删除的对象，选择菜单栏中的【文件】→【删除】命令。

② 右击要删除的对象，在弹出的快捷菜单中选择【删除】命令。

③ 选定要删除的对象，按【Delete】键。

④ 拖动要删除的对象到【回收站】的图标上，然后释放鼠标。

（2）彻底删除，即完全删除，不存放到回收站

选定对象后，在执行上述删除操作的同时按住【Shift】键，则对象被彻底删除，无法再从【回收站】中恢复。

7. 还原文件或文件夹

删除文件或文件夹时难免会出现误删操作，这时可以利用【回收站】的还原功能将文件或文件夹还原到其删除之前保存的位置，操作步骤如下：

① 双击桌面【回收站】图标，弹出【回收站】窗口。

② 右击需要还原的文件或文件夹，在弹出的快捷菜单中选择【还原】命令。文件或文件夹就会被还原到删除前的位置。

8. 清空回收站

删除文件到【回收站】仅仅是将文件放入【回收站】中，并没有腾出磁盘空间，只有清空【回收站】后，才真正腾出了磁盘空间。清空【回收站】的方法为：右击【回收站】图标，在弹出的快捷菜单中选择【清空回收站】命令，即可清空回收站。也可双击【回收站】图标，在打开的【回收站】窗口中选择【文件】→【清空回收站】命令。

注意：回收站是系统在硬盘的一块固定大小的空间，如果删除的文件已经占满整个空间，再次删除文件后，早期删除的文件将会被彻底删除。另外，其实删除操作只是在"文件分配表"原来的文件名上做了删除标记，文件的实际内容还存储于磁盘中，利用专业软件还有可能恢复彻底删除的文件内容。

2.3.4 查找文件或文件夹操作

计算机中存放的文件或文件夹越来越多，用户可以使用搜索功能找到所需要的文件。

1. 打开搜索命令

Windows 7 提供了多种方法让用户使用查找功能，具体方法如下：

① 可以使用【开始】菜单上的搜索框来查找存储在计算机上的文件、文件夹、程序或电子邮件等。单击【开始】菜单，在【搜索程序和文件】文本框中直接输入搜索关键字，如图 2-23 所示。

图 2-23　搜索

② 打开资源管理器或任意一个文件夹窗口，在搜索框中直接输入搜索条件。打开的搜索窗口如图 2-24 所示。

图 2-24　搜索框

2. 设置搜索条件

在桌面环境中，按【Win+E】组合键，打开资源管理器窗口，在资源管理器右上角有一个搜索框。它可以快速的搜索计算机中的各种文档、图片、程序等。除了搜索速度十分快，资源管理器搜索框还提供了大量的"搜索筛选器"，通过"搜索筛选器"设立相应的条件，就能更加方便地完成各种类型对象的搜索。

单击资源管理器搜索框，弹出下拉列表，其中列出了用户之前的搜索记录和搜索筛选器。Windows 7 的搜索筛选器十分丰富，包括类型、作者、名称、修改日期、标记、大小、文件夹路径等，对于不同的搜索范围，筛选器的筛选条件也各不相同，用户在使用的时候可以自行选择，具体使用如下：

（1）设置名称条件

单击资源管理器右上角的搜索框，在搜索框内输入要查找对象的名称，即可查找。如果名称记不太清，可以使用通配符"*"和"?"，其中"*"代表零个或多个字符，而"?"代表一个字符。

例如，如果想查找 help.exe 文件，只记得其中某个单词，不记得全部文件名怎么写，可以在搜索框中输入"h*.exe"，即可查找到所有以字母 h 开头扩展名为.exe 的文件。

（2）设置种类

单击资源管理器右上角的搜索框内空白处，输入"种类："几个字，弹出下拉列表，包含日历、通讯、联系人、文件夹等，用户即可按类别进行搜索，如图 2-25 所示。

例如，在搜索框内空白处输入"种类："，在弹出的下拉列表中选择"文件夹"选项，就会查找出当前目录下包含的所有文件夹。

（3）设置日期条件

单击资源管理器窗口右上角的搜索框，如图 2-26 所示，在弹出的下拉列表"添加搜索选择器"中默认的"搜索选择器"为【修改日期】和【大小】，单击【修改日期】命令，选择列表中的一个日期条件，即可按照对象的创建、修改和访问日期进行搜索，如图 2-27 所示。

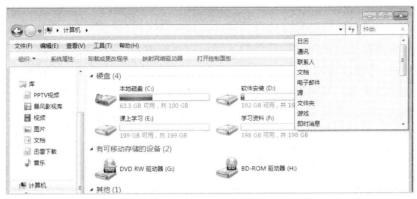

图 2-25 设置种类搜索

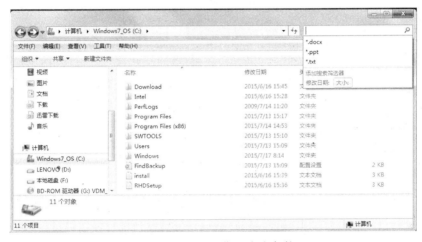

图 2-26 设置日期、大小条件

例如，选择【修改日期】中的 25 日，如图 2-27 所示，就会搜索出 25 日那天所有创建、修改和访问的对象。

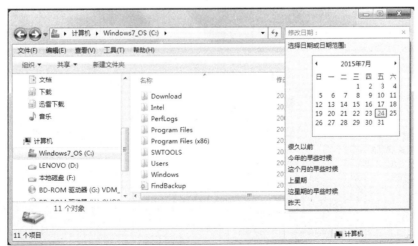

图 2-27 按日期条件搜索

（4）设置大小条件

单击资源管理器窗口右上角的搜索框，弹出的下拉列表 "添加搜索选择器"中默认的 "搜索选择器"为【修改日期】和【大小】，单击【大小】命令，系统会自动列出空、微小、中、大、特大、巨大等不同的选项，直接单击该命令就可以按条件进行快速搜索。

例如，单击【大小】命令，选择【大（1-16MB）】选项，就会筛选出当前目录下符合条件的文件，即筛选出大于 1 MB 并且小于 16 MB 的所有文件，如图 2-28 所示。

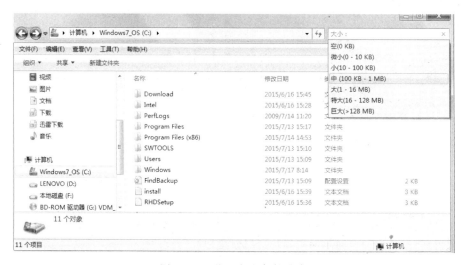

图 2-28　设置大小条件搜索

如果 Windows 7 给出的条件不符合需要，还可以在冒号后面手动输入条件。例如输入"大小：>300M"，系统会马上按照新的条件搜索出大于 300 MB 的文件，如图 2-29 所示。

图 2-29　大于 300 MB 文件搜索

（5）保存搜索结果

单击工具栏中的【保存搜索】按钮，可以将搜索结果保存到合适位置，如图 2-30 所示。

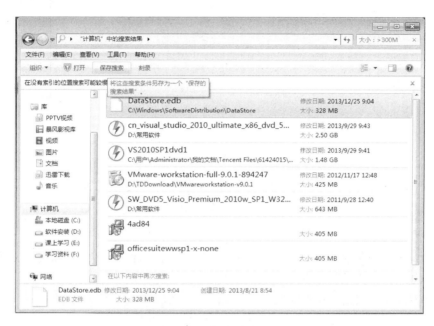

图 2-30　保存搜索结果

2.3.5　库式管理

在 Windows 操作系统中，传统的文件管理方式是将文件分门别类存储在各个文件夹中，这种文件管理方式直观、易于掌握，但当要管理的文件很多且分散于不同文件夹时，则不便查找。因此，Windows 7 在传统的文件夹管理基础上，提出了库的文件管理方式。

库就像收藏夹一样，只要单击库中的链接就能快速打开添加到库中的文件夹。库中的文件夹实际还是保存在计算机原来的位置，只是在库中建立了一个快捷方式，当原始文件夹发生变化时，库会自动更新。Windows 7 系统中默认有文档、音乐、图片、视频四个库，用户可以添加库或向已有的库中导入文件夹。

1. 创建一个新库

在资源管理器窗口中建立新库的方法如下：

① 选中导航窗格中的【库】项目，在右侧窗格空白处右击，在弹出的快捷菜单中选择【新建】→【库】命令。

② 选中导航窗格中的【库】项目，在菜单栏上选择【文件】→【新建】→【库】命令。

例如，新建【下载】库，然后进入该库后单击【包括一个文件夹】按钮，在弹出的对话框中选择文件夹即可，如图 2-31 所示。

图 2-31　新建库

2. 从库中移除文件夹

当不再通过库来管理某个文件夹时，可以将其从库中移除。从库中移除文件夹时，不会删除原始位置的文件夹及其内容。

从库中移除文件夹的具体步骤如下：

① 打开资源管理器窗口，单击左边导航窗格中的【库】项目。

② 右击要移除文件夹的库，在弹出的快捷菜单中选择【属性】命令，弹出相应库的属性对话框，选择要移除的文件夹。

③ 单击【删除】按钮完成删除操作，如图 2-32 所示。单击【确定】按钮退出【下载属性】对话框。

图 2-32　从库中移除文件夹

2.4　控制面板与环境的设置

Windows 7 为用户提供了功能强大的系统设置工具【控制面板】，使用户可以根据自己的操作习惯和工作需要，对系统进行灵活的设置。

2.4.1　控制面板

控制面板是 Windows 的一个重要系统文件夹，其中包含了许多独立的工具，可以用来调整系统的环境参数和属性，管理用户账户，对设备进行设置与管理等。

单击【开始】按钮，选择【控制面板】命令，即可打开【控制面板】窗口。

【控制面板】窗口有两种视图：一是类别视图，如图 2-33 所示，Windows 7 将相关的配置按类别进行组织；二是经典视图，如图 2-34 所示，以多图标形式显示，单击每个图标都可以调用一项功能，进行相关的具体设置。用户可以通过单击弹出【控制面板】窗口右侧的【查看方式】按钮打开子菜单，在两种视图之间进行切换。

图 2-33　【控制面板】的类别视图

图 2-34　【控制面板】的经典视图

2.4.2　键盘和鼠标的设置

键盘和鼠标是计算机最基本的输入设备，用户可根据自己的习惯对其进行设置。

1. 键盘的设置

键盘是计算机的主要输入设备，对键盘进行一些必要的设置，可以使输入操作更加得心应手。

在【控制面板】经典视图窗口中，单击【键盘】选项，弹出【键盘属性】对话框，可以进行打字速度、按下某字符键后出现字符重复时间等的设置，如图 2-35 所示。

2. 鼠标的设置

鼠标是与计算机进行交互的主要输入设备之一。用户可以根据自己的喜好进行设置。设置方法如下：

① 在【控制面板】经典视图窗口中，单击【鼠标】选项，弹出【鼠标属性】对话框，如图 2-36 所示。

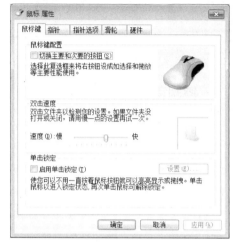

图 2-35 【键盘属性】对话框　　　　图 2-36 【鼠标属性】对话框

② 选择【鼠标键】选项卡，可以对鼠标按键、双击速度和单击锁定进行设置。

③ 选择【指针】选项卡，可以设置鼠标在工作过程中的指针形状。

④ 选择【指针选项】选项卡，可以设置鼠标指针的移动速度和移动轨迹等。

⑤ 选择【滑轮】选项卡，可以根据需要修改滑轮滚动时的动作。

2.4.3　输入法的安装和设置

Windows 7 自带有多种输入法，默认情况下，系统启用的是英文输入法。用户可以根据需要对系统自带的输入法进行删除或者添加。

1. 输入法的安装

对于 Windows 系统中不是自带的输入法都有相应的安装程序，可以通过网络下载，直接运行安装程序进行安装，如搜狗拼音输入法、陈桥五笔输入法等。

对于 Windows 内置的输入法，可以根据需要进行添加和删除，具体步骤如下：

① 打开【控制面板】类别视图窗口，单击【时钟、语言和区域】选项下方的【更改键盘或其他输入法】链接，如图 2-37 所示。

② 在弹出的【区域和语言】对话框中选择【键盘和语言】选项卡，单击【更改键盘】按钮，弹出【文本服务和输入语言】对话框（在语言栏上右击，在弹出的快捷菜单中选择【设置】命令也可弹出【文本服务和输入语言】对话框），如图 2-38 所示。

③ 在【常规】选项卡即可进行添加、删除输入法等操作。可以在【默认输入语言】下拉列表框中选择一种输入语言，其对应的输入法将显示在【键盘布局/输入法】下拉列表框中。在下拉列表框中选中后，单击【确定】按钮，就可以将该输入法添加到输入法列表中。如果要删除某种输入法，只需在下拉列表框中选中相应输入法，单击【删除】按钮。

图 2-37　控制面板　　　　　　图 2-38　【文本服务和输入语言】对话框

2. 输入法的切换

用户可以通过快捷键或任务栏上的语言栏在各种输入法之间进行切换。

（1）使用快捷键

中英文输入法的切换，按【Ctrl+Space】组合键。输入法之间的循环切换，按【Ctrl+Shift】组合键。

（2）使用语言栏

单击任务栏右边的语言栏，在弹出快捷菜单中选择要使用的输入法。

2.4.4　用户账户管理

Windows 7 是一个多任务和多用户的操作系统，不同的账户类型拥有不同的权限，它们之间相互独立，从而可以达到多人使用同一台计算机而又互不影响的目的。

用户账户定义了用户可以在 Windows 中执行的操作，不同类型的用户账户，具有不同的权限。Windows 7 中指定了三种类型的用户账户：系统管理员账户、标准账户、来宾账户。

1. 系统管理员账户

系统管理员账户可以对计算机进行系统范围内的更改，可以安装程序并访问计算机上所有文件，并且对计算机上所有账户的资源拥有完全访问权。

2. 标准账户

标准账户可操作计算机，可以查看和修改自己创建的文件，查看共享文件夹中的文件，更改或删除自己的密码，但不能安装程序或对系统文件的设置进行更改。

3. 来宾账户

来宾账户专为那些没有用户账户的临时人员使用计算机而设，如果没有启用来宾账户，则不能使用，为了保障计算机的安全，一般情况不启用来宾账户。

在 Windows 7 中的每一个文件都有一个所有者，即创建该文件的账户名，而其他人不能对不属于自己的文件进行操作。系统管理员账户可以看到所有用户的文件，标准账户和来宾账户则只能看到和修改自己创建的文件。在【控制面板】类别视图窗口中选择【添加或删除用户账户】选项，可以选择创建新用户，如图 2-39 所示。如选择已有账户当中的用户，单击【选择希望更改的账户】下的账户图标，打开【更改账户】窗口，如图 2-40 所示，可对用户账户进行管理和设置，如更改密码、更改账户名称、类型等。

图 2-39　创建一个新用户

图 2-40　【更改账户】窗口

2.4.5　电源管理

电源管理是指如何将电源有效分配给系统的不同组件。通过电源管理可以降低组件闲置时的能耗。具体操作为：在【控制面板】经典视图窗口中选择【电源选项】，进入电源管理界面，可以选择系统自带的几种节能方案，也可以自定义设置节能方案。

2.5　软件和硬件的管理

在 Windows 7 操作系统中，使用控制面板可以调整和设置系统的各种属性，如软件的安装或删除、硬件的设置等。

2.5.1　添加和删除程序

在计算机中，除了要了解系统软件的基本使用，还会用到一些其他的应用软件，因此了解计算机的软件安装和卸载是非常有必要的。

1．安装应用程序

当需要安装新的应用程序时，首先将安装盘放入光驱或把应用程序下载到本地磁盘，之后打开该程序的安装文件所在的文件夹。

一般情况下，应用程序的安装文件名为 Setup.exe 或 install.exe，也有其他形式的安装文件，如以程序的名称命名。执行安装文件，进入程序的安装向导，在安装向导指示下完成安装即可。

2．卸载应用程序

卸载应用程序有两种方式，一种是使用【开始】菜单卸载，另一种是使用【控制面板】窗口中的【卸载程序】进行卸载。

（1）有自卸载程序

单击【开始】按钮，选择【所有程序】命令，再选择应用程序的名称，在其子菜单中选择【卸载】命令，可根据提示进行卸载。

（2）无自卸载程序

打开【控制面板】类别视图窗口，选择【程序】选项区域中的【卸载程序】链接，打开【程序和功能】窗口，选择要卸载的应用程序，在程序列表上方会出现【卸载】按钮，单击即可卸载、更改或修复程序，如图 2-41 所示。

图 2-41　【程序和功能】窗口

2.5.2　硬件的管理

硬件设备分为即插即用设备和非即插即用设备两类。即插即用是由 Intel 开发的一组规范，可以让计算机自动检测和配置硬件设备。非即插即用设备则是在添加一些新的硬件后，计算机不能马上使用，要在 Windows 中安装该设备的驱动程序，设备才能正常使用。

1. 安装即插即用设备

即插即用是一项用于自动处理计算机硬件设备安装的工业标准。即插即用设备插入计算机后，系统会自动配置，驱动程序会自动进行安装，不需要用户进行任何操作。常见的即插即用设备包括闪存盘、移动硬盘以及数码照相机等。用户将设备连接到计算机上的相应端口或插槽中。计算机会自动查找设备驱动程序以便能够和该设备进行通信。当驱动程序安装完成后，就可以使用该设备。

2. 安装非即插即用设备

非即插即用设备是指用户安装新硬件后，要安装与之相对应的驱动程序方能正常使用的硬件设备。一般情况下，在购买设备时都会附赠驱动程序光盘，正确安装光盘中的驱动程序，硬件就能使用了。

当安装一个非即插即用的新设备时，通常包括三个步骤：

① 根据厂商的说明书，将设备连接到计算机正确的端口上。

② 出现【发现新硬件向导】，选中【自动安装软件】复选框，单击【下一步】按钮，然后按提示操作。

③ 选择【从磁盘安装】按钮，找到驱动程序存放的位置，从制造商提供的安装盘中安装该硬件的设备驱动程序。

3. 打印机的安装

现在打印机已经成为常用的办公设备，在办公室和家庭中普遍应用，打印机的安装步骤如下：

① 在【控制面板】类别视图窗口中，单击【硬件和声音】→【查看设备和打印机】链接，弹出【设备和打印机】窗口，如图 2-42 所示。

图 2-42 【设备和打印机】窗口

② 单击【添加打印机】按钮，选择【添加本地打印机】命令，弹出【选择打印机端口】对话框，单击【下一步】按钮。

③ 在弹出的【安装打印机驱动程序】对话框中单击【从磁盘安装】按钮，弹出【从磁盘安装】对话框，如图 2-43 所示。

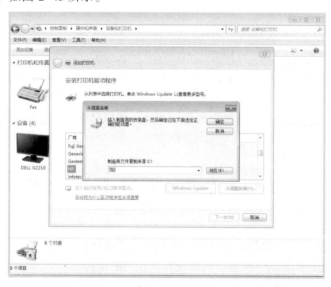

图 2-43 【从磁盘安装】对话框

④ 单击【浏览】按钮，在弹出的【查找文件】对话框中，选择打印机驱动程序的存放路径，单击【下一步】按钮，在【键入打印机名称】对话框中输入打印机的名称，完成安装。

2.6 系统维护与备份

随着计算机的使用，系统中的垃圾文件越来越多，会造成启动时间过长、计算机运行速度减缓等现象。为了确保 Windows 7 系统的稳定运行，需要定期对计算机进行维护。

2.6.1 操作系统的维护

系统维护包括定期清理磁盘、定期整理磁盘碎片等。

1. 清理磁盘

清理磁盘是指删除某个驱动器上不需要的文件，释放一定的空间，从而提高计算机运行速度，清理磁盘的步骤如下：

① 单击【开始】按钮，选择【所有程序】
→【附件】→【系统工具】→【磁盘清理】命
令，弹出【磁盘清理：驱动器选择】对话框，
如图 2-44 所示。

② 选择要进行清理的驱动器，单击【确定】
按钮，弹出【磁盘清理】对话框，在【要删除
的文件】列表框中，系统列出了所有可删除的

图 2-44 【磁盘清理：驱动器选择】对话框

无用文件。用户可以通过选择或取消这些文件前的复选框来删除或保留文件，如图 2-45 所示。

③ 单击【确定】按钮，弹出【磁盘清理】确认删除对话框，如图 2-46 所示。单击【删除文件】按钮，磁盘进行清理。

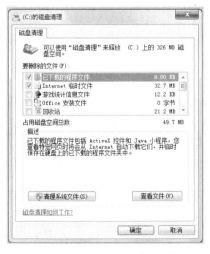

图 2-45 【磁盘清理】对话框

图 2-46 【磁盘清理】确认删除对话框

2. 整理磁盘碎片

较大的文件存放在磁盘上时，通常被分片存放在磁盘的不同位置。计算机使用一段时间

后，由于文件的创建、复制和删除等操作，造成许多文件被分割成多个片段放置在磁盘中不连续的位置，形成磁盘碎片。进行磁盘碎片整理时，系统会对磁盘中的碎片进行移动，使每个文件尽可能存储在连续的空间。系统就能够快速地读取或新建文件，从而恢复高效的系统性能。进行磁盘碎片整理的操作步骤如下：

① 单击【开始】按钮，选择【所有程序】→【附件】→【系统工具】→【磁盘碎片整理程序】命令，打开【磁盘碎片整理程序】窗口，如图 2-47 所示。

图 2-47   【磁盘碎片整理程序】窗口

② 在【磁盘碎片整理程序】窗口的【当前状态】列表框中选择需要整理的磁盘，单击【磁盘碎片整理】按钮，开始磁盘整理。

2.6.2   操作系统的备份

使用计算机过程中，有时会不小心进行误操作，或者病毒破坏、存储设备损坏等原因，造成计算机系统文件或数据损坏。Windows 7 系统提供了数据备份和还原功能，利用它可以有效地提高数据安全性，并在数据损坏时利用备份文件快速恢复。

1. 备份操作系统

在 Windows 7 系统中，用户可以将系统映像直接备份在硬盘、光盘或者网络中的其他计算机上。当操作系统出现重大故障时，可以利用映像文件快速恢复系统，具体步骤如下：

① 在【控制面板】类别视图窗口中单击【系统和安全】→【备份您的计算机】链接，打开【备份或还原文件】窗口，如图 2-48 所示。

② 选择【创建系统映像】选项，启动创建系统映像向导，按向导提示完成操作即可。

图 2-48　【备份或还原文件】窗口

2. 还原操作系统

当系统出现重大故障时，但还能进入系统桌面，可利用备份的映像文件快速恢复系统。

① 在【备份或还原文件】窗口中，选择还原项中的【恢复系统设置或计算机】选项，在打开的窗口中单击【打开系统还原】按钮，如图 2-49 所示，打开【还原系统文件和设置】窗口，单击【下一步】按钮。

② 弹出【选择要还原的系统映像的日期和时间】的对话框，如果备份了多个不同日期的系统映像，可以选择其中的一个；如果只备份了一个映像系统，直接单击【下一步】按钮。

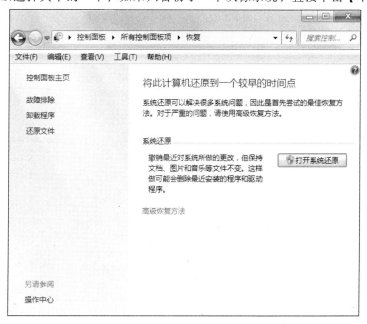

图 2-49　系统还原

③ 在【确认还原点】窗口中单击【完成】按钮，系统开始执行还原操作。

小结

Windows 7 操作系统在硬件性能要求、系统性能和可靠性上都有突破性的进展。用户界面更加简洁、精确、清晰，用户可以个性化设置自己的计算机。Windows 7 操作系统对用户界面和底层架构进行了许多重要完善，是微软对操作系统的一次重大升级。

本章从使用到维护较全面地介绍了 Windows 7 系统的基本操作。首先，简单介绍了操作系统界面的使用。其次，重点介绍了资源管理器的使用，使用户对桌面组件、窗口的使用以及文件或文件夹的操作方法有所了解。最后，介绍了控制面板、硬件和软件的管理。通过学习本章，用户可以根据自己的操作习惯和工作需要，对系统进行灵活的设置。

习题

一、单选题

1. Windows XP、Windows 7 都是（　　）。

    A. 最新程序   B. 应用软件   C. 工具软件   D. 操作系统

2. 在 Windows 7 的各个版本中，支持的功能最多的版本是（　　）。

    A. 初级版   B. 家庭高级版   C. 企业版   D. 旗舰版

3. 在安装 Windows 7 的最低配置中，内存的基本要求是（　　）。

    A. 1 GB 或 2 GB   B. 32 GB 或 64 GB

    C. 32 GB   D. 64 GB

4. Windows 的"桌面"指的是（　　）。

    A. 某个窗口   B. 整个屏幕

    C. 某一个应用程序   D. 一个活动窗口

5. 关闭【资源管理器】，可以选用（　　）。

    A. 单击【资源管理器】窗口右上角的【关闭】按钮

    B. 单击【资源管理器】窗口左上角，然后选择【关闭】命令

    C. 选择【资源管理器】的【文件】→【关闭】命令

    D. 以上三种方法都正确

6. Windows 中，"粘贴"的快捷键（　　）。

    A.【Ctrl+V】   B.【Ctrl+A】   C.【Ctrl+X】   D.【Ctrl+C】

7. Windows 资源管理器操作中，当打开一个子目录后，全部选中其中内容的快捷键是（　　）。

    A.【Ctrl+C】   B.【Ctrl+A】   C.【Ctrl+X】   D.【Ctrl+V】

8. 在 Windows 资源管理器中，单击第一个文件名后，按住（　　）键，再单击最后一个文件，可选定一组连续的文件。

    A.【Ctrl】   B.【Alt】   C.【Shift】   D.【Tab】

9. 在 Windows 资源管理器中，创建新的子目录，应选择（　　）菜单项中的【新建】
→【文件夹】命令。

    A．文件　　　　　　　B．编辑　　　　　C．工具　　　　　D．查看

10. Windows 7 有四个默认库，分别是视频、图片、（　　）和音乐。

    A．下载　　　　　　　B．文档　　　　　C．文件夹　　　　D．程序

二、操作题

1. 在 D 盘下建立如下结构文件夹：D:\ Test\TestA。

2. 在 TestA 文件夹下建立一个名为"计算机的历史与发展.txt"的文本文件。

3. 在 C:\Windows 目录下，搜索 win.ini 文件，并将其复制到 TestA 文件夹下。

4. 在 C:\Windows 文件夹范围内查找所有扩展名为.bmp 的文件。

5. 在桌面上为 Windows 7 系统中自带的截图工具创建快捷方式。

第3章

➡ 文字处理软件 Word 2010

Word 2010 是微软公司推出的 Office 办公软件，是当前使用比较广泛的文字处理软件。它适合在家庭、文教、桌面办公和各种专业文稿排版领域制作公文、报告、信函、文学作品等。Word 2010 通过"所见即所得"的用户图形界面可以让用户方便快捷地输入和编辑文字、图形、表格、公式和流程图。

3.1 Word 2010 的启动与退出

3.1.1 启动 Word

Word 是在 Windows 环境下运行的应用程序，启动方法与启动其他应用程序的方法相似，常用的有以下三种方法：

（1）从【开始】菜单中启动 Word

单击【开始】按钮，选择【所有程序】→【Microsoft Office】→【Microsoft Word 2010】命令，即可启动 Word。

（2）通过快捷方式启动 Word

用户可以在桌面上为 Word 应用程序创建快捷图标，双击该快捷图标即可启动 Word。

（3）通过文档启动 Word

用户可以通过打开已存在的文档启动 Word，其方法如下：在资源管理器中，找到要编辑的 Word 文档，直接双击该文档即可启动 Word 2010。

通过文档启动 Word 的方法不仅会启动该应用程序，而且将在 Word 中打开选定的文档。

3.1.2 退出 Word

Word 作为一个典型的 Windows 应用程序，其退出（关闭）的方法与其他应用程序类似，常用的方法有以下四种：

① 单击 Word 程序窗口右上角的【关闭】按钮。

② 选择 Word 工作窗口左上角的【文件】→【退出】命令。

③ 双击 Word 工作窗口左上角的 Ⓦ图标。

④ 按【Alt+F4】组合键。

3.1.3 初识 Word 2010 工作界面

Word 2010 操作界面由快速访问工具栏、标题栏、选项卡、功能区、文档编辑区、滚动条、【视图】按钮、缩放标尺、标尺按钮及任务窗格等部分组成。Word 2010 启动后建立了一个 Word 的窗口，这是一个标准的 Windows 应用程序界面，是用户进行文字编辑的工作环境。Word 2010 的操作界面按照用户希望完成的任务来组织程序功能，将不同的命令集成在不同的选项卡中，同时相关联的功能按钮又分别归置于不同的组中。Word 2010 这种"所见即所得"的界面，可以使用户在面向任务的选项卡上方便、快捷地找到相应的操作按钮。Word 2010 的工作界面主要组成如图 3-1 所示。

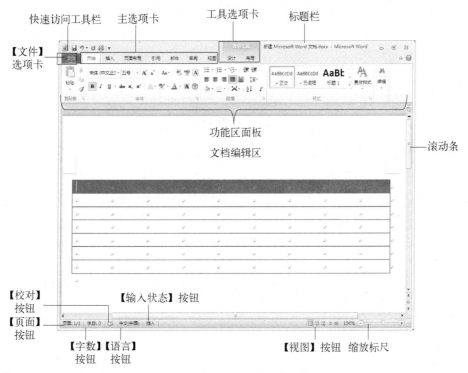

图 3-1　Word 2010 的工作界面

Word 2010 工作界面各部分的功能描述如下：

① 【文件】选项卡：单击【文件】选项卡后会显示保存、另存为、打开、关闭、信息、最近、新建、打印、保存并发送和帮助等常用的选项。

② 快速访问工具栏：用于放置命令按钮，使用户快速启动常用的命令。默认情况下，只有数量较少的命令，用户可以根据需要添加多个自定义命令，单击其右侧的下拉按钮 ，在打开的下拉列表中选择需要添加的工具即可。

③ 标题栏：标题栏位于快速访问工具栏的右侧，用于显示文档和程序名称，以及窗口控制按钮，单击窗口控制按钮 ，可以【最小化】、【最大化/恢复】或【关闭】应用程序窗口。

④ 选项卡：单击某个选项卡即可切换到与之相对应的功能区面板。选项卡分为主选项卡、工具选项卡。默认情况下，Word 2010 界面提供的是主选项卡，从左到右依次为【开始】、【插入】、【页面布局】、【引用】、【邮件】、【审阅】及【视图】。当插入的图表、SmartArt、形状（绘图）、文本框、图片、表格和艺术字等元素被选中时，在选项卡栏的右侧都会出现相应的工具

选项卡。如插入表格后，在选项卡栏右侧出现【表格工具】选项卡，其下还有【设计】和【布局】选项卡，如图 3-1 所示；当插入图片后，在选项卡栏右侧出现【图片工具】选项卡，其下有【格式】选项卡，如图 3-2 所示。

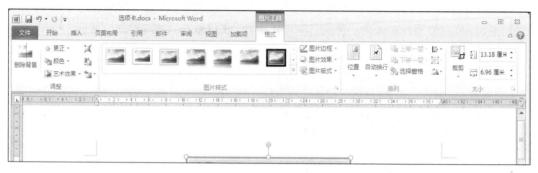

图 3-2 　【图片工具-格式】选项卡

⑤ 文档编辑区：文档编辑区是输入文本和编辑文本的区域，位于工具栏的下方。其中有一个不断闪烁的竖条，称为插入点，用以表示输入时文字出现的位置。

⑥ 【输入状态】按钮：插入和改写是文本输入的两种状态，默认的文本输入状态为插入状态，即在原有文本的左边输入文本时原有文本将右移。改写状态是在原有文本的左边输入文本时，原有文本将被替换。在状态栏上单击【输入状态】按钮可以在"插入"和"改写"状态之间切换，也可以按【Insert】键来实现切换。

⑦ 【语言】按钮：可设置文档中语言所属的国家和地区，以便自动检查拼写、语法等。

⑧ 【校对】按钮：单击可定位于有拼写、语法错误的地方，便于修改。

⑨ 【字数】按钮：单击可弹出【字数统计】对话框，查看【字数】、【字符数】等统计信息。

⑩ 【页面】按钮：单击可弹出【查找和替换】对话框。

⑪ "视图"按钮：Word 提供的视图包括草稿、页面视图、Web 版式视图、大纲视图和阅读版式视图。使用不同的显示方式，用户可以把注意力集中到文档的不同方面，从而高效、快捷地查看、编辑文档。通过单击【视图】按钮可以在各种视图之间切换。

⑫ 功能区：Word 2010 取消了传统的菜单操作方式，取而代之的是各种功能区。每选择一个选项卡，会打开对应的功能区面板，每个功能区根据功能的不同又分为若干命令组。单击 Word 窗口功能区右上角的 ⌃ 按钮，可将功能区最小化，这时 ⌃ 按钮变成 ⌄ 按钮，再次单击该按钮可复原功能区。

下面以 Word 2010 提供的默认选项卡的功能区为例进行说明。

- 【开始】选项卡的功能区中从左到右依次包括【剪贴板】、【字体】、【段落】、【样式】和【编辑】五个组，该功能区主要用于帮助用户对 Word 2010 文档进行文字编辑和格式设置，是用户最常用的功能区，如图 3-3 所示。鼠标指向功能区的图标按钮时，系统会自动在鼠标下方显示相应按钮的名字和操作。命令组右下角的图标 称为对话框启动器，在组右下角有对话框启动器的情况下，单击可弹出相应的对话框或任务窗格。如单击【段落】组的对话框启动器弹出【段落】对话框，如图 3-4 所示。

图 3-3 【开始】功能区

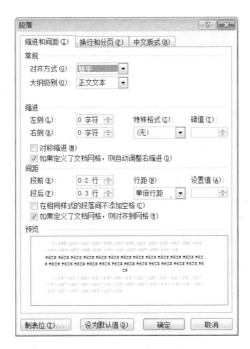

图 3-4 【段落】对话框

- 【插入】选项卡包括【页】、【表格】、【插图】(插入各种元素)、【链接】、【页眉和页脚】、【文本】、【符号】和【特殊符号】等几个组，主要用于在 Word 2010 文档中插入各种元素。

- 【页面布局】选项卡包括【主题】、【页面设置】、【稿纸】、【页面背景】、【段落】、【排列】等几个组，用于帮助用户设置 Word 2010 文档页面样式。

- 【引用】选项卡包括【目录】、【脚注】、【引文与书目】、【题注】、【索引】和【引文目录】等几个组，用于实现在 Word 2010 文档中插入目录等比较高级的功能。

- 【邮件】选项卡包括【创建】、【开始邮件合并】、【编写和插入域】、【预览结果】和【完成】等几个组，该功能区的作用比较专一，专门用于在 Word 2010 文档中进行邮件合并的操作。

- 【审阅】选项卡包括【校对】、【语言】、【中文简繁转换】、【批注】、【修订】、【更改】、【比较】和【保护】等几个组，主要用于对 Word 2010 文档进行校对和修订等操作，适用于多人协作处理 Word 2010 长文档。

- 【视图】选项卡包括【文档视图】、【显示】、【显示比例】、【窗口】和【宏】等几个组，主要用于帮助用户设置 Word 2010 操作窗口的视图类型。

用户可根据需要添加相应的选项卡和功能组及命令按钮。操作步骤：在功能区空白处右击，在弹出的快捷菜单中选择【自定义功能区】命令，弹出【Word 选项】对话框，如图 3-5 所示，单击【新建选项卡】按钮可以添加新的选项卡。如果要取消某个在主界面上已显示的选项卡可通过取消该选项卡前面的复选框来实现。

图 3-5　【Word 选项】对话框

3.2　Word 基本编辑操作

3.2.1　创建 Word 文档

1. 在桌面上创建文档

在桌面空白处右击，在弹出的快捷菜单中选择【新建】→【Microsoft Word 文档】命令即可在桌面上创建一个新的 Word 文档，系统自动命名为"新建 Microsoft Word 文档.docx"，双击打开即可进行编辑。

2. 在文件夹中创建新文档

文件浏览是 Windows 操作系统的基本操作，在对文件进行浏览的过程中也可以随时创建新的 Office 文档。操作步骤如下：打开资源管理器窗口，选定目标位置后，在右侧窗格空白处右击，在弹出的快捷菜单中选择【新建】→【Microsoft Word 文档】命令，该文档的名字会突出显示。为该文档输入文件名后，按【Enter】键确认文档的重命名操作。

3. 直接创建新文档

用户在启动 Microsoft Word 2010 应用程序时，系统会自动创建新的空白文档，也可以根据自带的设计模板创建文档。操作步骤如下：启动 Word 2010，单击【文件】选项卡，选择

【新建】命令，在【可用模板】选项区域中单击【空白文档】按钮，单击【创建】按钮即可创建一个空白文档，如图3-6所示。

图3-6　【新建】面板

4. 根据现有内容创建新文档

在创建新文档时，可以创建一个与已有文档相同的新文档进行编辑。在【文件】选项卡左侧选择【新建】命令，单击【可用模板】选项区域中的【根据现有内容新建】按钮后，弹出【根据现有文档创建】对话框，找到并选中所需使用的文档后单击【新建】按钮后即可创建一个与指定文档完全相同的新文档。

5. 使用模板创建新文档

如果用户创建的文档是一些特殊文档，如报告、合同、会议纪要等，就可以使用 Word 2010 提供的模板功能，将模板中的特定格式应用到新建文档中，创建完成后对其进行适当的修改即可。使用模板省去了烦琐的格式化操作。除了预设的样本模板外，Office 2010 官方网站还提供了在线模板下载，用户可以从网上下载所需的模板。

例如，根据模板创建个人基本报表的步骤如下：在【文件】选项卡左侧选择【新建】命令，单击【可用模板】选项区域中的【样本模板】按钮，可以显示出计算机中已存在的模板样本，这里选中【基本报表】模板并在右侧选中【文档】单选按钮，单击【创建】按钮，填写内容即可得到最终的个人基本报表。

3.2.2　打开和关闭文档

1. 打开一个或多个文档

打开已经存在的文档，也就是将该文档的内容调入内存，并在编辑窗口显示出来。在

Word 2010 中可以打开不同位置的文档，比如打开本机硬盘上或本机映射的网络驱动器上的文档。由于篇幅所限，下面只介绍如何打开本地计算机硬盘上的文档。

编辑一篇已存在的 Word 文档，必须先打开文档。Word 提供了多种打开文档的方法，这些方法大致可以分为以下两类：

① 双击已保存的 Word 文档图标，在打开文档的同时启动 Word 应用程序。

② 先打开 Word 应用程序再打开需要的文档，其方法又可分为以下三种：

- 单击【文件】选项卡，选择【打开】命令。
- 单击【文件】选项卡，在打开的菜单右侧列出的最近使用的文档中单击需要打开的文档。
- 使用【开始】按钮打开最近使用的文档。

2．关闭文档

在打开多个文档的情况下，关闭操作只是关闭了当前的活动文档，Word 应用程序还在运行，用户还可以在 Word 窗口界面中继续编辑其他文档。关闭文档操作方法有以下三种：

① 单击文档窗口右上角的【关闭】按钮。

② 单击【文件】选项卡，选择【关闭】命令。

③ 按【Ctrl+F4】或【Ctrl+W】组合键。

关闭文档时，如果文档没有保存，系统会提示是否保存文档。

3.2.3　输入与编辑文本

Word 2010 输入功能很简单，用户可以方便地输入文字和各种符号。输入文本就是在文本编辑区的插入点光标处输入文字内容。在编辑文档时，编辑区中会出现一个闪烁的"|"，称为插入点。插入点确定了文本输入的位置，已输入的内容显示在插入点的左侧。

1．输入文本

输入文本的操作步骤如下：

（1）定位光标

创建一个新的 Word 文档，命名为"背影.docx"。打开该文档，光标自动定位到文档编辑区的第一行。

（2）输入标题

选择自己熟悉的输入法，在文档中输入标题文本"背影"。

（3）输入其他文字

按【Enter】键将光标移至下一行，继续录入该文章中其他的文字，如图 3-7 所示。为了便于排版，在输入文本时当输入到行尾时，不要按【Enter】键，系统会自动换行；输入到段落结尾时，按【Enter】键，表示段落结束；如果在某段落中需要强行换行，可以按【Shift + Enter】组合键；在段落开始处，不要使用空格键后移文字，而应采用【缩进】方式对齐文本。录入文字请参考"素材\第 3 章 Word\基础实验\背影.docx"文件。

说明：插入文档可以把另一个 Word 文档中的所有内容、图片、格式完整不变地导入到现在的文档中。具体操作步骤如下：单击【插入】选项卡→【文本】组→【对象】按钮右侧的下拉按钮，在打开的下拉列表中单击【文件中的文字】选项即可。

背影

我与父亲不相见已二年余了，我最不能忘记的是他的背影 。 那年冬天，祖母死了，父亲的差使也交卸了，正是祸不单行的日子。我从北京到徐州打算跟着父亲奔丧回家。到徐州见着父亲，看见满院狼藉的东西，又想起祖母，不禁簌簌地流下眼泪。父亲说："事已如此，不必难过，好在天无绝人之路！"

回家变卖典质，父亲还了亏空；又借钱办了丧事。这些日子，家中光景很是惨淡，一半因为丧事，一半因为父亲赋闲。丧事完毕，父亲要到南京谋事，我也要回北京念书，我们便同行。

到南京时，有朋友约去游逛，勾留了一日；第二日上午便须渡江到浦口，下午上车北去。父亲因为事忙，本已说定不送我，叫旅馆里一个熟识的茶房陪我同去。他再三嘱咐茶房，甚是仔细。但他终于不放心，怕茶房不妥帖；颇踌躇了一会。其实我那年已二十岁，北京已来往过两三次，是没有什么要紧的了。他踌躇了一会，终于决定还是自己送我去。我再三劝他不必去；他只说："不要紧，他们去不好！"

我们过了江，进了车站。我买票，他忙着照看行李。行李太多了，得向脚夫行些小费才可过去。他便又忙着和他们讲价钱。我那时真是聪明过分，总觉他说话不大漂亮，非自己插嘴不可，但他终于讲定了价钱；就送我上车。他给我拣定了靠车门的一张椅子；我将他给我做的紫毛大衣铺好座位。他嘱我路上小心，夜里要警醒些，不要受凉。又嘱托茶房好好照应我。我心里暗笑他的迂；他们只认得钱，托他们只是白托！而且我这样大年纪的人，难道还不能料理自己么？唉，我现在想想，那时真是太聪明了！

我说道："爸爸，你走吧。"他往车外看了看说："我买几个橘子去。你就在此地，不要走动。"我看那边月台的栅栏外有几个卖东西的等着顾客。走到那边月台，须穿过铁道，须跳下去又爬上去。父亲是一个胖子，走过去自然要费事些。我本来要去的，他不肯，只好让他去。我看见他戴着黑布小帽，穿着黑布大马褂，深青布棉袍，蹒跚地走到铁道边，慢慢探身下去，尚不大难。可是他穿过铁道，要爬上那边月台，就不容易了。他用两手攀着上面，两脚再向上缩；他肥胖的身子向左微倾，显出努力的样子，这时我看见他的背影，我的泪很快地流下来了。我赶紧拭干了泪。怕他看见，也怕别人看见。我再向外看时，他已抱了朱红的桔子往回走。过铁道时，他先将桔子散放在地上，自己慢慢爬下，再抱起桔子走。到这边时，我赶紧去搀他。他和我走到车上，将桔子一股脑儿放在我的皮大衣上。于是扑扑衣上的泥土，心里很轻松似的。过一会儿说："我走了，到那边来信！"我望着他走出去。他走了几步，回过头看见我，说："进去吧，里边没人。"等他的背影混入来来往往的人里，再找不着了，我便进来坐下，我的眼泪又来了。

近几年来，父亲和我都是东奔西走，家中光景是一日不如一日。他少年出外谋生，独立支持，做了许多大事。哪知老境却如此颓唐！他触目伤怀，自然情不能自己。情郁于中，自然要发之于外；家庭琐屑便往往触他之怒。他待我渐渐不同往日。但最近两年不见，他终于忘却我的不好，只是惦记着我，惦记着我的儿子。我北来后，他写了一信给我，信中说道："我身体平安，惟膀子疼痛厉害，举箸提笔，诸多不便，大约大去之期不远矣。"我读到此处，在晶莹的泪光中，又看见那肥胖的、青布棉袍黑布马褂的背影。唉！我不知何时再能与他相见！

图 3-7　录入文字后的效果

2. 插入日期和时间

单击【插入】选项卡→【文本】组→【日期和时间】按钮，弹出【日期和时间】对话框，在【可用格式】列表框中选择需要的日期格式，如图 3-8 所示，单击【确定】按钮即可在光标处插入选择的日期格式。

3. 输入特殊符号

在编辑文档时，除了输入中文或英文字符外，还需要输入一些键盘上没有的特殊字符或图形符号，如数字符号、序号、单位符号和特殊符号、拼音和汉字的偏旁部首等。例如，在标题文本两侧插入符号"✂"，操作步骤如下：打开"素材\第 3 章 Word\基础实验\背影.docx"文件，将光标定位到要插入的位置，单击【插入】选项卡，如图 3-9 所示，单击【符号】组→【符号】下拉按钮，显示一些可以快速添加的符号按钮，如果需要的符号在列表里，直接选择即可完成操作；如果所需的符号不在列表里，可选择下拉列表中的【其他符号】命令，弹出【符号】对话框，如图 3-10 所示。在【符号】选项卡的【字体】下拉列表框中选择字体，在【子集】下拉列表框中选择一个专用字符集。选中要插入的符号，单击【插入】按钮即可将符号插入到文档中。

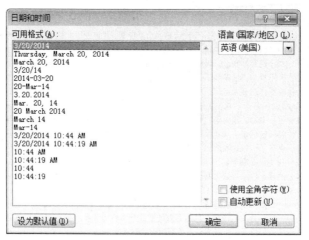

图 3-8　【日期和时间】对话框

图 3-9　【插入】选项卡

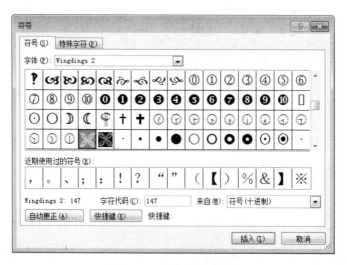

图 3-10　【符号】对话框

通过软键盘也可以实现特殊符号的录入，操作方法：右击输入法状态栏的 ⌨ 按钮，弹出软键盘的级联菜单，选择【特殊符号】命令即可在软键盘上显示特殊符号。录入完成后再次单击 ⌨ 按钮即可关闭软键盘。

4. 选取文本

在编辑 Word 文档时，需要对文档的某部分进行编辑，如某个段落、某些句子、某个字符等，这时就必须先选取要操作的对象。选取了文本之后被选取的部分会以高亮形式显示在屏幕上，用户操作步骤只作用于选定的文本。以下是常用的选取方法：

（1）用鼠标拖动选择文本

在编辑文档中使用鼠标拖动方法选择区域：首先把光标置于要选定的文本之前（后），然后按下左键，向下（上）拖动鼠标到要选择的文本末尾（首），松开左键即可完成选定操作。

（2）结合【Shift】键选择区域

将光标定位在要选定的文本之前，按住【Shift】键，再按【Page Up】、【Page Down】键或方向键，则可在移动插入符的同时选中文本；或者将光标定位在选定文本前，确定选择文本的开始位置，然后按住【Shift】键，在选定文本的末尾处单击即可选定文本。

（3）在扩展模式下选择区域

在编辑文档时用户按【F8】键可切换到扩展选取模式，按【Esc】键可退出扩展选取模式。在第一次按【F8】键将进入"扩展"状态，第二次按【F8】键将选择词组，第三次按【F8】键可将选取扩展为一个句子，第四次按【F8】键可以将选取扩展为一个段落，第五次按【F8】键可以将选取扩展至整个文档。在扩展模式下，可以通过【Shift+F8】组合键收缩选择区，每按一次所选区域将会缩小一级范围。

（4）利用组合快捷键选定文本

将光标移到要选定的文本之前，用组合键选择文本。常用的选择文本组合键及功能如表 3-1 所示。

表 3-1　常用的选择文本组合键及功能

组 合 键	功 能	组 合 键	功 能
Shift + →	向右选取一个字符或一个汉字	Shift + End	由光标处选取至当前行行尾
Shift + ←	向左选取一个字符或一个汉字	Ctrl + Shift + →	向右选取一个单词
Shift + ↓	由光标处选取至下一行	Ctrl + Shift + ←	向左选取一个单词
Shift + ↑	由光标处选取至上一行	Ctrl + A	选取整篇文档
Shift + Home	由光标处选取至当前行行首		

（5）其他文本选择方法

在 Word 的页面视图、大纲视图和草稿视图中，将光标移至页面左侧，当光标变成箭头 时该区域即为文本选定区域。

① 选中一行文字：将光标移到行的最左边，当指针变成箭头后单击。

② 选中一个段落：将光标移到本段任何一行的最左边，当指针变成箭头后双击；或者在该段左侧文本选定区域的任意位置上双击即可选择一个段落。

③ 选中一个矩形区域：将光标置于文本的一角，按住【Alt】键，拖动鼠标到文本块的对角，即可选定一块矩形区域。

④ 选中整篇文档：将光标定位到文档任一行的左侧，当指针变成箭头后，连击三次左键或按【Ctrl+A】组合键；或单击【开始】选项卡→【编辑】组→【选择】按钮，在打开的下拉列表中选择【全选】命令。

⑤ 选中不连续区域：先选中第一处文本，按住【Ctrl】键的同时依次选中其他文本即可完成不连续区域的选定。

⑥ 选中连续区域：将光标定位在所选区域开始的位置，按住【Shift】键的同时在所选区域的末尾位置单击即可完成连续区域的选定。

⑦ 选择格式相似的文本：在要选定格式的文字上右击，在弹出的快捷菜单中选择【样式】→【选择格式相似的文本】命令即可。

5. 复制、移动、剪贴板与粘贴

（1）复制文本

在编辑过程中，对于文档中重复出现的内容或相同的格式，不必一次次地重复输入或格式化，可以采用复制操作完成。用户不仅可以在同一篇文档内，也可以在不同文档之间复制内容，甚至可以将内容复制到其他应用程序的文档中。复制文本有以下三种操作方法：

① 快捷按钮操作：选定要复制的文本块，单击【开始】选项卡→【剪贴板】组→【复制】按钮，将插入点移到新位置，单击【开始】选项卡→【剪贴板】组→【粘贴】按钮即可。

② 拖动操作：选定要复制的文本块，按住【Ctrl】键，用鼠标拖动选定的文本块到新位置，同时放开【Ctrl】键和鼠标左键。

③ 快捷键操作：选定要复制的文本块，按【Ctrl+C】组合键进行复制操作，按【Ctrl+V】组合键进行粘贴操作。

（2）移动文本

移动是将字符或图形从原来的位置删除，插入到一个新位置，有以下三种操作方法：

① 快捷按钮操作：选定要移动的文本块，单击【开始】选项卡→【剪贴板】组→【剪切】按钮，将插入点移到新位置，单击【开始】选项卡→【剪贴板】组→【粘贴】按钮即可。

② 拖动操作：选定要移动的文本块，用鼠标拖动选定的文本块到新位置，然后放开左键即可。

③ 快捷键操作：选定要移动的文本块，按【Ctrl+X】组合键进行剪切操作，按【Ctrl+V】组合键进行粘贴操作。

（3）剪贴板

无论是剪切还是复制操作，都是把选定的文本先存储到剪贴板上。单击【开始】选项卡→【剪贴板】组的对话框启动器，即可在页面上显示剪贴板面板。Office 2010 新增了多对象剪贴板功能，可最多暂时存储 24 个对象，用户可以根据需要粘贴剪贴板中的任意一个对象。利用剪贴板进行复制操作，只需将插入点移到目标位置，然后单击剪贴板工具栏中要粘贴的对象，该对象就会被复制到插入点所在的位置。

（4）粘贴

在粘贴文档的过程中，有时希望粘贴后文稿的格式有所不同，单击【开始】选项卡→【剪贴板】组→【粘贴】按钮，这里提供了三种粘贴选项：📋"保留源格式"、📋"合并格式"、🅰"只保留文本"，三个选项的功能如下：

① 保留源格式：粘贴后仍然保留源文本的格式。

② 只保留文本：粘贴后的文本和粘贴位置处的文本格式一致。

③ 合并格式：粘贴后的文本格式，是源文本格式与粘贴位置处文本格式的"合并"。

除了三种粘贴选项外，Word 还提供了"选择性粘贴""设置默认粘贴"选项。选择性粘贴有很多用途，下面介绍两种常用功能：

① 将文本粘贴成图片：选中源文本后右击，在弹出的快捷菜单中选择【复制】命令，然后将光标定位到目标位置，单击【开始】选项卡→【剪贴板】组→【粘贴】下拉按钮，在下拉列表中选择【选择性粘贴】命令，弹出【选择性粘贴】对话框，如图 3-11 所示。选择一种图片格式，如"图片（增强型图元文件）"，单击【确定】按钮即可。

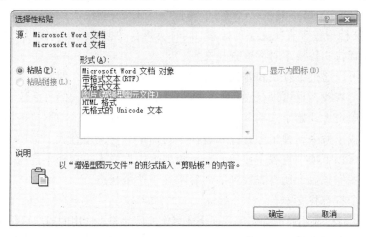

图 3-11 【选择性粘贴】对话框

② 复制网页上的文本：网页使用格式较多，采取直接复制、粘贴的方法，将网页上的文本粘贴到 Word 文档中，常常由于带有其他格式，编辑处理起来比较困难。通过选择性粘贴，可将其粘贴成文本格式。复制网页中选中的文本，在 Word 2010 文档窗口中定位光标，打开【选择性粘贴】对话框，选择【无格式文本】选项，单击【确定】按钮即可。

6. 删除文本

（1）删除文本内容

清除文本内容就是删除文本，即将字符从文档中去掉。删除插入点左侧的一个字符用【Backspace】键；删除插入点右侧的一个字符用【Delete】键。如果需要删除较多连续的字符或成段的文本，可以使用如下方法：选定要删除的文本块后，按【Delete】键或【Backspace】键；或者选定要删除的文本块后，单击【开始】选项卡→【剪贴板】组→【剪切】按钮。

注意：删除和剪切操作都能将选定的文本从文档中去掉，但功能不完全相同。使用剪切操作时删除的内容会保存到剪贴板上，可以通过粘贴命令进行恢复；使用删除操作时删除的内容不会保存到剪贴板上，而是直接删除。

（2）清除文本格式

清除文本格式就是去除用户对该文本设置的所有格式，只以默认格式显示文本。选定要清除格式的文本块后，单击【开始】选项卡→【字体】组→【清除格式】按钮即可。

7. 查找和替换

在一篇很长的文章中查找字符，可以借助于 Word 2010 提供的查找功能。同样，如果要将文章中的一个字符用另外一个字符来替换，当这个字符在文章中出现的次数较多时，可借

助 Word 2010 提供的替换功能实现。查找功能可以在文稿中找到所需要的字符及其格式，替换功能不但可以替换字符，还可以替换字符的格式。

（1）使用导航窗格查找文本

Word 2010 新增了导航窗格，通过窗格可以查看文档结构，也可以对文档中的某些文本内容进行搜索，搜索到所需的内容后，程序会自动将其进行突出显示。具体操作步骤如下：

将光标定位到文章的起始处，切换到【视图】选项卡，选中【显示】组→【导航窗格】复选框，打开【导航】窗格，在【搜索文档】文本框中输入要查找的文本内容，Word 将在【导航】窗格中列出文档中包含查找文字的段落，同时会将自动搜索到的内容以突显的形式显示。

（2）使用【查找和替换】对话框查找文本

查找文本还可以通过【查找和替换】对话框来完成查找操作，使用这种方法可以对文档中的内容逐个进行查找，也可以在固定的区域中查找，具有比较大的灵活性。

操作步骤：单击【开始】选项卡→【编辑】组→【查找】右侧的下拉按钮，在下拉列表中选择【高级查找】命令，弹出【查找和替换】对话框。在其【查找】选项卡中输入需查找的内容，单击【在以下项中查找】按钮，在下拉列表中选择【主文档】选项，程序会自动执行查找操作，查找完毕后，所有查找到的内容都处于选中状态。

（3）使用通配符查找文本

查找文本内容时可使用通配符来代替一个或多个实际字符。常用的通配符包括"*"与"?"，其中"*"代表多个任意字符，而"?"表示一个任意字符。使用通配符进行查找和替换时，在写好查找和替换条件后，在【查找和替换】对话框中单击【更多】按钮，选中【使用通配符】复选框即可。

（4）替换文本

替换功能用于将文档中的某些内容替换为其他内容。使用该功能时，将会与查找功能一起使用。具体操作步骤：在【查找和替换】对话框中单击【替换】选项卡，输入需查找的内容及替换为的内容，然后单击【查找下一处】按钮，文档中第一处查到的内容就会处于选中状态，单击【替换】按钮即可完成该处替换，需要向下查找时，再次单击【查找下一处】按钮即可完成逐个替换。用户还可以直接单击【全部替换】按钮，将文章中查找的内容全部替换为新内容。

默认情况下 Word 自动从当前光标处开始向下搜索文档，查找文本。如果直到文档结尾还没找到，则继续从文档开始处查找，直到当前光标处为止。

【例 3-1】打开"素材\第 3 章 Word\基础实验\无格式替换.docx"文件，用查找替换功能将文章中的"父亲"全部替换为"爸爸"。

【解】具体操作步骤如下：

将光标定位在文章开始处，单击【开始】选项卡→【编辑】组→【替换】按钮，弹出【查找和替换】对话框。在【查找和替换】对话框的【查找内容】文本框中输入"父亲"，在【替换为】文本框中输入"爸爸"，单击【全部替换】按钮完成替换操作，弹出提示对话框如图 3-12 所示。

替换后的文件请参见"素材\第 3 章 Word\结果文件\例 3-1 无格式替换-完成.docx"文件。

（5）特殊的"查找和替换"

查找和替换功能还可以完成带有字体、图片或段落格式以及特殊格式的替换。特殊格式是指文档中的段落符号、制表位、分栏符、省略符号等内容，程序对以上内容设置了特殊的符号。利用【查找和替换】对话框中的【更多】按钮，可以实现带格式的替换和特殊字符的替换等。其操作方法是：单击【查找和替换】对话框中的【更多】按钮，在扩展的【查找和替换】对话框中设置搜索选项、输入【格式】或【特殊字符】，完成特定格式文本的查找和替换。

图 3-12　"查找和替换"提示对话框

【例 3-2】打开"素材\第 3 章 Word\基础实验\例 3-2 带格式替换.docx"，用查找替换功能将文章中无格式的"父亲"全部替换为黑体、红色、加粗的"父亲"。

【解】具体操作步骤如下：

① 将光标定位在文章开始处，单击【开始】选项卡→【编辑】组→【替换】按钮，弹出【查找和替换】对话框。

② 在【查找和替换】对话框的【查找内容】文本框中输入"父亲"，在【替换为】文本框输入"父亲"。

③ 将光标定位在【替换为】文本框中，单击【查找和替换】对话框中的【更多】按钮，在扩展的对话框中单击【格式】按钮，选择【字体】命令，在弹出的【替换字体】对话框中设置"黑体、加粗、红色"格式，如图 3-13 所示，单击【确定】按钮返回【查找和替换】对话框，在【替换为】文本框的下侧显示了要替换的目标格式，单击【全部替换】按钮，即可完成带格式的替换，如图 3-14 所示。

替换后的文件请参见"素材\第 3 章 Word\结果文件\例 3-2 带格式替换-完成.docx"文件。

图 3-13　【替换字体】对话框

图 3-14　带格式的"查找和替换"结果

注意：如果【替换为】文本框为空，替换后的实际效果是将查找的内容从文档中删除；若是替换特殊格式的文本，其操作步骤与带格式文本的查找类似。带格式的查找替换完成之后，如果要取消限制的格式，可以单击【不限定格式】按钮。

在进行查找替换的操作时要注意【查找和替换】对话框的【搜索选项】中各个选项的意义。【搜索选项】中的各选项含义如表 3-2 所示。

表 3-2 【搜索选项】中各选项含义

操作选项	操作含义
全部	操作对象是全篇文档
向上	操作对象是插入点到文档的开头
向下	操作对象是插入点到文档的结尾
区分大小写	查找或替换字母时需要区分字母的大小写的文本
全字匹配	在查找中，只有完整的词才能被找到
使用通配符	可使用通配符，如"?"代表任意一个字符，"*"代表任意一个或多个字符
区分全角/半角	查找或替换时，所有字符要区分全角或半角才符合要求
忽略空格	查找或替换时，有空格的将被忽略

3.2.4 保存和保护文档

1. 保存文档

在文档中输入内容后，为了便于以后查看文档或再次对文档进行编辑、打印，要将其保存在磁盘上。Word 文档的默认扩展名为.docx。在 Word 中可保存正在编辑的活动文档，还可以用不同的名称或在不同的位置保存文档的副本。另外，还可将文档保存成其他文件格式，以便在其他的应用程序中使用。

（1）保存新文档

选择【文件】→【保存】命令，或单击快速访问工具栏中的【保存】按钮，弹出【另存为】对话框，在其中的【保存位置】下拉列表框中选择保存位置；在【文件名】文本框中输入文件名称，最后单击【保存】按钮即可将文档按指定名称保存到指定位置。

（2）保存已有文档

在对已有文档修改完成后，选择【文件】→【保存】命令，或单击快速访问工具栏中的【保存】按钮，Word 将修改后的内容保存到原来的文件中。如果想改变文档的名称或保存位置，可选择【文件】→【另存为】命令，弹出【另存为】对话框，在新位置或以新名称保存当前活动文档。

（3）自动保存文档

自动保存文档功能可以防止在编辑文档的过程中因意外而造成文档内容大量丢失，在启动该功能后，系统会自动按设定时间间隔周期性地对文档进行自动保存。

操作步骤：选择【文件】→【选项】命令，弹出【Word 选项】对话框，选择【保存】选项，在该对话框右侧的【保存文档】选项区域中的【将文件保存为此格式】下拉列表框中选择文件保存的类型；选中【保存自动恢复信息时间间隔】复选框，并在其后的微调框中输入保存文件的时间间隔；在【自动恢复文件位置】文本框中输入保存文件的位置，或者单击【浏览】按钮，在弹出的【修改位置】对话框中设置保存文件的位置，最后单击【确定】按钮即可完成自动保存文档的设置。

（4）保存成其他类型的文档

为了在其他软件中能够使用 Word 编辑的文档，可将文档保存为其他文件类型。操作步骤与保存新文档类似，在弹出的【另存为】对话框中单击【保存类型】下拉列表中的其他类型即可。

2. 保护文档

为了帮助用户提高文档使用与修改的安全性，Word 提供了保护文档功能，主要包括文档打开密码的设置与修改密码的设置。其操作步骤如下：选择【文件】→【另存为】命令，弹出【另存为】对话框，单击右下角的【工具】按钮，选择【常规选项】命令，弹出【常规选项】对话框，如图 3-15 所示。在【打开文件时的密码】文本框中输入字母、数字和符号组成的密码。设置成功后，再次打开文档时，就必须正确输入密码才能打开文档。在【修改文件时的密码】文本框中输入文档修改密码。或单击【文件】选项卡→【信息】→【保护文档】→【用密码进行加密】命令也可以给文档设置密码。设置成功后，再次编辑文档时，就必须正确输入密码才能保存修改后的文档，否则用户只能以只读方式打开文档。

图 3-15 【常规选项】对话框

3.3 文本格式设置

3.3.1 字符格式设置

字符格式包括字符的字体、大小、颜色和显示效果等格式。用户若需要输入带格式的字符，可以在输入字符前先设置好格式再输入，也可以在输入字符后，再对这些字符进行格式设置。设置字符格式有以下两种方法：

1. 使用【开始】选项卡

使用【开始】选项卡→【字体】组可以完成一般的字符格式设置，如图 3-16 所示。常用的中文字体有宋体、楷体、黑体和隶书等。在书籍、报刊的排版上，人们已形成了一种默认规范。例如，正文用宋体，显得正规；标题用黑体，起到强调作用。在一段文字中使用不同的字体可以对文字加以区分、强调。

（1）设置字体

选定要设置或改变字体的字符，单击【开始】选项卡
→【字体】组→【字体】下拉按钮，从字体列表中选择所
需的字体名称。

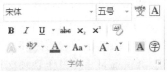

图 3-16 【字体】组

（2）设置字号

汉化版 Word 中对字体的大小同时采用了两种不同的度量单位，其一是中国人所熟悉的"字号"（如"二号字""五号字"等）；另外一种则是以"磅"为度量单位（如"44 磅""10 磅"等）。在英文 Word 里，是不存在"字号"这个概念的，完全是出于中国人对字号的偏爱，才在汉化 Word 时增加了"字号"这个度量字大小的单位。字号从初号、小初号、……，直到八号字，对应的文字越来越小。英文的度量单位常用"磅"表示， 1 磅等于 1/12 英寸，数值越小表示的英文字符越小。字号下拉列表框里最大只能到 72 磅，如果要打印更大的字，可以先选中文字，然后直接在字号框里输入所需的磅数，如 200，按【Enter】键，即可改变文字大小。

（3）设置字符的艺术效果

设置文字的艺术效果是指更改字符的填充方式、更改字符的边框，或者为字符添加诸如阴影、映像、发光或三维旋转之类的效果，这样可以使文字更加美观。

方法一：通过【开始】选项卡设置

选择要添加艺术效果的字符，单击【开始】选项卡→【字体】组→【文本效果】按钮 A，打开下拉列表如图 3-17 所示，这里提供了 4×5 的艺术字选项，下方有【轮廓】、【阴影】、【映像】、【发光】等特殊文本效果。

方法二：通过【字体】对话框设置

选择要添加艺术效果的字符，单击【开始】选项卡→【字体】组的对话框启动器，或在选中字符上右击，在弹出的快捷菜单中选择【字体】命令，在弹出的【字体】对话框中单击【文字效果】按钮，在弹出的【设置文本效果格式】对话框中设置字符的艺术效果。

方法三：通过【插入】选项卡设置

选择要添加艺术效果的字符，单击【插入】选项卡→【文本】组→【艺术字】按钮，会打开 6×5 的【艺术字】列表，如图 3-18 所示。选择一种艺术字样式后，用户可以利用【绘制工具】/【格式】选项卡中相应的命令按钮，进一步设置被选字符，如设置背景颜色。

这种方法与方法一不同的是文字设置艺术效果后，变为一个整体，而前者设置后仍然是单个的字符。

（4）设置字符的其他格式

利用【开始】选项卡→【字体】组中的命令还可以设置字符的加粗、斜体、下画线、字符底纹、字符边框和字符缩放等格式。

2. 使用【字体】对话框

使用【字体】对话框可以对格式要求较高的文档进行设置，如图 3-19 所示。

选定要进行格式设置的字符，单击【开始】选项卡→【字体】组的对话框启动器，弹出【字体】对话框。在【字体】对话框中有两个选项卡：【字体】和【高级】。在【字体】选项卡，可对中、英文字符设置字体、字号大小，添加各种下画线，设置不同的颜色和特殊的显示效果，并可通过【预览】选项区域随时观察设置后的字符效果。在【高级】选项卡，可以设置字符间的距离和字符相对于基准线的位置等格式。

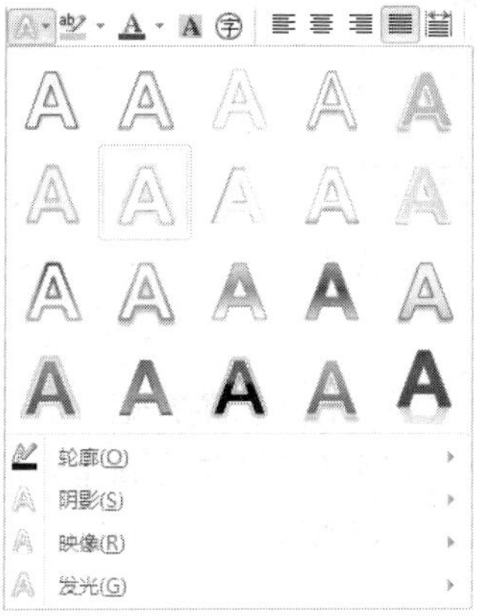

图 3-17 【文本效果】下拉列表

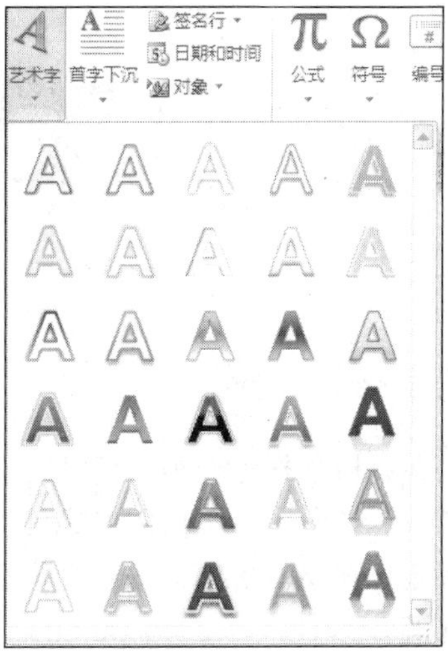

图 3-18 【艺术字】下拉列表

【例 3-3】打开“素材\第 3 章 Word\基础实验\例 3-3 标题格式化.docx”，使用“字体”对话框对文章标题进行格式化处理：隶书、一号字、加粗、发光效果：“红色，18pt，强调文字颜色 2”。设置后效果请参见“素材\第 3 章 Word\结果文件\例 3-3 标题格式化-完成.docx”文件。

【解】具体操作步骤如下：

① 在选中的标题“※背影※”文字上右击，在弹出的快捷菜单中选择【字体】命令，弹出【字体】对话框，单击【字体】选项卡，设置【字体】为“隶书”，【字形】为“加粗”，【字号】为“一号”。

② 单击【字体】对话框中的【文字效果】按钮，弹出【设置文本效果格式】对话框，如图 3-20 所示。在其左侧选择【发光和柔化边缘】选项，在【预设】下拉列表框中选择“红色，18pt，强调文字颜色 2”选项，单击【关闭】按钮，再单击【确定】按钮完成字体格式设置，格式化后的效果如图 3-21 所示。

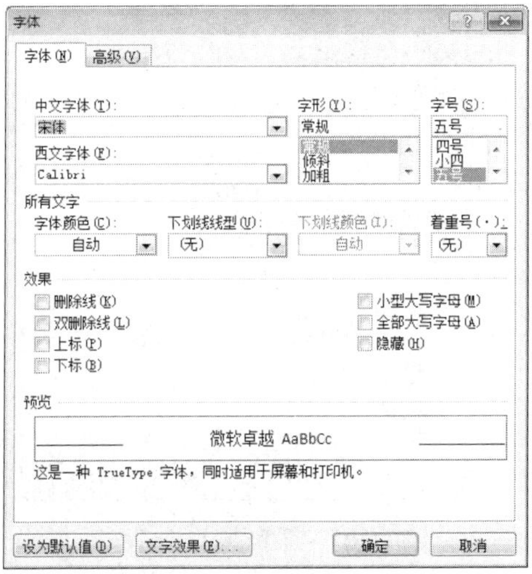

图 3-19 【字体】对话框

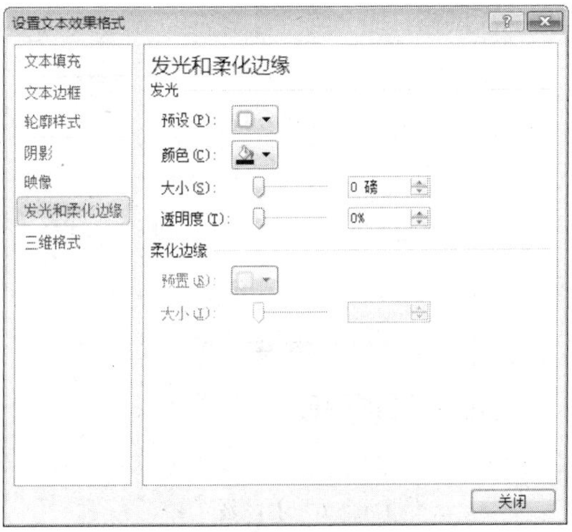

图 3-20 【设置文本效果格式】对话框

图 3-21　标题格式化后的效果

3.3.2　段落格式设置

段落是指以段落标记作为结束符的文字、图形或其他对象的集合。段落标记不仅表示一个段落的结束，还包含了本段的格式信息。设置一个段落格式之前不需要选定整个段落，只需要将光标定位在该段落中即可。段落格式主要包括段落对齐、段落缩进、行距、段间距和段落的修饰等。

1. 段落对齐

段落的对齐方式包括两端对齐、居中对齐、右对齐、分散对齐和左对齐。Word 段落的默认设置是两端对齐，居中对齐常用于文章的标题、页眉和诗歌等的格式设置，右对齐适合于书信、通知等文稿落款或日期的格式设置，分散对齐可以使段落中的字符等距排列在左右边界之间。

段落对齐方式的设置有以下两种方法：

方法一：单击【开始】选项卡→【段落】组中相应按钮进行设置，如图 3-22 所示。

方法二：单击【开始】选项卡→【段落】组的对话框启动器，在弹出的【段落】对话框中进行设置，如图 3-23 所示。

图 3-22　【段落】组

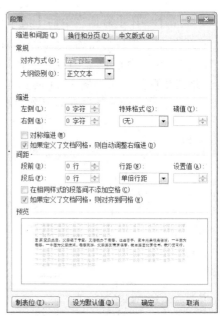

图 3-23　【段落】对话框

2. 段落缩进

段落缩进是指文本与页边距之间的距离。段落缩进包括左缩进、右缩进、首行缩进和悬挂缩进，分别对应标尺上的四个滑块，如图 3-24 所示。默认情况下，水平标尺和垂直标尺是隐藏的，单击滚动条上方的 按钮可以在其隐藏和显示两种状态之间切换，还可以选中【视图】选项卡→【显示】组→【标尺】复选框将其显示。

左缩进用来表示整个段落各行的开始位置；右缩进用来表示整个段落各行的结束位置；首行缩进用来表示段落第一行的起始位置；悬挂缩进用来表示段落除第一行外的其他行的起始位置。段落缩进的设置可以通过拖动标尺上的相应滑块进行设置，也可以在【段落】对话框中进行设置。

图 3-24　标尺与段落缩进滑块

3. 段落间距及行距

段落间距表示段落与段落之间的空白距离，默认为 0 行；行距表示段落中各行文本间的垂直距离，默认为单倍行距。

段落间距与行距在【页面布局】选项卡→【段落】组中进行设置；或在【段落】对话框中进行设置。

【例 3-4】打开"素材\第 3 章 Word\基础实验\例 3-4 格式设置.docx"文章，将正文格式设置为：楷体、四号字、加粗、蓝色；两端对齐、首行缩进 2 字符、行间距为固定值 22 磅，段前间距 0.5 行。

【解】具体操作步骤如下：

① 选中正文文字，使用【开始】选项卡→【字体】组的按钮，设置正文格式为"楷体、四号字、加粗、蓝色"。

② 选中正文文字并右击，在弹出的快捷菜单中选择【段落】命令，弹出【段落】对话框，做如下设置：【对齐方式】设置为两端对齐；【特殊格式】设置为首行缩进 2 字符；段前间距设置为 0.5 行；行距设置为固定值 22 磅，单击【确定】按钮。

完成后的效果参见"素材\第 3 章 Word\结果文件\例 3-4 格式设置-完成.docx"文件。

4. 制表位的使用

所谓制表位是指按【Tab】键时插入点所停留的位置。用户可以在文档中设置制表位，按【Tab】键后，插入点移到下一个制表位。Word 提供了几种不同的制表位：左对齐式制表符 、居中式制表符 、右对齐式制表符 、小数点对齐式制表符 和竖线对齐式制表符 ，使用制表位用户很容易将文本按列的方式对齐。

制表位的设置可以通过鼠标和对话框完成。

① 鼠标操作：单击水平标尺最左端的制表符按钮，选择所需制表符后，将鼠标指针移到水平标尺上，在需要设置制表符的位置单击即可设置该制表位，该方法设置比较方便，但是很难保证精确度。

② 对话框操作：单击【段落】对话框中的【制表位】按钮，弹出【制表位】对话框，在其中可以设置制表位的位置、制表位文本的对齐方式及前导符、清除制表位操作。

如果要改变制表位的位置，只需将插入点放在设置制表位的段落中或者选定多个段落，然后将鼠标指向水平标尺上要移动的制表符，按住鼠标左键在水平标尺上拖动改变位置。

如果要删除制表位，只需要将插入点放在设置制表位的段落中或者选定多个段落，然后将鼠标指向水平标尺上要删除的制表符，按住鼠标左键向下拖出水平标尺即可。

【例 3-5】新建一个空白 Word 文档，参考"素材\第 3 章 Word\基础实验\例 3-5 工资表.jpg"，利用水平标尺快速设置制表位对齐文本，从左到右设置制表符的类型依次为左对齐、居中对齐、右对齐、小数点对齐四种，并参照样图录入对应文字。完成效果请参见"素材\第 3 章 Word\结果文件\例 3-5 制表位对齐文本-完成.docx"文件。

【解】具体操作步骤如下：

① 新建一个空白文档，单击垂直滚动条上方的【标尺】按钮，在文档窗口中显示标尺。在水平标尺最左端有一个【制表符对齐】按钮，单击该按钮时，按钮上的对齐方式制表符在五种制表位对齐方式中依次改变。

② 单击【制表符对齐】按钮，出现所需的制表符类型后，在标尺上单击要设置制表位的地方，标尺上将出现相应类型的制表符。

③ 重复步骤②的操作，依次完成四种对齐方式制表位的设置。

④ 将光标定位在第一行，按【Tab】键，插入点自动移动到第一个制表位处，这时输入的文本在此对齐。再次按【Tab】键，插入点自动移动到下一个制表位处，依次录入相应文字，所录文字按照对应的制表位对齐方式对齐，如"个人所得税"列数据均为"小数点对齐"，如图 3-25 所示。

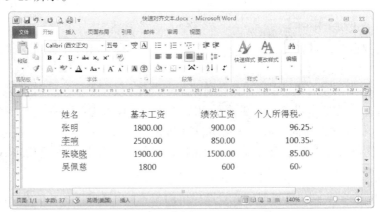

图 3-25 利用制表位对齐文本

5. 设置项目符号和编号

在 Word 中，可以快速地给多个段落添加项目符号和编号，使得文档更有层次感，易于阅读和理解。Word 2010 提供了项目符号和编号功能，用户可以使用【项目符号】、【编号】和【多级列表】按钮设置项目符号、编号和多级符号。

（1）自动创建项目符号和编号

Word 2010 提供了智能化编号功能。在需要应用项目编号的段落开始前输入如"1.""·""a)""一、"等格式的起始编号，后跟一个空格或制表符，再输入文本，当按【Enter】键后 Word 自动生成下一个编号。

在需要应用项目符号的段落开始前输入"*"和一个空格或制表符，然后输入文本，当按【Enter】键时，Word 自动将该段转换为项目符号列表，星号转换成黑色的圆点"●"。

如果完成列表，可按两次【Enter】键或按一次【Backspace】键删除列表中最后一个项目符号即可，或者是按住【Shift】键的同时按【Enter】键。

（2）手动添加项目符号和编号

用户可以快速为现有文本添加项目符号，操作步骤：单击【开始】选项卡→【段落】组→【项目符号】下拉按钮，打开【项目符号库】下拉列表，如图 3-26 所示，用户可以从中选择所需的项目符号样式；如果用户希望自定义新的项目符号，可以在【项目符号库】下拉列表中选择【定义新项目符号】命令，在弹出的【定义新项目符号】对话框中可以设置项目符号字符为符号、图片或字体，同时还可以设置对齐方式，如图 3-27 所示。

图 3-26 【项目符号库】下拉列表

图 3-27 【定义新项目符号】对话框

用户可以快速给文本添加编号，操作步骤如下：选中文字，单击【开始】选项卡→【段落】组→【编号】按钮 ，可以为文本添加默认的编号样式。

如果需要其他类型的编号，可单击【编号】下拉按钮，打开【编号库】面板。在面板中选择编号格式，也可以选择【定义新编号格式】命令，在弹出的【定义新编号格式】对话框中设定【编号样式】、【字体】、【编号格式】、【对齐方式】等。

项目符号和编号设置后还可以进行修改，具体操作：选定需要修改项目符号的文字后右击，在弹出的快捷菜单中选择对应的【项目符号】或【编号】命令，根据需要选择所需样式即可。

【例 3-6】打开"素材\第 3 章 Word\基础实验\例 3-6 项目符号.docx"文件，为文中的作品名称添加项目符号"✦"。

【解】具体操作步骤如下：

① 选中文中要添加项目符号的段落，单击【开始】选项卡→【段落】组→【项目符号】按钮 ，打开下拉列表，选择【定义新项目符号】命令，弹出【定义新项目符号】对话框。

② 在该对话框上单击【符号】按钮，弹出【符号】对话框，如图 3-28 所示，选择【字体】为 Wingdings 2，选中项目符号"☛"，单击【确定】按钮。

完成后的效果参见"素材\第 3 章 Word\结果文件\例 3-6 项目符号-完成.docx"文件。

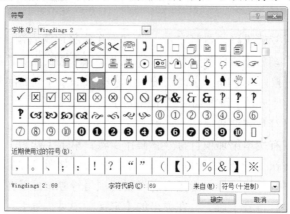

图 3-28 【符号】对话框

3.3.3 特殊版式设置

Word 2010 提供了多种具有中文特色的特殊文字样式，如可以将文本以竖排方式进行排版，设置首字下沉、纵横混排、中文排版等特殊的版式。

1. 文字竖排

Word 2010 中的文字默认是以水平方式输入排版的，有时需要将水平排列的文字设置成竖直排列的文字。方法：选中要设置的文字，单击【页面布局】选项卡→【页面设置】组→【文字方向】按钮，在下拉列表中选择【垂直】命令，此时选择的文字将变为竖排样式；也可以在下拉列表中选择【文本方向选项】命令，弹出【文字方向】对话框，在【方向】栏中单击相应的按钮设置文字的排版方向，在【应用于】下拉列表框中选择【整篇文档】选项，完成设置后单击【确定】按钮。

2. 首字下沉

Word 提供的首字下沉格式又称"花式首字母"。它可以使段落的第一个字符以大写并占用多行的形式出现，从而使文本更为突出，版面更为美观。被设置的文字则是以独立文本框的形式存在。

设置首字下沉的操作步骤:插入点定位在要设定为【首字下沉】的段落中，单击【插入】选项卡→【文本】组→【首字下沉】按钮，打开【首字下沉】下拉列表，在该下拉列表中选择需要的格式；或者选择【首字下沉选项】命令，弹出【首字下沉】对话框，如图 3-29 所示。单击【位置】选项区域中的【下沉】或【悬挂】方式就可以设置下沉的行数及与正文的距离等项目。如果要去除已有的首字下沉，只要在【首字下沉】对话框的【位置】选项区域中选择【无】方式即可。

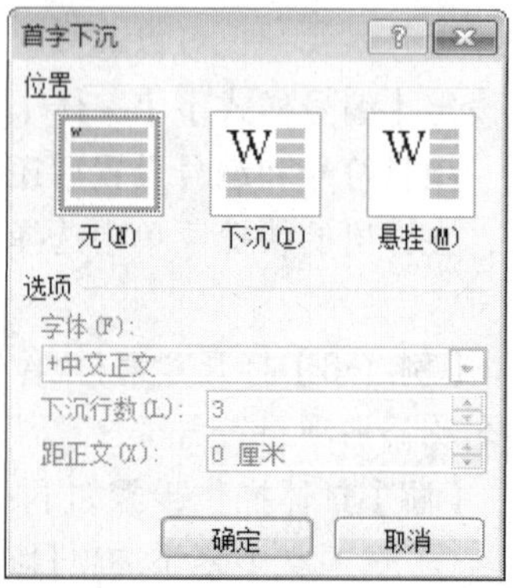

图 3-29 【首字下沉】对话框

【例 3-7】打开"素材\第 3 章 Word\基础实验\例 3-7 首字下沉.docx"文件，将正文第一段文字设置为首字下沉，下沉行数为 2 行。

效果请参见"素材\第 3 章 Word\结果文件\例 3-7 首字下沉–完成.docx。"

【解】具体操作步骤如下：

将光标定位在正文第一段中，单击【插入】选项卡→【文本】组→【首字下沉】按钮，在下拉列表中选择【首字下沉选项】命令，单击【下沉】按钮，在弹出的【首字下沉】对话框中将【下沉行数】设置为 2，单击【确定】按钮，完成后效果如图 3-30 所示。

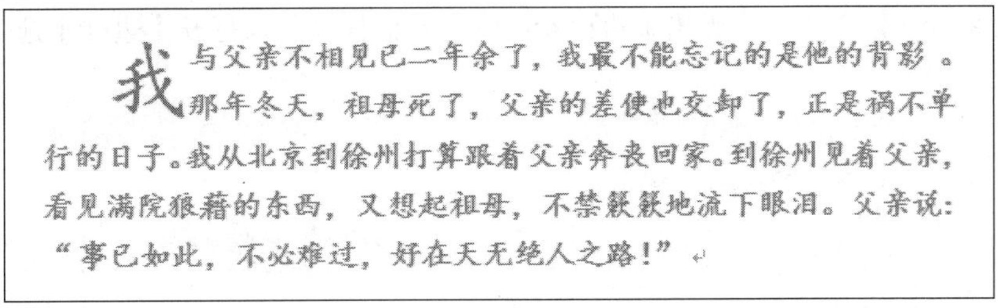

图 3-30　"首字下沉"效果图

3. 纵横混排

使用纵横混排功能可以在横排的段落中插入竖排的文本，从而设置特殊的段落效果。如果要给"雨过天晴"设置纵横混排效果，纵向放置的文字为"天晴"。操作方法：选中文字"天晴"，单击【开始】选项卡→【段落】组→【中文版式】按钮　，在打开的下拉列表中选择【纵横混排】命令，此时弹出【纵横混排】对话框，在对话框中选中【适应行宽】复选框后单击【确定】按钮，即可完成文字的纵横混排效果，如图 3-31 所示。

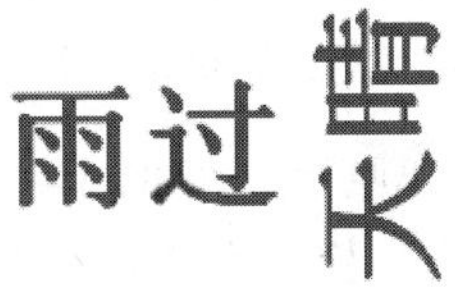

图 3-31　"纵横混排"效果

4. 中文排版

在文档排版时，有些版式是中文特有的。常用的中文版式包括拼音指南、带圈字符、合并字符和双行合一等。设置中文版式的方式为：在【开始】选项卡→【字体】、【段落】组中，单击对应功能的按钮设置所需格式。

① 拼音指南：对中文文字加注拼音。如：魑魅魍魉。

② 带圈字符：对文本设置更多样式的边框。如：Ⓐ🅑🄲△🔷。

③ 合并字符：对 6 个以内的字符进行合并为一个符号。如：民族音乐学院。

④ 双行合一：在一行内显示两行文本。如：超越自我开创未来。

⑤ 字符缩放：字符缩放 150%。如：**超越自我，开创未来。**

3.3.4 边框和底纹

用户可以给段落或选定文字添加边框和底纹。边框包括边框形式、框线的外观效果等。底纹包括底纹的颜色（背景色）、底纹的样式（底纹的百分比和图案）和底纹内填充点的颜色（前景色）。其设置方法为：

方法一：单击【开始】选项卡→【字体】组→【边框】按钮<u>A</u>和【底纹】按钮 A。

方法二：单击【开始】选项卡→【段落】组→【下框线】按钮▦ ﹀，在打开的下拉列表中选择【边框和底纹】命令，弹出【边框和底纹】对话框，默认打开【边框】选项卡，如图 3-32 所示。

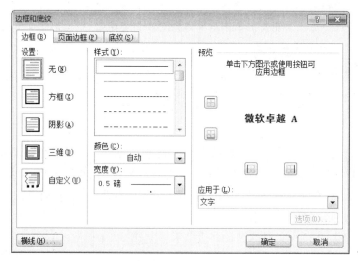

图 3-32 【边框和底纹】对话框

【例 3-8】打开"素材\第 3 章 Word\原始文件\例 3-8 文字边框底纹设置.docx"，为标题文字添加 1.5 磅，红色单波浪线样式边框，橙色底纹。

【解】具体操作步骤如下：

① 选定标题文字，单击【开始】选项卡→【段落】组→【下框线】按钮▦ ﹀右侧的下拉按钮，在打开的下拉列表中选择【边框和底纹】选项，弹出【边框和底纹】对话框，在【边框】选项卡中选择【样式】为单波浪线，【颜色】为红色，【宽度】为 1.5 磅，【应用于】为文字。

② 在【边框和底纹】对话框中切换到【底纹】选项卡，在该选项卡中单击填充区域的下拉列表，在打开的颜色面板中选择标准色中的橙色，单击【确定】按钮。

完成效果请参见"素材\第 3 章 Word\结果文件\例 3-8 文字边框底纹设置-完成.docx"文件。

3.3.5 格式刷

通过格式刷可以实现格式复制功能，即将某段文本或某个段落的排版格式复制给另一段文本或多个段落。操作步骤：选定要复制格式的段落或文本后，单击【开始】选项卡→【剪贴板】组→【格式刷】按钮 ，鼠标指针变为一把小刷子形状，在要设置格式的段落或文本上拖放鼠标即可。单击【格式刷】按钮只能使用一次格式复制功能，双击【格式刷】按钮可以多次使用格式复制功能，使用完毕，只要再次单击【格式刷】按钮或按【Esc】键即可释放格式刷。

3.4   页面与版式设置

在 Word 中除了可以对文本进行格式设置，还可以对页面进行格式化，以增强文档的感染力。对页面的格式设置包括页面的背景与主题、页边距与纸张大小、文档分页或分节及页眉页脚等。

3.4.1   页面设置

页面设置包括页边距、纸型、版式和文档网格等的设置，这些操作都可以在【页面设置】对话框的四个选项卡中完成。页面设置方法：单击【页面布局】选项卡→【页面设置】组的对话框启动器，弹出【页面设置】对话框。对话框中的选项卡功能如下：

①【页边距】选项卡：用以设置页边距（正文与纸张边缘的距离）和纸张的方向。

②【纸张】选项卡：用以设置纸张大小与来源。

③【版式】选项卡：用以设置文档的特殊版式，如页眉页脚距边界的距离。

④【文档网格】选项卡：用以设置文档网格，指定每行的字符数及每页的行数。

3.4.2   分栏排版

分栏排版是一种广泛使用的排版方式，在图书、报刊、杂志中大量使用。设置分栏的操作步骤如下：选定需要分栏的段落，单击【页面布局】选项卡→【页面设置】组→【分栏】按钮，在打开的【分栏】下拉列表中选择需要的分栏样式，如果列表中的样式不能满足用户的需要，可在该下拉列表中选择【更多分栏】命令，弹出【分栏】对话框，如图 3-33 所示。在对话框中设置栏数、宽度、间距和分隔线等，完成分栏操作。

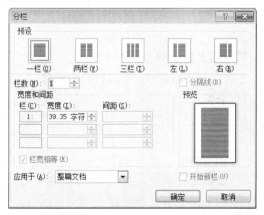

图 3-33   【分栏】对话框

3.4.3   插入分隔符

Word 中常用的分隔符有三种：分页符、分栏符、分节符。在文档中插入分隔符的操作步骤：光标定位于需要插入分隔符的位置，单击【页面布局】选项卡→【页面设置】组→【分隔符】按钮，在打开的【分页符】下拉列表中可选择分隔符或分节符类型，如图 3-34 所示。

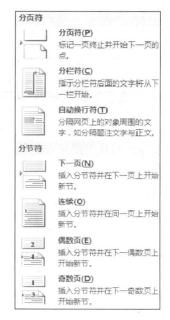

1. 分页符

分页符是分页的一种符号，标记一页终止并开始下一页的点。Word 具有自动分页功能，如果当前页面录满时，Word 将自动转到下一页，并且在文档中插入一个软分页符。如需另起一页，这时需要使用人工插入硬分页符强制分页。分页符位于一页的结束的位置。

2. 分栏符

如果 Word2010 文档设置了多个分栏，则文本内容会在完全使用当前栏的空间后转入下一栏显示。用户可以在文档任意位置（主要应用于多栏文档中）插入分栏符，使插入点以后的文本内容强制转入下一栏显示。

3. 分节符

图 3-34 【分页符】列表

分节符是在一节中设置相对独立的格式而插入的标记。同节的页面拥有同样的边距、纸型或方向、打印机纸张来源、页面边框、垂直对齐方式、页眉和页脚、分栏、页码编排等。要使文档各部分版面形态不同，可以把文档分成若干节。对每个节可设置单独的编排格式。节的格式包括栏数、页边距、页码、页眉和页脚等。例如，如果想在不同章显示不同的页眉，可以将每一章作为一个节，每节独立设置页眉。在 Word 2010 中有四种分节符可供选择，分别是"下一页""连续""偶数页"和"奇数页"。

① 下一页：Word 文档会强制分页，在下一页上开始新节。可以在不同页面上分别应用不同的页码样式、页眉和页脚文字，以及想改变页面的纸张方向、纵向对齐方式或者线型。

② 连续：在同一页上开始新节，Word 文档不会被强制分页，如果"连续"分节符前后的页面设置不同，Word 会在插入分节符的位置强制文档分页。

③ 偶数页：将在下一偶页数上开始新节。

④ 奇数页：将在下一奇数页上开始新节。在编辑长文档时，习惯将新的章节标题排在奇数页上，此时可插入奇数页分节符。

3.4.4　设置页眉和页脚

页眉和页脚位于文档中每个页面的顶部与底部位置，在编辑文档时，可以在其中插入文本或图形，如书名、章节名、页码和日期等信息。在文档中所有页面可以使用同一个页眉或页脚，也可在文档的不同节里用不同的页眉和页脚。

1. 设置普通页眉和页脚

单击【插入】选项卡→【页眉和页脚】组→【页眉】按钮，选择相应选项进入页眉编辑区，并打开【页眉和页脚工具】/【设计】选项卡，如图 3-35 所示。

图 3-35 【页眉和页脚工具】/【设计】选项卡

在页眉编辑区中输入页眉内容，并编辑页眉格式。

单击【页眉和页脚工具】/【设计】选项卡→【导航】组→【转至页脚】按钮，切换到页脚编辑区。在页脚编辑区输入页脚内容，并编辑页脚格式。设置完成后，单击【页眉和页脚工具】/【设计】选项卡→【关闭】组→【关闭页眉和页脚】按钮，返回文档编辑窗口。

2. 设置不同节的页眉和页脚

如果在一篇文档中建立不同的页眉和页脚，只需将文档分成多节，单击【页眉和页脚工具】/【设计】选项卡→【导航】组→【链接到前一条页眉】按钮断开当前节和前一节页眉和页脚间的链接即可。

3. 设置奇偶页不同的页眉和页脚

如果用户编辑的文档要求奇数页与偶数页具有不同的页眉或页脚时，可选中【页眉和页脚工具】/【设计】选项卡→【选项】组→【奇偶页不同】复选框。

4. 设置首页不同的页眉和页脚

如果用户编辑的文档要求首页不同时，可选中【页眉和页脚工具】/【设计】选项卡→【选项】组→【首页不同】复选框。

5. 设置页码

在设置页眉和页脚时可通过单击【页眉和页脚工具】/【设计】选项卡→【页眉和页脚】组→【页码】按钮添加页码。如果在页眉或页脚中只需要包含页码，而无须其他信息，还可以使用插入页码的方式，使页码的设置更为简便。操作步骤：单击【插入】选项卡→【页眉和页脚】组→【页码】按钮，在打开的下拉列表中选择页码需要显示的位置即可。如需修改页码格式，则选择【设置页码格式】命令，弹出【页码格式】对话框。在该对话框中可设置所插入页码的格式，单击【确定】按钮。

3.4.5 脚注和尾注

脚注和尾注的作用都是对文本内容的注释说明。脚注一般位于页面的底部，可以作为本页文档某处内容的注释，如术语解释或背景说明等；尾注一般位于文档的末尾，通常用来列出书籍或文章的参考文献等。脚注和尾注均由两个关联的部分组成，包括注释引用标记及其对应的注释文本。

1. 插入脚注或尾注

将插入点定位到要插入脚注或尾注的位置，单击【引用】选项卡→【脚注】组的对话框启动器，弹出【脚注和尾注】对话框，如图 3-36 所示。若要插入脚注，则选中【脚注】单选按钮；若要插入尾注，则选中【尾注】单选按钮。单击【确定】按钮，即可在指定位置出现的编辑框中输入注释文本。

注意：输入脚注或尾注文本的方式会因文档视图的不同而有所不同。如果要删除脚注或尾注，只需直接删除注释引用标记，Word 可以自动删除对应的注释文本，并对文档后面的注释重新编号。

图 3-36 　【脚注和尾注】对话框

2. 修改脚注或尾注

将光标定位到脚注或尾注所在的位置，即可修改注释内容。

3. 删除脚注或尾注

选择要删除脚注或尾注的注释标记，按【Delete】键即可删除。

4. 移动或复制脚注或尾注

移动或复制脚注或尾注的注释时，实际是对注释引用标记进行操作，而非注释中的文字。Word 会对移动或复制后的注释引用标记重新编号。尾注显示在文档末尾，尾注的序号通常是罗马字母，脚注一般在相应页面下方，脚注的序号通常是阿拉伯数字。选择要移动或复制的注释标记，若要移动注释引用标记，可按住鼠标左键直接拖动到新位置；若是复制注释引用标记，则先按住【Ctrl】键，再按住左键拖动到新位置。

5. 修改脚注或尾注的编号格式

单击【引用】选项卡→【脚注】组的对话框启动器，弹出【脚注和尾注】对话框，选中【脚注】或【尾注】单选按钮，在右侧下拉列表框中可以设置脚注和尾注的位置。在【编号格式】下拉列表框中可以选择不同的格式，单击【自定义标记】右侧的【符号】按钮，在弹出的【符号】对话框中选择所需符号标记，单击【确定】按钮，可以自定义标记。在【起始编号】数值框中可以设置第一个编号号码，设置完成后单击【插入】按钮即可。

6. 脚注和尾注的相互转换

脚注和尾注之间是可以相互转换的，这种转换可以在一种注释间进行，也可以在所有的脚注和尾注间进行。操作步骤：光标定位在任一脚注或尾注序号处，单击【引用】选项卡→【脚注】组的对话框启动器，在弹出的【脚注和尾注】对话框中单击【转换】按钮，弹出【转换注释】对话框，按需要选择对应的选项即可。

如果只对单个注释进行转换，则将光标移动到注释文本中并右击，在弹出的快捷菜单中选择【定位至尾注】或【转换为脚注】命令即可。

3.4.6 页面背景

文档的页面可以设置背景颜色，也可以设置页面边框，或在页面中某位置添加横线，以增加页面的艺术效果。页面格式设置可通过单击【页面布局】选项卡→【页面背景】组相应按钮实现水印、页面颜色和页面边框的格式设置。

单击【页面布局】选项卡→【页面背景】组→【页面边框】按钮，可以设置页面边框的线型、线的宽度和颜色，也可以单击【横线】按钮，在页面的某处设置合适的横线。

设置完毕后，还要注意选择应用范围，如应用于【整篇文章】还是【本节】。

1. 设置页面水印

可以使用系统自带水印库中的水印效果，也可以在文稿的背景中增添自定义水印，自定义的水印可以是图片也可以是文字水印。单击【页面布局】选项卡→【页面背景】组→【水印】按钮，在打开的下拉面板中选择使用内置的水印，也可以选择【自定义水印】命令，在弹出的【水印】对话框中自定义水印效果。

2. 设置页面背景

Word 可以给文档设置页面颜色，背景色可以选择填充颜色、填充效果（如渐变、纹理、图案或图片）。例如，将图片设置为页面的背景，操作步骤：单击【页面布局】选项卡→【页面背景】组→【页面颜色】按钮，在打开的下拉列表中选择【填充效果】命令，弹出【填充效果】对话框，如图 3-37 所示。在对话框中选择【图片】选项卡，单击【选择图片】按钮，选择所需图片后单击【确定】按钮。

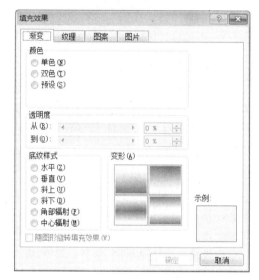

图 3-37　【填充效果】对话框

3. 设置页面边框

Word 文档中，除了可以给文字和段落添加边框和底纹外，还可以为文档的每一页添加边框。为文档的页面设置边框，操作步骤如下：单击【页面布局】选项卡→【页面背景】组→【页面边框】按钮，弹出【边框和底纹】对话框，单击【页面边框】选项卡，在【设置】选项区域中选择【方框】选项，在【样式】列表框中选择一种线型，或者在【艺术型】下拉列表框中选择一种带图案的边框线，如图 3-38 所示。

4. 设置页面内横线

在文档的页面中添加横线步骤如下：单击【页面布局】选项卡→【页面背景】组→【页面边框】按钮，弹出【边框和底纹】对话框，单击【页面边框】选项卡中的【横线】按钮，在弹出的【横线】对话框中选择一种横线的样式，如图 3-39 所示。所选择的横线将位于段落标记下方，且与页面同宽。单击该横线，可调节其长短和位置，双击可设置格式。

【例 3-9】打开"素材\第 3 章 Word\原始文件\例 3-9 页面水印及边框设置.docx"文件，在页面上设置文字为"朱自清主要作品"字样的水印效果，字体格式为隶书、80 磅、红色，水印效果为不透明。并为整篇文章添加页面边框，艺术型：第四种样式，宽度 30 磅。

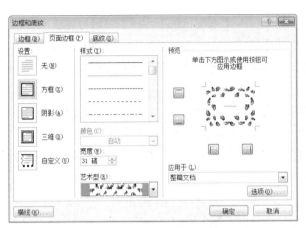

图 3-38 【边框和底纹】对话框　　　　　　　图 3-39 【横线】对话框

【解】具体操作步骤如下：

① 单击【页面布局】选项卡→【页面背景】组→【水印】按钮，在打开的下拉列表中选择【自定义水印】命令，弹出【水印】对话框，选择【文字水印】单选按钮，在【文字】文本框中输入 "朱自清主要作品"，【字体】为隶书，【字号】为80，【颜色】为红色，取消【半透明】效果，【水印】对话框的格式设置如图 3-40 所示，单击【应用】按钮查看效果，单击【确定】按钮完成水印设置。

② 单击【页面布局】选项卡→【页面背景】组→【页面边框】按钮，弹出【边框和底纹】对话框，在【页面边框】选项卡的【设置】选项区域中选择【方框】选项，在【艺术型】列表框中选择第一种艺术样式，【应用于】选择整篇文档，单击【确定】按钮。

完成效果（见图 3-41）参见 "素材\第 3 章 Word\结果文件\例 3-9 页面水印及边框设置-完成.docx" 文件。

图 3-40 【水印】对话框

图 3-41 完成效果

3.4.7 文档的打印

1. 打印预览

用户录入的文档是在页面视图模式下进行，它们很可能与打印在纸上的文档存在差异。使用 Word 2010 的【打印预览】功能，可以在打印前看到文档打印后的预览效果，如果有错误，可以提前编辑修改，使文档达到完美的效果。打印预览操作步骤如下：单击【文件】选项卡，选择【打印】命令，进入打印设置窗口。在该窗口的右侧可以预览文档的效果，拖动下方的滚动条，可以调整文档的显示比例，单击滚动条右侧的【缩放到页面】按钮，文档将以当前页面的显示比例来显示。如果文档有多页，在预览框内可以通过上一页或下一页按钮向前或向后翻页。

2. 打印设置

在【打印】→【设置】区域中，可以修改打印份数、选择打印机、设定打印的页码范围、单/双面打印、设置纸张大小、打印方向、页边距、每版打印页数、逐份打印等。单击【打印】按钮，完成打印输出。

3.5　图文混排

3.5.1　插入对象

1. 插入图片

Word 2010 允许在文档的任意位置插入常见格式的图片，插入图片的操作步骤如下：

① 将光标定位在要插入图片的位置，单击【插入】选项卡→【插图】组→【图片】按钮。

② 在弹出的【插入图片】对话框的【查找范围】下拉列表框中选择图片所在的文件夹，选择所需图片，单击【插入】按钮，选择的图片将被插入到文档的插入点位置。该图片将嵌入文档中，作为文档的一部分，图片和原图像之间没有联系，即使删除原图片，文档中的图片也不会受影响。

③ 在【插入图片】对话框中选择图片，单击【插入】下拉按钮，在下拉列表中选择【链接到文件】命令，此时图片将以链接文件的形式插入文档中。以链接方式插入的图片，原图片和插入图像之间还存在着一定的联系，一旦原图像发生变化，文档中的图像也会发生变化。使用链接方式插入图像，可以使文档非常小。

2. 插入剪贴画

剪贴画是 Office 提供的图片，包含 Web 元素、背景、标志、地点、工业、家庭用品和装饰元素等类别的实用图片，常见图片格式有 WMF、GIF 或 EPS。剪贴画存放在剪辑库中，该库中包含多种文档类型：图片、动画、声音或影视文件在内的各种媒体文件。在需要插入剪贴画的时候，可以根据需要进行搜索。搜索剪贴画以及插入剪贴画的操作步骤如下：

① 单击【插入】选项卡→【插图】组→【剪贴画】按钮，打开【剪贴画】窗格。在窗格的【搜索文字】文本框中输入要查找的剪贴画名称，如输入"树"，在【结果类型】下拉列表

框中选中文件的类型，单击【搜索】按钮，符合条件的图像将显示在窗格的列表中，如图 3-42 所示。

② 在选中的剪贴画上单击右侧的下拉按钮，在下拉列表中选择【插入】命令，或者双击剪贴画即可插入文档中。

3. 插入艺术字

（1）插入艺术字

在文档中插入艺术字的操作步骤：单击【插入】选项卡→【文本】组→【艺术字】按钮，弹出 6 行 5 列的【艺术字】列表，选择一种艺术字样式后，文档中出现一个艺术字编辑框，将光标定位在艺术字编辑框中，输入文本即可。

（2）设置艺术字格式

在文档中输入艺术字后，用户可以对插入的艺术字进行格式设置，方法有两种：

图 3-42 【剪贴画】窗格

方法一：选中艺术字后，激活【绘图工具】/【格式】选项卡，可以对艺术字进行格式化处理。

方法二：通过【开始】选项卡→【字体】组中的按钮，设置字体、字号、颜色等格式。

4. 插入 SmartArt 图形

Word 2010 提供了 SmartArt 功能，SmartArt 图形是信息和观点的视觉表示形式。绘制图形可以使用 SmartArt 完成。SmartArt 图形是 Word 设置的图形、文字及其样式的集合，包括列表（36 个）、流程（44 个）、循环（16 个）、层次结构（13 个）、关系（37 个）、矩阵（4 个）、棱锥（4 个）和图片（31 个）共 8 个类型 185 个图样。

插入 SmartArt 图形的操作步骤：单击【插入】选项卡→【插图】组→【SmartArt】按钮，弹出【选择 SmartArt 图形】对话框，如图 3-43 所示，选中某种类型图，会在对话框右侧显示出该类型图的名称和作用，如选中【列表】区第二行第二列的布局类型，单击【确定】按钮，即可完成图形插入操作，输入文字"图像""图形"和"视频"，效果如图 3-44 所示。

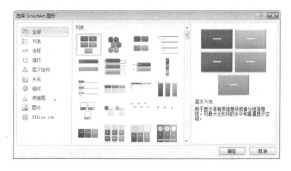

图 3-43 【选择 SmartArt 图形】对话框

图 3-44 插入的 SmartArt 图形效果

5. 插入图表

图表是可以将对象属性数据直观、形象地展示出来的一种表现方式。在文档中插入图表的操作步骤：将光标定位在要插入图表的位置，单击【插入】选项卡→【插图】组→【图表】按钮，弹出【插入图表】对话框，如图 3-45 所示。在左侧的图表类型列表中选择需要创建的图表类型，这里选择"饼图"，在右侧图表子类型列表中选择所需的子图表，这里选择"三维饼图"，单击【确定】按钮后，在 Word 文档中生成一个图表的同时生成另外一个 Excel 文档窗口。

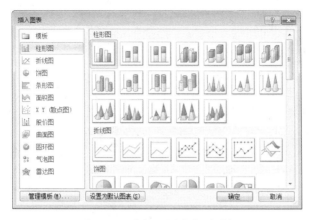

图 3-45　【插入图表】对话框

选中图表可设置图表格式，在 Excel 窗口中编辑图表数据。如在 Excel 窗口中修改数值后，图表将同步更新，如图 3-46 所示。完成数据的编辑后，关闭 Excel 窗口即可。

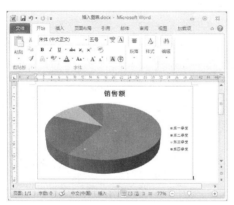 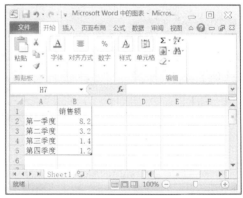

图 3-46　图表数据的编辑

6. 插入屏幕截图

Word 2010 自带了强大的屏幕截图功能，用户可以通过屏幕截图功能方便地将已经打开且未处于最小化状态的窗口截图插入当前文档中。

在 Word 2010 文档中插入屏幕截图的操作步骤如下：

① 单击【插入】选项卡→【插图】组→【屏幕截图】按钮，如图 3-47 所示。

② 打开【可用视窗】面板，Word 2010 将显示智能监测到的可用窗口。单击需要插入截图的窗口即可。

如果用户仅仅需要将特定窗口的一部分作为截图插入 Word 文档中，则可以只保留该特定窗口为非最小化状态，然后在【可用视窗】面板中选择【屏幕剪辑】命令，进入屏幕裁剪状态后，拖动鼠标选择需要的部分窗口，释放鼠标即可将其截图插入当前 Word 文档中。

图 3-47　"屏幕截图"界面

7. 插入公式

（1）插入内置公式

用户可以选择插入 Word 内置的公式，操作步骤：将光标置于需要插入公式的位置，单击【插入】选项卡→【符号】组→【公式】按钮，在【内置】公式下拉列表中单击所需公式。例如，选择"二项式定理"，即可在光标处插入该公式。

（2）插入新公式

如果内置公式没有用户所需公式，用户也可以插入自定义的公式。选择【插入新公式】命令输入公式。在进行公式编辑时，选项卡区域会自动显示【公式工具】/【设计】选项卡，利用该选项卡可以对公式进行编辑与修改，如图 3-48 所示。

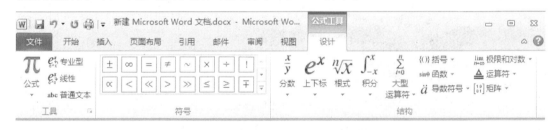

图 3-48　【公式工具】/【设计】功能区

3.5.2　图片编辑

Word 2010 提供了强大的图片编辑功能。选中图片，系统会在选项卡右侧位置增加【图片工具】/【格式】选项卡，如图 3-49 所示。

图 3-49　【图片工具】/【格式】选项卡

在【调整】组中，可以完成删除背景，修改图片的亮度、对比度、颜色，添加艺术效果以及压缩、更改和重置图片等功能。

在【图片样式】组中，可以单击选择【图片样式】列表中现有的样式设置图片；单击【图片边框】按钮，对图片添加边框，指定颜色、宽度、线型等；单击【图片效果】按钮，对图片应用某种视觉效果，如阴影、发光、映像、三维旋转等；单击【图片版式】按钮，将所选图片转换为 SmartArt 图形。

在【排列】组中，单击【位置】按钮，可在打开的面板中选择图片在文档中的位置；单击【自动换行】按钮，可设置图片的版式，显示文本在图片周围的环绕效果。单击【选择窗格】按钮，可以打开【选择和可见性】窗口，在该窗口中可以设置当前页面上图片是否显示及其显示顺序；该组还可以设置多个图片叠放次序和可见性、多个对象的对齐方式、组合、图片的旋转等。

在【大小】组中，可实现裁剪图片，调整图片高度和宽度。

除了使用【图片工具】/【格式】选项卡的按钮对图片进行设置以外，还可以在图片上右击，在弹出的快捷菜单中选择【设置图片格式】命令，弹出【设置图片格式】对话框，通过对话框进行图片编辑，如图 3-50 所示。

图 3-50   【设置图片格式】对话框

3.5.3　绘制图形

用户可以用 Word 提供的绘图工具绘制出多种简单形状，如线条、基本图形、流程图等。单击【插入】选项卡→【插图】组→【形状】按钮可以显示出系统提供的基本形状。

1. 绘图画布

Word 2010 程序在开启【插入"自选图形"时自动创建画布】功能后，当用户在 Word 中绘制图形时会自动产生一个矩形区域，该区域称为绘图画布。绘图画布是包含绘制图形对象的容器，它可以将其中的所有图形对象整合为一个整体，以帮助用户方便地调整这些对象在文档中的位置。

2. 绘制图形

单击【插入】选项卡→【插图】组→【形状】按钮，选择要绘制的形状，当指针显示为十字形时，在需要绘制图形的地方按住左键进行拖动，即可绘制出图形。

3. 在图形中添加文字

图形绘制好之后就可以在图形中添加文字，并进行格式设置。操作方法为：右击图形对象，在弹出的快捷菜单中选择【添加文字】命令，在显示的插入点位置即可添加文字。

4. 设置图形尺寸、颜色

改变图形大小：单击图形对象，拖动控制点可改变图形大小。

设置图形颜色：选中图形对象，单击【绘图工具】/【格式】选项卡→【形状样式】组中相应按钮可以为图形填充底色，设置图形的边框线条，或设置其他填充效果。

5. 移动、旋转和叠放次序

移动图形：单击图形对象，当鼠标指针变为十字箭头形状时，拖动图形即可移动其位置。

旋转图形：单击图形对象，图形上方出现绿色旋转按钮，将鼠标置于绿色旋转按钮上，当鼠标指针变为圆环树时即可自由旋转该图形。

叠放次序：默认为先绘制的图形在最下方，用户也可以根据需要调整图形的叠放位置。右击图形对象，在弹出的快捷菜单中选择【叠放次序】命令，在级联菜单中选择该图形的叠放位置。

6. 设置图形阴影效果

给图形对象添加阴影颜色和阴影效果的操作步骤为：选中图形对象，单击【绘图工具】/【格式】选项卡→【形状样式】组→【形状效果】按钮→【阴影】命令，打开下拉列表，如图3-51所示，在该下拉列表中选择一种阴影样式，即可为图形设置阴影效果。

【例3-10】打开"素材\第3章 Word\基础实验\例3-10阴影效果.docx"文件，插入与文件中等腰三角形一样的图形，并为其设置"透视：靠下"的阴影效果。

【解】具体操作步骤如下：

① 单击【插入】选项卡→【插图】组→【形状】按钮，在打开的形状面板中单击【基本形状】→【等腰三角形】形状按钮，拖动鼠标左键即可插入一个等腰三角形。

② 选中该等腰三角形，单击【绘图工具】/【格式】选项卡→【形状样式】组→【形状效果】按钮，在下拉列表中选择【阴影】命令，在该下拉列表中选择【透视：靠下】的阴影效果即可，添加阴影效果前后的对比效果如图3-52所示，格式完成后效果请参见"素材\第3章 Word\结果文件\例3-10阴影效果-完成.docx"文件。

7. 设置图形三维效果

为图形设置三维效果可以使图形更加形象、立体，并且可以调整阴影的位置和颜色等显示效果。设置方法为：选定需要设置阴影效果的图形，单击【绘图工具】/【格式】选项卡→【形状样式】组→【形状效果】按钮，选择【三维旋转】命令，打开【三维旋转】下拉列表如图3-53所示，在该下拉列表中选择一种三维样式，即可为图形设置三维效果，还可在该下拉列表中选择【三维旋转选项】命令，在弹出的【设置形状格式】对话框中设置图形三维效果的颜色、方向等参数。

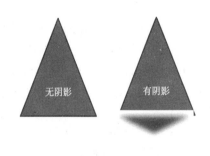

图 3-51 【阴影】下拉列表　图 3-52　添加阴影效果前后对比图　图 3-53　"三维旋转"

下拉列表

3.5.4　插入文本框

文本框属于一种特殊的图形对象，它实际上是一个容器，可以放置文档中的任何对象，如文本、表格、图形等内容。它可以被置于文档的任何位置，也可以方便地进行缩小、放大等编辑操作，还可以像图形一样设置阴影、边框和三维效果。文本框只能在页面视图下创建和编辑。使用文本框可使文档排版更加灵活。

1. 插入与编辑文本框

文本框按其中文字的方向不同，可分为横排文本框和竖排文本框两类。创建与编辑的方法如下所述：

（1）插入文本框

单击【插入】选项卡→【文本】组→【文本框】按钮，在下拉列表中选择【绘制文本框】命令，在指定位置拖动鼠标指针到所需大小即可插入一个空白的横排文本框；选择【绘制竖排文本框】命令可插入一个空白的竖排文本框。

（2）编辑文本框

文本框的编辑方法与图形的编辑相似。对文本框的格式设置方法：选定要设置格式的文本框，单击【绘图工具】/【格式】选项卡对应功能区中的各个按钮设置，或者右击文本框，在弹出的快捷菜单中选择相应的命令完成文本框的格式设置。

2. 链接文本框

默认情况下，文本框不能随着其内容的增加而自动扩展到另一个文本框中。如果对多个文本框进行链接设置，可以使文字从一个文本框自动跳转到另一链接的文本框中继续显示。

链接文本框的步骤：选中第一个文本框，单击【绘图工具】/【格式】选项卡→【文本】组→【创建链接】按钮，当鼠标指针变成一个直立的杯子形状时，再单击需链接的第二个文本框（注意：设置链接的文本框必须全为空），则两个文本框之间便建立了链接。单击【断开链接】按钮则取消文本框之间的链接关系。

3.5.5 多个对象的组合与分解

文档中插入的对象，如图形、文本框、图片等对象可以组合成一个对象。不过图片插入到文档中默认的图片版式为嵌入型，而组合对象不能是嵌入式版式，因此需要先将图片的版式设置为非嵌入式后再进行组合操作。

多个对象的组合与分解步骤：单击选中第一个图形，然后按住【Shift】键单击选中其他需要组合的图形对象，单击【图片工具】/【格式】选项卡→【排列】组→【组合】按钮，在下拉列表中选择【组合】命令，或在选中的对象上右击，在弹出的快捷菜单中选择【组合】→【组合】命令即可将多个对象合并成一个对象；如果想取消组合，单击【图片工具】/【格式】选项卡→【排列】组→【组合】按钮，在下拉列表中选择【取消组合】命令，或右击组合对象，在弹出的快捷菜单中选择【组合】→【取消组合】命令。

【例 3-11】打开"素材\第 3 章 Word\基础实验\例 3-11 图文混排.docx"文件，插入名为"背影.jpg"的图片，设置图片大小为宽 6.1 厘米、高 4.3 厘米；添加图注（使用文本框），图注文字为"我的父亲"，字体为宋体，字号为五号，文字相对于文本框水平居中对齐、垂直中部对齐，设置文本框内部边距全为 0，文本框大小为高 0.7 厘米、宽 3 厘米，无线条色、无填充色。最后将图片与图注水平居中对齐并组合，组合后的对象版式为四周型，相对于页面水平居中对齐。

【解】具体操作步骤如下：

① 将光标定位在文档合适的位置，单击【插入】选项卡→【插图】组→【图片】按钮，在弹出的【插入图片】对话框中找到名为"背影.jpg"的图片，选中图片并单击【插入】按钮。

② 选中图片，单击【图片工具】/【格式】选项卡→【排列】组→【自动换行】按钮，在打开的下拉列表中选择【四周型环绕】命令，在【大小】组中将图片大小设置为宽 6.1 厘米、高 4.3 厘米；

③ 定位光标，单击【插入】选项卡→【文本】组→【文本框】按钮，在打开的下拉列表中选择【绘制文本框】命令，在图片下方绘制文本框，并输入文字"我的父亲"，选中图注文字，通过【开始】选项卡→【字体】组命令将其设置为宋体、五号，通过【开始】选项卡→【段落】组命令按钮设置水平对齐方式为居中。

④ 选中文本框，单击【绘图工具】/【格式】选项卡，在【大小】组中设置文本框高 0.7 厘米、宽 3 厘米；或在文本框上右击，在弹出的快捷菜单中选择【其他布局选项】命令，弹出【布局】对话框，如图 3-54 所示，单击【大小】选项卡，将文本框大小设置为高 0.7 厘米、宽 3 厘米。

⑤ 在文本框上右击，在弹出的快捷菜单中选择【设置形状格式】命令，弹出【设置形状格式】对话框，如图 3-55 所示，在该对话框中单击【填充】选项，选择【无填充】单选按钮，单击【线条颜色】选项，选择【无线条】单选按钮，单击【文本框】选项，设置垂直对齐方式为中部对齐，文本框内部边距全为 0，单击【关闭】按钮。

⑥ 按住【Shift】键的同时选中图片与文本框，单击【图片工具】/【格式】选项卡→【排列】

组→【对齐】按钮，在打开的下拉列表中选择【左右居中】命令；单击【组合】按钮将图片与文本框组合。

⑦ 选中组合后的对象，在【排列】组中单击【自动换行】按钮，在下拉列表中选择【四周型环绕】命令；单击【位置】按钮打开【嵌入文本行中】面板，选择【其他布局选项】命令，弹出【布局】对话框，在【位置】选项卡面板上设置组合后的对象相对于页面水平居中。

格式完成后效果请参见"素材\第3章 Word\结果文件\例 3-11 图文混排-完成.docx"文件。

图 3-54 【布局】对话框

图 3-55 【设置形状格式】对话框

3.6 表格制作

3.6.1 表格的创建与录入

1. 创建表格

将光标定位到插入点，单击【插入】选项卡→【表格】组→【表格】按钮，打开【插入表格】面板，如图 3-56 所示。在【插入表格】面板中，有多种创建表格的方法可供选择：

① 利用鼠标上下左右滑动，选择模拟表格的单元格数量。

② 选择【插入表格】命令，弹出【插入表格】对话框，通过设置列数和行数进行创建，如图 3-57 所示。

图 3-56 【插入表格】面板

图 3-57 【插入表格】对话框

③ 选择【绘制表格】命令▥，鼠标变成笔的形状✐，通过拖动绘制表格。

④ 文本转换成表格。Word 2010 可以很方便地将文字转换成表格形式，首先为准备转换成表格的文本添加分隔符（如用逗号，必须是英文半角逗号），然后选中需要转换成表格的文本，选择【文本转换成表格】命令▤，在弹出的对话框中调整列数、分隔符号等即可。常见的分隔符有段落标记（用于创建表格行）、制表符和逗号（用于创建表格列）。对于同一个文本段落中含有多个制表符或逗号的文本，Word 2010 可以将其转换成单行多列的表格；对于包括多个段落、多个分隔符的文本则可以转换成多行、多列的表格；而对于只有段落标记的多个文本段落，可以将其转换成单列多行的表格。

⑤ 选择【Excel 电子表格】命令▥插入空白 Excel 表格，可在 Excel 表格中进行数据录入、数据计算等数据处理工作，其功能与操作方法跟在 Excel 中操作完全相同。

⑥ 选择【快速表格】命令▦，在打开的【内置】表格库面板中，选择所需的表格样式。

2. 表格内容录入

在表格中录入内容，首先将插入点定位在要输入的单元格中，然后输入内容。如果输入文本的长度超过了单元格的宽度时，则会自动换行并增大行高。如果要在单元格中开始一个新段落，可以按【Enter】键，该行的高度也会相应增大。

如果要移到下一个单元格中继续，可以单击下一个单元格，或者按【Tab】键或【→】键移到下一个单元格。按【Shift+Tab】组合键可将插入点移到上一个单元格。按【↑】、【↓】键可将插入点移到上一行、下一行。这样可以将文本录入到相应的单元格中。

3.6.2　表格的编辑与美化

1. 选定单元格

（1）使用鼠标或键盘操作

在对表格进行操作之前，必须先选定相应单元格。如果要选定一个单元格中的部分内容，可以用鼠标拖动的方法进行选定，与在文档中选定文本一样。另外，在表格中还有一些特殊的选定单元格、行或列的方法，具体操作如表 3-3 所示。

表 3-3　选定表格操作

目　　的	操　　作
选中一个单元格	单击该单元格的左下角
选定一列单元格	单击该列的顶端边界
选定一行单元格	单击该行的左侧
选定多个连续的单元格	在要选定的单元格、行或列上拖动鼠标选定某一单元格、行或列，然后按住【Shift】键的同时单击其他单元格、行或列，则其中的所有单元格都被选中；或在要选定的单元格上直接拖动鼠标选定
选定不连续的单元格	选定一个单元格，按【Ctrl】键再单击要选择的其他单元格
选定下一个单元格	按【Tab】键
选定前一个单元格	按【Shift+Tab】组合键
选定整个表格	单击表格左上角的表格控制图标✛

（2）使用功能区命令按钮

将光标置于要选定的单元格中，单击【表格工具】/【布局】选项卡→【表】组→【选择】

按钮，在下拉列表中显示【选择单元格】、【选择行】、【选择列】和【选择表格】命令，单击选择相应的选定命令。

2. 编辑表格

编辑表格主要有以下两种方法：

方法一：将光标定位在表格中，自动显示【表格工具】功能区，该功能区包含【设计】和【布局】两个选项卡，如图 3-58 和图 3-59 所示，使用功能区的命令按钮可以编辑表格。

方法二：选中表格对象并右击，在打开的快捷菜单中选择编辑表格相应的命令。

图 3-58　【表格工具】/【设计】选项卡

图 3-59　【表格工具】/【布局】选项卡

（1）使用功能区命令按钮

【表格工具】/【设计】选项卡主要用来编辑和美化表格的样式。在【表格样式选项】组中，可以控制应用表格样式后的表格风格；在【表格样式】组中，可以对表格套用样式、设置底纹、边框；在【绘图边框】组中，可以设定绘制边框的样式，用鼠标绘制或擦除表格边框。

【表格工具】/【布局】选项卡主要用来修改表格。在【表】组中，单击【选择】按钮，可以选中单元格、行、列或整个表格；单击【查看网格线】按钮，可以显示或隐藏表格中的虚线框；单击【属性】按钮，可以弹出【表格属性】对话框，更改高级表格属性，如缩进、文字环绕等。

① 在表格中插入与删除行或列。在【行和列】组中，单击【删除】按钮，可以删除单元格、行、列或整个表格。利用【在上方插入】按钮、【在下方插入】按钮、【在左侧插入】按钮、【在右侧插入】按钮，可以实现行或列的插入。

② 拆分与合并单元格和表格。在【合并】组中，选中若干单元格，单击【合并单元格】按钮，可以将多个单元格合为一个。选择一个单元格，单击【拆分单元格】按钮，可以将一个单元格拆分为多行多列。选择表格中除首行外的任一行，单击【拆分表格】按钮，可以将表格拆分为两个表格，选中行将成为新表格的首行。合并表格操作：把两个表格放在同一个页面中，删除中间的空行即可。

③ 调整单元格大小。在【单元格大小】组中，单击【自动调整】按钮，可以根据内容和窗口自动调整列宽。在【高度】和【宽度】文本框中手动输入值，设置所选单元格的大小。

单击【分布行】按钮或【分布列】按钮，可以在所选行、列之间平均分布高度或宽度。

④ 设置单元格对齐方式、单元格边距及文字方向。在【对齐方式】组中，可以为选中单元格设定文本对齐方式。单击【文字方向】按钮，可以更改所选单元格内文字的方向。单击【单元格边距】按钮，可以修改单元格边距和间距。

⑤ 表格数据编辑。在【数据】组中，单击【排序】按钮，可以按关键字对表格中数据进行排序。单击【重复标题行】按钮，可以对跨多个页面的表格，在每页上重复显示标题行。单击【转换为文本】按钮，通过选择文本分隔符，可以将表格转换为普通文本。单击【公式】按钮fx，可以在单元格内添加简单的公式用于计算。

（2）使用快捷菜单命令

① 合并单元格：选中要合并的若干单元格并右击，在弹出的快捷菜单中选择【合并单元格】命令即可。

② 拆分单元格：将光标定位在要拆分的单元格内并右击，在弹出的快捷菜单中选择【拆分单元格】命令，在弹出的对话框中选择要拆成的列数、行数即可。

③ 对齐：表格内的文字默认情况下都是左对齐的，如果更改对齐方式，可选中要修改的单元格并右击，在弹出的快捷菜单中选择【单元格对齐方式】命令，在弹出的对话框中选择所需的对齐方式。

④ 添加行/列：将光标定位在要插入处并右击，在弹出的快捷菜单中选择【插入】命令，在弹出的级联菜单中选择【在左侧插入列】、【在右侧插入列】、【在上方插入行】或【在下方插入行】等命令即可。

⑤ 删除行/列：将光标定位在要删除处并右击，在弹出的快捷菜单中选择【删除单元格】命令，在弹出的对话框中，选择【右侧单元格左移】、【下方单元格上移】、【删除整行】或【删除整列】等选项即可。

⑥ 表格属性：选中整个表格后右击，在弹出的快捷菜单中选择【表格属性】命令，在弹出的【表格属性】对话框中可以设置表格、行、列、单元格的大小、对齐方式、边框、底纹等属性。

注意：如果要删除一个表格，可以单击【表格工具】/【布局】选项卡→【行和列】组→【删除】按钮，在下拉列表中选择【删除表格】命令；也可以先选定表格，再按【Shift+Delete】组合键或【Backspace】键，删除选定的表格；还可以使用【剪切】命令，以达到删除表格的目的。

【例 3-12】新建 Word 2010 文档，并参照“素材\第 3 章 Word\基础实验\3-12 课程表.jpg”，绘制一个课程表，如图 3-60 所示。表格样式：浅色网格-强调文字 4，绘制斜线表头，设置第一行行高为固定值 1.5 厘米，其他行行高为固定值 1.0 厘米，并按样图合并单元格并添加文字，设置单元格对齐方式：除表头外，所有单元格对齐方式：水平居中对齐。

星期 节次	星期一	星期二	星期三	星期四	星期五
上午					
下午					
晚上					

图 3-60　课程表

【解】具体操作步骤如下：

① 插入表格。单击【插入】选项卡→【表格】组→【表格】按钮，在打开的【表格】下拉列表中选择【插入表格】命令，弹出【插入表格】对话框，设置所需表格参数，这里选择 6 列、11 行，单击【确定】按钮。

② 设置行高。选中要设置的行，在【表格工具】/【布局】选项卡→【单元格大小】组中设置行高，或在选定行上右击，选择【表格属性】命令，在弹出的对话框中设置行高。

③ 按样表合并单元格。选中要合并的单元格，右击，在弹出的快捷菜单中选择【合并单元格】命令，或单击【表格工具】/【布局】选项卡→【合并】组→【合并单元格】按钮。

④ 应用表格样式。选定表格，单击【表格工具】/【设计】选项卡→【表格样式】组→【其他】按钮，在打开的表格样式列表中选择第三行第四列的【浅色网格-强调文字 4】样式。

⑤ 绘制斜线表头。将光标定位在表格左上角第二个单元格中，单击【表格工具】/【设计】选项卡，在【绘图边框】组中选择画笔颜色：紫色，强调文字 4，淡色 60%，单击【表格样式】组→【边框】按钮 右侧的下拉按钮，在打开的下拉列表中选择【斜下框线】命令即可，或在打开的下拉列表中选择【边框和底纹】命令弹出【边框和底纹】对话框，选择颜色后，单击斜线按钮，【应用于】设置为单元格，即可设置斜线表头。

⑥ 按照样图为表格添加文字。将光标定位在指定单元格中添加文字。设置文字方向为竖排的操作：将光标定位在单元格中，单击【表格工具】/【布局】选项卡→【对齐方式】组→【文字方向】按钮。

⑦ 设置表格中文本的对齐方式。选定所需的单元格，单击【表格工具】/【布局】选项卡→【对齐方式】组→【水平居中】按钮，将表格单元格中的文字对齐方式设为水平居中。

完成效果请参见"素材\第 3 章 Word\结果文件\例 3-12 课程表-完成.docx"文件。

3. 文本与表格的转换

单击【表格工具】/【布局】选项卡→【数据】组→【转换为文本】按钮，如图 3-61 所示，可以将表格转换为文本，在弹出的【表格转换成文本】对话框中可以选择用于分隔列的文本字符，如图 3-62 所示。

图 3-61 表格与文本的转换功能

图 3-62 【表格转换成文本】对话框

（1）将表格转换成文本

插入图 3-63 所示的表格并录入相应文字，将其转换成文本。操作步骤：将光标置于要转换成文本的表格中，或选择该表格，激活【表格工具】/【布局】选项卡，单击【数据】组→【转换为文本】按钮，在弹出的【表格转换成文本】对话框中选择一种文字分隔符，默认是制表符，单击【确定】按钮即可将表格转换成文本，效果如图 3-64 所示。

姓名	大学体育	高等数学	大学英语
李帅	70	86	87
张超	88	89	90

姓名	大学体育	高等数学	大学英语
李帅	70	86	87
张超	88	89	90

图 3-63　待转换的表格　　　　　图 3-64　表格转换成文本后效果图

四种文本分隔符的功能介绍如下：

① 段落标记：把每个单元格的内容转换成一个文本段落。

② 制表符：把每个单元格的内容转换后用制表符分隔，每行单元格的内容成为一个文本段落。

③ 逗号：把每个单元格的内容转换后用逗号分隔，每行单元格的内容成为一个文本段落。

④ 其他字符：在对应的文本框中输入用做分隔符的半角字符，每个单元格的内容转换后用输入的字符分隔符隔开，每行单元格的内容成为一个文本段落。

（2）将文字转换成表格

Word 还可以将以段落标记、逗号、制表符或其他特定字符分隔的文字转换成表格。操作步骤：选择要转换成表格的文字，单击【插入】选项卡→【表格】组→【表格】按钮，在下拉列表中选择【文本转换成表格】命令，弹出【将文字转换成表格】对话框，输入设置的参数，单击【确定】按钮即可将文字转换成表格，如图 3-65 所示。

图 3-65　【将文字转换成表格】对话框

4. 表格的数据操作

Word 没有 Excel 那么强大的对数据进行分析和处理的能力，但也可以完成普通的数据管理操作，包括对表格中的数据进行排序以及计算统计数据等功能。

（1）表格数据的排序

Word 提供对表格中的数据进行排序的功能，用户可以依据拼音、笔画、日期或数字等对表格内容以升序或降序进行列的排列。

【例 3-13】打开"素材\第 3 章 Word\基础实验\例 3-13 表格排序.docx"文件，要求对表格进行排序，主要关键字为"姓名"，按"拼音"升序，次要关键字为"基础工资"，按"数字"降序排序。

【解】具体操作步骤如下：

将插入点置于要进行排序的表格中，单击【表格工具】/【布局】选项卡→【数据】组→【排序】按钮，弹出【排序】对话框，如图 3-66 所示。在该对话框中默认选中【有标题行】单选按钮，设置【主要关键字】为姓名，【类型】为拼音，【升序】；【次要关键字】为基础工资，【类型】为数字，【降序】。单击【确定】按钮。

排序后结果请参见"素材\第 3 章 Word\结果文件\例 3-13 表格排序-完成.docx"文件。

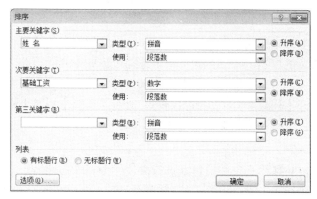

图 3-66 【排序】对话框

（2）表格中的公式计算

Word 表格功能中提供了一些简单的计算功能，如加、减、乘、除与求平均值等。表格中的单元格名称类似于电子表格中的 A1、A2、B1、B2 等，列用英文字符表示，行用数字表示，如图 3-67 所示。

【例 3-14】打开"素材\第 3 章 Word\基础实验\例 3-14 表格计算.docx"文件，要求使用公式计算出员工的应发工资，编号格式为 0.00。

【解】具体操作步骤如下：

将插入点定位在第一个人所在行的"应发工资"下方的单元格中，单击【表格工具】/【布局】选项卡→【数据】组→【公式】按钮，弹出【公式】对话框，如图 3-68 所示。在【粘贴函数】列表框中选择所需公式，这里可以使用"=SUM(LEFT)"，其中参数"LEFT"代表参与计算的数据在插入点所在的单元格左侧，也可以在【公式】输入框中输入公式"=SUM(B2:D2)"或"=B2+C2+D2"，在【编号格式】下拉列表框中选择数字格式为 0.00，单击【确定】按钮即可在单元格中显示计算结果。

结果请参见"素材\第 3 章 Word\结果文件\例 3-14 表格计算-完成.docx"文件。

	A	B	C	D
1	A1	B1	C1	D1
2	A2	B2	C2	D2
3	A3	B3	C3	D3
4	A4	B4	C4	D4

图 3-67 表格中的单元格引用

图 3-68 【公式】对话框

3.7　Word 的高级应用

3.7.1　使用样式快速格式化文档

样式规定了文档中标题、题注和正文等各个元素的显示形式，使用样式可以统一文本的格式，通过应用样式功能可以快速地对整篇文档进行高效的格式化处理。

1. 快速应用样式

在【开始】选项卡→【样式】组中显示 Word 提供的可应用的样式，选择合适的应用样式即可。比如选中文章的标题，在【样式】组中选择【标题】样式，此时选中的标题文本被设置为【标题】格式。也可以通过【样式】窗格来设置，选中要设置的文本，单击【样式】组对话框启动器，打开【样式】窗格，如图 3-69 所示，选择【标题】格式，选中【显示预览】复选框则可以通过窗格中标题样式预览样式。

2. 更改样式

用户可根据需要对快速样式库中的样式进行修改。如对【标题 1】样式进行修改，具体操作步骤如下：右击【样式】窗格中的【标题 1】样式，在弹出的快捷菜单中选择【修改】命令，或单击【样式】窗格中【标题 1】下拉按钮，在弹出的下拉列表中选择【修改】命令，弹出【修改样式】对话框，如图 3-70 所示，修改样式格式，单击【确定】按钮即可完成修改。

图 3-69　【样式】窗格

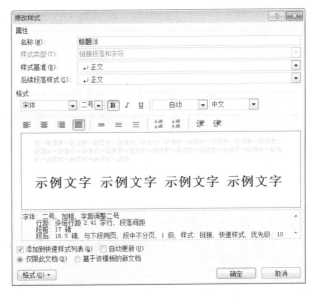

图 3-70　【修改样式】对话框

3. 新建样式

选中需要设置的文本，单击【开始】选项卡→【样式】组的对话框启动器，打开【样式】窗格，单击【新建样式】按钮，弹出【根据格式设置创建新样式】对话框，在【名称】文本框输入新建样式名字，默认为"样式 1""样式 2"，依此类推，如图 3-71 所示。在【样式类型】下拉列表框中根据实际情况选择一种样式，如选择【字符】或【段落】样式。字符样式适用于选定的文本，字符样式中包含字体、字号、颜色和其他字符格式的设置，如加粗等；段落样式用于一个或几个选定的段落。段落样式除了包含字符格式外，还包含段落格式的设置。单击【格式】按钮可以对字体、段落、制表位、边框、语言、图文框、编号、快捷键和文字效果进行综合的设置。在预览区域中可以显示新建样式的预览效果，单击【确定】按钮即可将新建样式添加到快速样式库中。除了直接新建样式外，用户也可以将当前所选内容的样式添加到快速样式库。

4. 清除与删除样式

如果想对已经应用了样式或已经设置了格式的文档清除样式或格式，可以通过以下两种方法：

方法一：选中需要清除样式或格式的文本块或段落，单击【开始】选项卡→【样式】组的对话框启动器，打开【样式】窗格。在样式列表中单击【全部清除】按钮即可清除所有样式和格式。

方法二：选中需要清除样式或格式的文本块或段落，单击【开始】选项卡→【样式】组→"其他"按钮▾，并在打开的【快速样式】列表中选择【清除格式】命令即可清除所有样式和格式。

如果想从快速样式库中删除自定义的样式，单击【样式】组的对话框启动器，打开【样式】窗格，右击想要删除的样式，在弹出的快捷菜单中选择【从快速样式库中删除】命令即可。

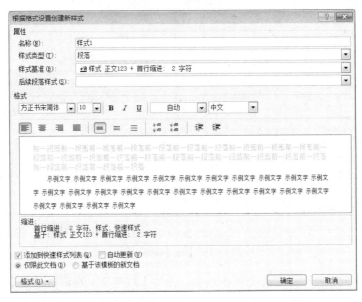

图 3-71　【根据格式设置创建新样式】对话框

3.7.2　域和邮件合并

1. 域

域是一种占位符，是一种可以插入到文档中的代码，是 Word 中的一种特殊命令，它由花括号、域名（域代码）及选项开关构成。域代码类似于公式，域选项开关是特殊指令，在域中可触发特定的操作。可以在文档的任何位置插入域，使用域可以在文档中插入各种对象，并可以进行动态更新。在 Word 中，域有三种作用：可以用来执行某种特定的操作、给特定的项做标记、进行计算并显示结果。

（1）插入域

下面以创建日期时间为例介绍在文档中插入域的步骤：

① 将光标定位在需要插入域的位置，单击【插入】选项卡→【文本】组→【文档部件】

图 3-72 【文档部件】的下拉列表

按钮，在下拉列表中选择【域】命令，如图 3-72 所示。

② 在弹出的【域】对话框的【类别】下拉列表中选择类别，本例中选择【日期和时间】。在【域名】列表中可以选择需要使用的域名，如选择【CreateDate】，在【高级域属性】选项区域的【日期格式】列表中选择使用日期格式，如选择【2013 年 12 月 23 日】，设置完成后单击【确定】按钮。此时，在文档中将显示域结果"2013 年 12 月 23 日"，单击插入域的文字，文字会反灰显示。

（2）编辑域

插入域后可以对其进行编辑和修改，如修改域的属性、设置域格式、重新指定域开关等编辑操作。编辑域的操作步骤如下：

① 在域上右击，在弹出的快捷菜单中选择【编辑域】命令，弹出【域】对话框，单击【域代码】按钮则在对话框中显示域的代码，如图 3-73 所示。

图 3-73 【域】对话框

② 在【域】对话框中单击【选项】按钮，弹出【域选项】对话框，在【日期/时间】列表框中选择一种时间代码格式，单击【添加到域】按钮将其添加到【域代码】文本框中。

③ 在【域代码】文本框中对域代码进行编辑，设置完成后单击【确定】按钮，逐个关闭打开的对话框，如给原有日期域代码中添加上时间，则选择日期/时间代码格式为 HH:mm，然后单击【添加到域】后将在【域代码】文本框中显示的"CREATEDATE \@ "yyyy'年'M'月'd'日'"代码后面添加上 "\@ HH：mm"代码，然后删除代码"\@"，则手动修改后域代码变为"CREATEDATE \@ "yyyy'年'M'月'd'日'HH：mm"，如图 3-74 所示，单击【确定】按钮，域结果更改为"2013 年 12 月 9 日 22:29"。

图 3-74 【域选项】对话框

2. 邮件合并

邮件合并功能是在邮件文档（主文档）的固定内容中合并与发送信息相关的一组数据，从而批量生成需要的邮件文档。Word 提供的"邮件合并"功能不仅可以批量处理信函和信封等与邮件有关的文档，还可以批量制作录取通知书、工资条、成绩单、准考证、宿舍卡片等。

邮件合并需要包含两个文档：一个是包含固定内容的主文档；另一个是包括不同数据信息的数据源文档。所谓合并就是在相同的主文档中插入不同的数据信息，合成多个含有不同数据的一类文档。合并后的文件可以保存为 Word 文档，也可以打印出来，还可以以邮件形式发送出去。

执行邮件合并功能的操作步骤如下：

① 创建主文档，输入内容固定的共有文本内容。

② 创建或打开数据源文档，找到文档中不同的数据信息。

③ 在主文档的适当位置插入数据源合并域。

④ 执行合并操作，将主文档的固有文本和数据源中的可变数据按合并域的位置分别进行合并，并生成一个合并文档。

【例 3-15】使用素材\第 3 章 Word\提高实验\例 3-15 邮件合并\"学生成绩通知单.docx"和"学生成绩统计表.xlsx"两个素材文件，利用 Word 提供的邮件合并功能自动生成每名学生的成绩单，每一页显示一名学生的成绩单，邮件合并效果请参见"素材\第 3 章 Word\结果文件\例 3-15 信函 1.docx"文件。

【解】具体操作步骤如下：

① 创建主文档。根据"素材\第 3 章 Word\提高实验\例 3-15 邮件合并\学生成绩通知单.docx"文档的样式建立主文档。

② 创建或打开数据源文件。在打开的主文档上单击【邮件】选项卡→【开始邮件合并】组→【选择收件人】按钮，在下拉列表中选择【使用现有列表】命令，弹出【原始文件】窗口，选择"学生成绩统计表.xlsx"，如图 3-75 所示，单击【打开】按钮，弹出【选择表格】对话框，如图 3-76 所示，选择"学生成绩统计表"工作表，单击【确定】按钮。

图 3-75　【原始文件】窗口

图 3-76　【选择表格】对话框

③ 插入数据源合并域。将光标定位在学生成绩通知单需要插入数据的位置，然后单击【邮件】选项卡→【编写和插入域】组→【插入合并域】按钮，在下拉列表中会显示"班级""姓名"和"信息技术基础"等数据项，单击相应的选项，将数据项逐一插入到相应的位置，如图 3-77 所示。

④ 预览、执行合并操作。单击【邮件】选项卡→【预览结果】组→【预览结果】按钮，可以逐一查看每个学生的成绩信息。单击【完成】组→【完成并合并】按钮，在下拉列表中选择【编辑单个文档】命令，弹出【合并到新文档】对话框，如图 3-78 所示。根据实际需要选择【全部】、【当前记录】或指定范围，这里选择【全部】单选按钮，单击【确定】按钮完成邮件合并，系统会自动处理并生成每位学生的成绩通知单，默认文档名称"信函 1"。

邮件合并效果请参见"素材\第 3 章 Word\结果文件\例 3-15 信函 1.docx"文件。

图 3-77　插入域之后的成绩通知单

图 3-78　【合并到新文档】对话框

3.8　长文档的编辑与美化

一篇美观的长文档包含两层含义：内容和表现。内容是文档的文字、图片、表格、公式及整篇文章的章节段落结构等；表现是指长文档页面大小、页边距、字体、字号、行距等。长文档的编辑与美化就是对文档"表现"的编辑，Word 2010 提供了许多简便的功能，可以使长文档的编辑、排版、管理等工作更加快捷。

3.8.1　使用大纲视图组织文档

1.　在大纲视图下创建新文档

大纲视图是最适合编辑具有多层次标题的文档，当给文档设置了特定样式的主标题和子标题层次结构之后，使用大纲视图可以方便地查看文档以及调整文档标题的次序。在开始编辑长文档的内容之前，需切换到大纲视图模式下，然后输入所有标题，每个标题独占一行，并用【Enter】键换行。打开"素材\第 3 章 word\提高实验\使用大纲视图.docx"文件，用系统快速样式库中的标题样式或大纲级别格式化标题后，就可以在大纲视图下编辑文档，如图 3-79 所示。在大纲视图模式下，利用大纲选项卡中的工具，可以控制大纲视图的显示。

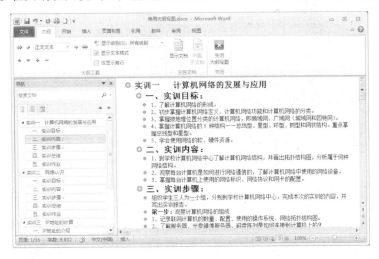

图 3-79　大纲视图下编辑文档

2. 在大纲视图下选中标题或段落

在大纲视图下，如果要选中一个标题以及该标题下的各级子标题和正文，可将鼠标指向标题左侧的 ⊕ 符号，当鼠标指针变成十字箭头形状时单击鼠标左键，即可选中该标题及其各子标题和正文。

如果要选中一个段落，可将鼠标指针移到该段落的左侧，当鼠标指针变成倾斜箭头时单击，即可选中。

3. 平级移动标题

在大纲视图下移动和复制标题时，可以将标题下的所有子标题和正文内容一起移动或复制，这种方式可以很方便地调整各标题的次序。操作步骤：将鼠标指针移动到一个标题的加号或点符号上，当鼠标指针变成十字箭头形状时，拖动该标题或正文段落，拖动时会出现一根带箭头的水平线，如图 3-80 所示。将所选标题或正文段落拖至新位置上，释放鼠标即可将标题和正文移动到所选位置。

4. 调整级别

在大纲视图模式下，通过提升或降低一个标题及其子标题和正文的级别，可以方便地调整文档的组织结构。

将光标定位在要调整级别的段落中，通过单击【大纲】选项卡→【大纲工具】组→【升级】 或【降级】 按钮调整标题或正文的级别。也可以通过单击【提升至标题 1】按钮 或【降级为正文】按钮 将子标题和正文升级为标题 1 或将标题降级为正文。

用户也可以手动调整级别，将光标定位在要升级或降级的段落中，当鼠标指针变成十字箭头形状时，按下左键并向左或右拖动，待出现一条垂直线后释放鼠标即可改变标题或正文的级别。

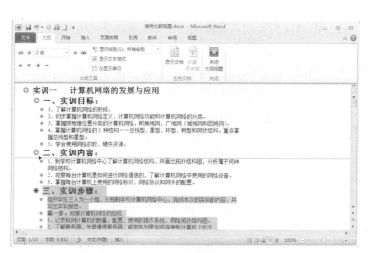

图 3-80 平移标题时出现的水平线

3.8.2 使用标记和索引

索引是根据需要列出一篇文章中重要关键词或主题的所在页码，按一定次序分条排列，以便快速检索查询。由于索引的对象为"关键词"，因此创建索引前必须对索引的关键词进行标记。在图书编辑领域，设计科学合理的索引可以使阅读者备感方便，而且也是图书质量的重要标志之一。

1. 标记索引项

在制作索引之前要将重要关键词或主题标记成索引项，下面通过实例介绍标记索引项的步骤。

【例 3-16】打开"素材\第 3 章 Word\提高实验\例 3-16 制作索引.docx"文件，将"总　则"、"录　用"、"工　时"、"考　核"、"假　期"、"服　务"、"福　利"、"薪　酬"关键词标记为索引项。

【解】具体操作步骤如下：

① 选择要建立索引项的关键字，这里选择"总　则"。

② 单击【引用】选项卡→【索引】组→【标记索引项】按钮，弹出【标记索引项】对话框。

③ 此时可以在弹出的【标记索引项】对话框的【主索引项】文本框中看到上面选择的字词"总　则"，如图 3-81 所示，在该对话框可进行相关格式的设置，单击【标记】按钮即可标记索引项。

④ 继续将其他关键字标记为索引项：在对话框外单击，进入页面编辑状态，查找并选定第二个需要标记的关键词如"录　用"，然后单击【标记索引项】对话框，此时主索引项显示"录　用"，单击对话框中的【标记】按钮即可标记索引项。按如上步骤依次将所有关键字标记为索引项。

⑤ 单击【标记索引项】对话框的【标记】按钮，此时文档中被选择的关键字旁边，添加了一个索引标记，如："{XE "总　则"}"；如果选择【标记全部】命令，即可将文档中所有的"总则"字符标记为索引。

2．建立索引目录

为关键字建立索引项后就可以为其建立索引目录，索引目录中可以显示关键字在文章中的页码。

【例 3-17】继续编辑【例 3-16】中的"制作索引.docx"文件，在文章末尾为索引项建立索引目录。

【解】具体操作步骤如下：

将光标定位到文章末尾，单击【引用】选项卡→【索引】组→【插入索引】按钮，弹出【索引】对话框，如图 3-82 所示。在【索引】选项卡中设置【类型】、【栏数】、【页码右对齐】等格式后单击【确定】按钮即可建立索引目录，索引目录效果如图 3-83 所示。

建立索引目录后的文件请参见"素材\第 3 章 Word\结果文件\3-17 制作索引-完成.docx"文件。

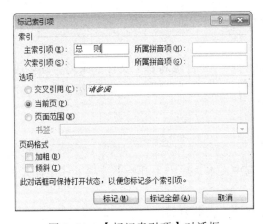

图 3-81 【标记索引项】对话框

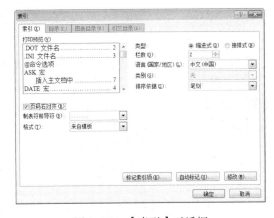

图 3-82 【索引】对话框

3．关闭索引标记

为了不影响文档阅读效果，可以将索引标记关闭，操作步骤如下：单击【开始】选项卡→【段落】组→【显示/隐藏编辑标记】按钮 ，即可关闭索引标记；再次单击该按钮，可重新显示索引标记。

图 3-83 "索引目录"效果

3.8.3 创建文档目录

目录是长文档重要组成部分，文章的章、节的标题和页码构成了目录的主要内容，如图 3-84 所示。为文档建立目录前要给各级目录设置恰当的标题样式或大纲级别。下面通过实例介绍生成目录和更新目录的操作步骤。

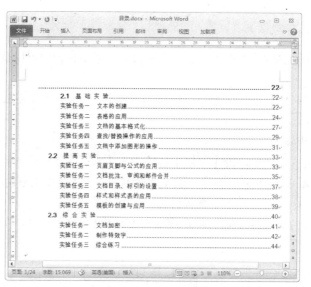

图 3-84　目录生成结构

【例 3-18】打开"素材\第 3 章 Word\提高实验\例 3-18 目录.docx"文件，采用自动生成目录和自定义目录两种方式为其自动生成三级目录结构。目录效果请参见"素材\第 3 章 Word\结果文件\例 3-18 目录 1-完成.docx"文件。

【解】具体操作步骤如下：

（1）自动生成目录的操作步骤：

① 将文档中所有作为目录的文本应用样式，选中文本，单击【开始】选项卡→【样式】组中对应样式即可。

② 将光标移动到要插入目录的位置，一般在文档正文的前面。

③ 单击【引用】选项卡→【目录】组→【目录】按钮，在下拉列表中选择【自动目录 2】命令，如图 3-85 所示，即可在光标处插入目录，如图 3-86 所示。

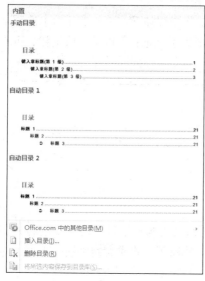

图 3-85　【目录】列表

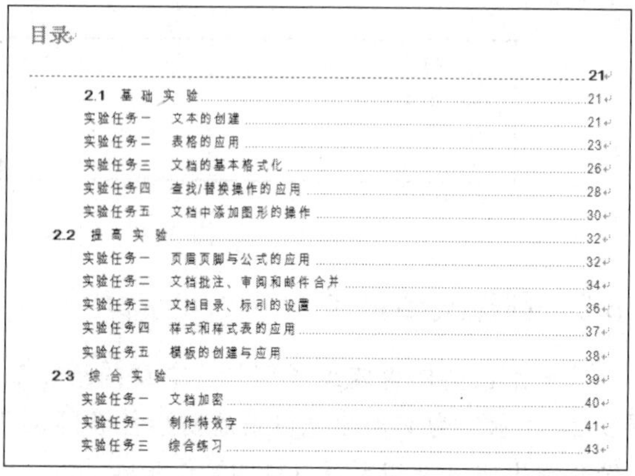

图 3-86　【自动目录 2】效果

效果请参见"素材\第 3 章 Word\结果文件\例 3-18 目录 1-完成.docx"文件。

（2）自定义目录的操作步骤：

① 重复创建目录步骤中的①~②，在【目录】列表中选择【插入目录】命令，弹出【目录】对话框，如图 3-87 所示。

图 3-87　【目录】对话框

② 在【目录】对话框中设置目录的格式，如【古典】、【优雅】等格式，默认是【来自模板】，这里选择【现代】格式，还可以设置显示级别，显示多级目录，默认情况下【显示级别】为 3，通常情况下选中【显示页码】复选框、选择【制表符前导符】、【使用超链接而不使用页码】等选项。单击【选项】按钮和【修改】按钮，分别在弹出的【目录选项】对话框和【样式】对话框中修改目录的格式和样式。单击【确定】按钮生成目录。

效果请参见"素材\第 3 章 Word\提高实验\例 3-18 目录 2-完成"文件。

（3）更新目录

对已生成目录的文档内容进行编辑修改之后，要及时更新目录。先将光标定位到文档的目录上，单击【引用】选项卡→【目录】组→【更新目录】按钮，在弹出的对话框中选择【更新整个目录】单选按钮，单击【确定】按钮，即可完成目录文字、页码的更新。

3.8.4　使用主控文档完成多人协同编辑

在编写书籍的过程中，需要多人共同完成书籍的编写工作，这时可以将书籍按章节分为若干单独的文档（子文档），然后由不同的作者来完成各自文档的编写工作，编写完成后，再将这些子文档合并成一个完整的文档，并对其进行重新组织、设置格式、创建目录等。Word 2010 大纲视图下的主控文档功能可以完成多人协同编辑操作。

主控文档是一组单独文件（或子文档）的容器。使用主控文档可创建并管理多个文档，例如，包含几章内容的一本书。主控文档还包含与一系列相关子文档关联的链接（链接：将某个程序创建的信息副本插入 Microsoft Word 文档，并维护两个文件之间的连接。如果更改了源文件中的信息，则目标文档中将同步更改）。使用主控文档可以将长文档分成较小的、更易于管理的子文档，从而便于组织和维护。在工作组中，可以将主控文档保存在网络上，并将文档划分为独立的子文档，从而共享文档的所有权。

1. 创建子文档

【**例 3-19**】打开"素材\第 3 章 Word\提高实验\例 3-19 工作总结报告.docx"文件，将标题"企业年度工作总结报告"设置为【标题】样式，分别把"销售业绩""技术发展""人力资源""财务情况"四部分内容设置为【标题 1】样式，将文件切换到"大纲视图"模式，单击【大纲】选项卡→【主控文档】组→【显示文档】按钮展开主控文档功能区。按【Ctrl+A】组合键选中全文，单击【主控文档】组→【创建】按钮即可把文档拆分成五个子文档，系统会将拆分开的五个子文档内容分别用框线框起来，如图 3-88 所示，把文档另存到一个单独的文件夹后退出，如另存到"工作总结汇总"文件夹后，在该文件夹中同时创建名为"工作总结报告.docx"的一个主文档和"财务情况.docx""技术发展.docx""企业年度工作总结报告.docx""人力资源.docx""销售业绩.docx"五个子文档，如图 3-89 所示，请查看"素材\第 3 章\结果文件\工作总结汇总"文件夹下的五个文件。

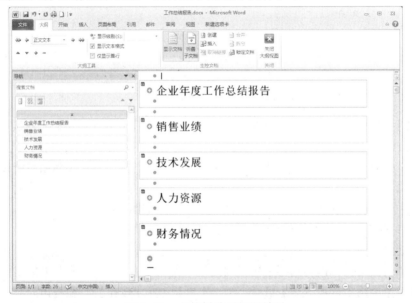

图 3-88　文档拆分后视图效果

图 3-89　生成的子文档

自动拆分以设置了标题、标题 1 样式的标题文本作为拆分点，并默认以首行标题作为子文档名称。若想自定义子文档名，可在第一次保存主文档前，双击框线左上角的 📖 图标打开子文档，在打开的 Word 窗口中单击【保存】按钮即可自由命名保存子文档。在保存主文档后子文档就不能再改名、移动了，否则主文档会因找不到子文档而无法显示。

2. 汇总修订

将"工作总结报告"文件夹下的五个子文档按分工发给五个人进行编辑，并交代他们不能改文件名，等编辑好各自的文档并发回后，再把这些文档复制粘贴到"工作总结报告"文件夹下覆盖同名文件，即可完成汇总。

打开主文档"工作总结报告.docx"文件，会看到文档中只有几行子文档的地址链接，如图 3-90 所示。切换到大纲视图，在【大纲】选项卡中单击【展开子文档】按钮才能显示各新子文档内容。现在的主文档已经是编辑汇总好的文档，可以直接在该文档中进行修改、批注，修改的内容、修订记录和批注都会同时保存到对应子文档中。

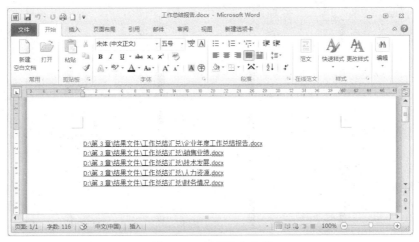

图 3-90　打开的主文档

3. 转成普通文档

如果将主文档发送给某人查阅时，该文档被打开后不会自动显示文档内容，必须附上所有子文档才可以供人查阅，因此不宜直接发送主文档，需要把编辑好的主文档转成一个普通文档再传送给其他人审阅。具体操作步骤如下：

打开主文档"工作总结报告.docx"文件，在大纲视图下单击【大纲】选项卡→【主控文档】组→【展开子文档】按钮，以完整显示所有子文档内容。单击【大纲】选项卡→【主控文档】组→【显示文档】按钮展开【主控文档】功能区，单击【取消链接】按钮即可。最后单击【文件】选项卡，选择【另存为】命令重命名后即可得到合并后的一般文档。最好不要直接保存，因为原主文档还可以再进行编辑操作。

实际上在 Word 中单击【插入】选项卡→【文本】组→【对象】按钮，在下拉列表中选择【文件中的文字】命令也可以快速合并多人分写的文档，操作简单方便。而使用主控文档完成合并操作主要在于主文档中进行的格式设置、修改、修订等内容都能自动同步到对应子文档中，这一点在需要重复修改、拆分、合并时特别重要。

3.8.5 使用主题美化文档

文档主题是一组格式选项，主题包括主题颜色、主题字体（各级标题和正文文本字体）和主题效果（线条和填充效果）。应用主题可以更改整个文档的总体设计，包括颜色、字体、效果等格式。Word 2010 提供了丰富的内置主题，用户可以直接应用系统提供的内置主题，也可以应用自定义文档主题。

1. 应用内置主题

单击【页面布局】选项卡→【主题】组→【主题】按钮，打开系统内置主题面板，如图 3-91 所示。当鼠标指向某一种主题时，文档中会显示应用该主题后的预览效果。单击【主题】组→【颜色】按钮、【字体】按钮、【效果】按钮，在打开的面板中选择所需风格修改当前主题。如果想恢复到 Word 模板默认的主题，在【主题】面板上单击【重设为模板中的主题】按钮即可。

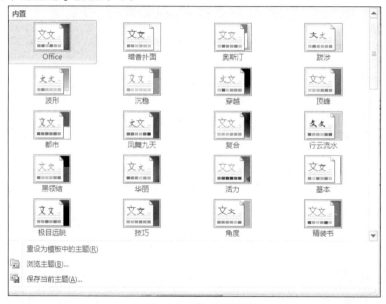

图 3-91　内置主题面板

2. 自定义主题

（1）自定义主题颜色及字体

单击【页面布局】选项卡→【主题】组→【颜色】按钮，打开【内置】颜色面板，如图 3-92 所示，在下拉列表中选择【新建主题颜色】命令，在弹出的【新建主题颜色】对话框中对主题颜色进行设置，然后为新建的主题颜色命名即可，如图 3-93 所示。单击【页面布局】选项卡→【主题】组→【字体】按钮，在下拉列表选择【新建主题字体】命令。在弹出的【新建主题字体】对话框中设置新的字体组合，并为新建主题字体命名。

（2）选择一组主题效果

主题效果是线条和填充效果的组合，单击【页面布局】选项卡→【主题】组→【效果】按钮，即可显示选中的"主题效果"的名称和该组主题效果的线条及填充效果。

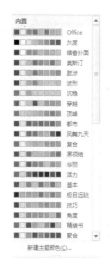

图 3-92 【内置】颜色面板　　　　　图 3-93 【新建主题颜色】对话框

（3）保存文档主题

用户可以将自定义的主题颜色、字体或线条及填充效果应用于其他文档。操作步骤如下：
单击【页面布局】选项卡→【主题】组→【主题】按钮，在下拉列表中选择【保存当前主题】
命令，在【文件名】文本框中为该主题命名，单击【保存】按钮。

3.8.6 插入文档封面

通过使用插入封面功能，用户可以为文档插入风格各异的封面。操作步骤如下：单击
【插入】选项卡→【页】组→【封面】按钮，在【封面】下拉列表中选择合适的样式即可，
如图 3-94 所示。无论插入点定位在哪，插入的文档封面都是文档的第一页，如为文档应用【瓷
砖型】样式后的效果如图 3-95 所示。

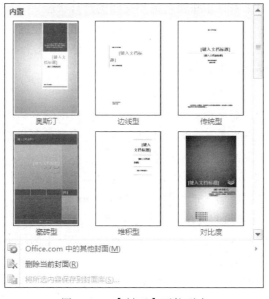

图 3-94 【封面】下拉列表

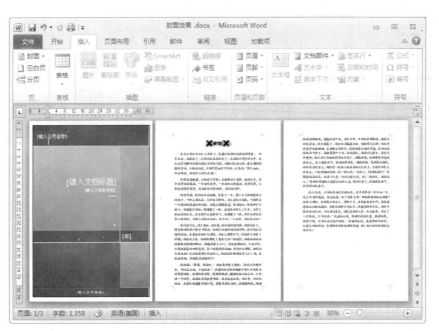

图 3-95 【瓷砖型】样式封面效果图

3.8.7 文档的修订与批注

为了便于多人对文档进行协同操作，Word 2010 提供了修订和批注的功能，并且能够自动记录审阅者对文档的修改，同时允许不同的审阅者在文档中添加批注。

1. 修订文档

修订是指显示文档中所做的各种编辑更改位置的标记。当需要记录文档的修改信息时，可以打开文档的修订功能。用户可以通过单击【审阅】选项卡→【修订】组→【修订】按钮，打开修订功能，再次单击【修订】按钮将退出文档的修订状态。

当修订功能开启后，用户的每一次插入、删除或者格式的更改都会被标记出来。在查看修订时，用户可以选择接受或拒绝修改，方法为：右击修订的文本，在弹出的快捷菜单中选择【接受修订】或【拒绝修订】命令即可。

2. 插入与删除批注

批注是审阅者根据自己对文档的理解添加到批注窗口中的文档注释或者注解，并不更改原文档的内容。批注是隐藏的文字，Word 会为每个批注自动赋予不重复的编号和名称，其默认设置是在文档页边距的批注框中显示内容。

① 插入批注：选中要插入批注的文本，单击【审阅】选项卡→【批注】组→【新建批注】按钮，在出现的批注文本框中输入批注即可，如图 3-96 所示。

② 删除批注：选中要删除的批注，单击【审阅】选项卡→【批注】组→【删除】按钮即可。如果要一次将文档的所有批注删除，选择【批注】组→【删除】按钮下拉列表中的【删除文档中的所有批注】命令即可。

Word 2010 提供了三种批注方式，可通过【审阅】选项卡→【修订】组→【显示标记】按钮→【批注框】命令查看。

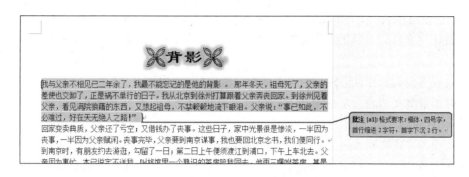

图 3-96　添加批注后的效果

3.8.8　拼写和语法改正及文档字数统计

1. 拼写和语法改正

为了减少用户对文档的检查时间，可以利用 Word 的检查功能，自动挑选出正在编辑的文档的语法或用字、用词的错误。操作步骤：单击【审阅】选项卡→【校对】组→【拼写和语法】按钮，弹出【拼写和语法】对话框，如图 3-97 所示，在该对话框中显示文档中有错误的字符段落，并指出该错误可能是"输入错误或特殊用法""数量词错误或标点符号错误"等错误提示，而且可以单击对话框中的【解释】和【词典】按钮，在弹出的对话框中找出正确的输入。对话框出现时，光标移到有错误的行或段落，并以反白显示，方便用户比较和修改。

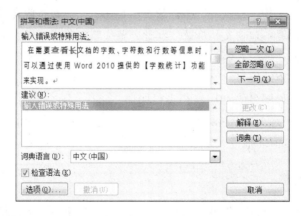

图 3-97　【拼写和语法】对话框

2. 文档字数统计

在需要查看长文档的字数、字符数和行数等信息时，可以通过使用【字数统计】功能来实现。操作步骤：单击【审阅】选项卡→【校对】组→【字数统计】按钮，在弹出的【字数统计】对话框中显示正在编辑的文档的页数、字数、字符数和行数等信息；也可以选择【文件】→【信息】命令，在信息窗口右方可看到文档的大小、字数、页数及编辑时间总计等信息。

【例 3-20】小明是学院招生办的勤工助学学生，最近老师交给他一个任务，给了他各个学部的专业介绍文档、图片等素材（见"素材\第 3 章 Word\综合实验\word 长文档编辑素材"

文件夹），让他整理成一个"河北师范大学汇华学院专业介绍"文档，并指定了如下格式要求：

1. 新建一个名为"河北师范大学汇华学院专业介绍.docx"的文档，包含 8 个学部的专业介绍。

2. 设置页面为对称页边距，上下与外侧均为 1.5cm，内侧为 2.5cm

3. 由于素材文档均为学部网站下载会有手动换行符、空格、空行等要在排版前做适当修改。

4. 按照"样式文档.docx"内的"学部标题 1 级"、"专业标题 2 级"、"介绍标题 3 级"、"介绍正文"分别设置"河北师范大学汇华学院专业介绍.docx"文档中的学部名称段、专业名称段、介绍标题段和介绍正文部分，并为各级标题设置适当的多级编号。

5. 为文档添加一个合适的封面，令其独占一页，添加适当的图片（图片可去学院网站上选择下载），同时需包含标题、副标题、学院联系方式等并为网站和电子邮件添加相应的超链接。

6. 在封面之后添加文档目录，要求应用了"学部标题 1 级"、"专业标题 2 级"、"介绍标题 3 级"样式段落文字分别为 1、2、3 级目录标题，显示对应页号。目录格式自定义（目录须自动生成，可利用样式或大纲级别）。

7. 目录和每个学部独立占一节并以奇数页起始。

8. 添加页眉页脚要求如下：

9. 封面页、目录页及每一节的起始页均无页眉页脚。

10. 为其它页页眉设置：将当前页中样式为"专业标题 2 级"的文字自动显示在页眉区域居中；在页眉中插入图片"校标.jpg"，奇数页图片居右，偶数页图片居左。

11. 其它页页脚设置：包含文档标题"河北师范大学汇华学院专业介绍"及页码，要求奇数页居右显示，页码在标题右侧，偶数页眉居左显示，页码在标题左侧，正文页码从第 1 页开始，所有正文页码连续编号。

12. 再另行生成一份同名的 PDF 文档进行保存。

结果请参考"素材\第 3 章 Word\结果文件\例 3-20 河北师范大学汇华学院专业介绍-样例.docx 和例 3-20 河北师范大学汇华学院专业介绍-样例.pdf 文件。

小结

本章主要介绍了文字处理软件 Word 2010 的基本概念和使用 Word 2010 编辑文档、排版、页面设置、表格制作和图形绘制、长文档编辑及部分 Word 高级应用操作。

Word 2010 具有直观的操作界面，所见即所得的用户操作体验，是目前广泛使用的一款文字编辑软件。Word 2010 取消了传统的菜单操作方式，并用各种功能区取而代之，Word 2010 提供了以各种功能区和文件选项卡为基础的编排工具。利用 Word 2010 不仅可以编辑文字、图形、图像等对象，还可以插入其他软件制作的对象；为了最大限度地满足用户对各类文档处理的需求，Word 2010 提供了多种绘图工具，用户可以完成图形制作、编辑艺术字、编辑数学公式等操作。除此之外，Word 2010 还提供了制表功能，在实现表格内容录入基础上同时实现自动计算功能。

习题

一、选择题

1. 在桌面上双击某 Word 文档操作是（　　）。

    A. 打开了 Word 应用程序窗口

    B. 打开了该文档窗口

    C. 既打开 Word 应用程序窗口又打开了该文档窗口

    D. 以上均不对

2. 打开 Word 文档是指（　　）。

    A. 把文档的内容从内存中读入并显示出来

    B. 为指定的文件开设一个新的、空的文档窗口

    C. 把文档的内容从磁盘调入内存并显示出来

    D. 显示并打印出指定文档的内容

3. 在 Word 中可以同时显示水平标尺和垂直标尺的视图方式是（　　）。

    A. 普通视图　　　　　B. Web 版式视图　C. 大纲视图　　　　D. 页面视图

4. Word 的剪贴板可以保存最近（　　）次复制的内容。

    A. 1　　　　　　　　B. 6　　　　　　　C. 12　　　　　　　D. 24

5. 在 Word 中，不能设置文字的（　　）格式。

    A. 倾斜　　　　　　　B. 加粗　　　　　　C. 倒立　　　　　　D. 加边框

6. 如果当前页面文档录满时，如果再继续输入时，Word 将插入（　　）。

    A. 硬分页符　　　　　B. 软分页符　　　　C. 硬分节符　　　　D. 软分节符

7. Word 提供的（　　）功能，可以大大减少断电或死机时由于忘记保存文档而造成的损失。

    A. 快速保存文档　　　　　　　　　　B. 自动保存文档

    C. 建立备份文档　　　　　　　　　　D. 为文档添加口令

8. 若要使用格式刷对选中对象的格式重复复制，应（　　）格式刷进行操作。

    A. 单击　　　　　　　B. 拖动　　　　　　C. 双击　　　　　　D. 右击

9. 若要设置文档的页眉页脚，应从（　　）选项卡中单击页眉页脚按钮。

    A. 格式　　　　　　　B. 编辑　　　　　　C. 视图　　　　　　D. 插入

10. 在格式工具栏中，按钮 U 表示（　　）。

    A. 对所选文字加下画线　　　　　　　B. 对所选文字加底纹

    C. 改变所选文字颜色　　　　　　　　D. 对所选文字加边框

二、操作题

打开"素材\第 3 章 Word\习题\电子物流.docx"文件，按如下要求进行操作：

1. 排版。

（1）基本编辑。

① 删除文章中的所有空行。

② 将文章中所有的英文标点"."替换为中文标点"、"。

③ 将文章中"2、网络化"和"3、自动化"两部分内容互换位置，并修改编号。

（2）排版。

① 页边距：上下左右均为 2.5 厘米；纸张大小为 A4；页眉页脚距边界均为 1.3 厘米 。

② 为文章添加标题"电子物流"，并将其设为黑体，绿色，加粗，小一号字，水平居中对齐，段前、段后各 1 行。

③ 将文章小标题"1、……""2、……""3、……""4、……"等设为黑体，加粗，小四号字，左对齐，段前、段后 0.4 行。

④ 文章其余文字设置为宋体、常规、小四号字，首行缩进 2 字符，行距固定值 20 磅。

⑤ 在文章插入页眉"电子物流"，宋体，五号字，水平居中，

⑥ 页面底端插入页码，右对齐。

2. 图文操作。

（1）在文章中插入"素材\第 3 章 Word\习题\物流图.jpg"，将图片宽度、高度设为原来的 40%；为图片添加图注（使用文本框）"电子物流"，文本框高 0.8 厘米，宽 2.5 厘米，无填充颜色，无线条颜色。图注的字体为宋体、加粗、五号字、蓝色，文字水平居中对齐。

（2）将图片和图注相对水平居中对齐，将图片和图注组合。将组合后的图形环绕方式设置为"四周型"，图片位置水平距页边距右侧 7 厘米，垂直距段落下侧 1 厘米。排版后的文件以原文件名保存。样文请参见"素材\第 3 章 Word\结果文件\电子物流-完成.docx"文件。

3. 新建一个空白文档，插入一个 9 行、6 列的表格，并按要求进行如下操作（样表参见"素材\第 3 章\习题\表格.jpg"样图）：

（1）设置表格第一行至第九行行高分别为固定值 0.7、0.7、0.7、0.7、1.2、0.6、0.6、0.6、0.6 厘米，第一列至第六列列宽分别为 2、1.2、3.5、3.0、2、2 厘米。

（2）按样表所示合并单元格。

（3）设置表格中粗线为 3 磅，细线为 1.5 磅。

（4）表格中所有文字水平且垂直居中，表格相对于页面水平居中对齐。

（5）设置表格第一行底纹为浅蓝色，第六至九行底纹为浅绿色。

最后将此文档另存为"表格.docx"。结果请参见"素材\第 3 章 Word\结果文件\表格-完成.docx"文件。

第4章

➡ 电子表格处理软件 Excel 2010

Excel 2010 是 Office 2010 办公软件的重要组成部分，是一款应用广泛的电子表格软件，用于管理和分析数据，并对数据进行各种复杂运算。Excel 提供了强大的数据库管理功能，不仅能对数据进行增、删、改、查，还能够按照数据库管理的方式对以数据清单形式存放的工作表进行排序、筛选、分类汇总和建立数据透视表等操作。Excel 提供的图表功能方便地建立报表和图表，广泛应用于管理、财务、金融等领域。

4.1 Excel 2010 概述

4.1.1 Excel 的介绍

1. Excel 的基本功能

（1）快捷的表格制作

Excel 可以快速地建立数据表格，即工作簿和工作表，方便地录入和编辑工作表中的数据，灵活地对表格进行格式化设置。

（2）强大的计算功能

Excel 提供简单的公式录入方式和多类常用函数，运用自定义公式和自身提供的函数对数据进行各种计算。

（3）图表管理和数据分析

Excel 提供了图表绘制的向导，用户可以简单快速地对工作表中的数据建立和编辑图表，对其进行格式化设置。同时，利用 Excel 的选项卡和命令可以对工作表中的数据进行筛选、排序、分类汇总、建立数据透视表等统计分析。

（4）数据的共享

Excel 具有共享功能，可以实现多个用户共享同一个工作簿文件，实现数据共享。

2. Excel 的主要用途

Excel 是一款操作灵活方便、功能强大的电子表格制作软件。Excel 界面友好、功能丰富、操作便捷。因此，在金融、财务、报表、统计、人事管理、工资管理、办公自动化等方面广泛使用。

4.1.2 Excel 的基本概念

1. Excel 的启动

使用下列方法之一可启动 Excel 应用程序：

方法一：选择【开始】→【所有程序】→【Microsoft Office】→【Microsoft Office Excel 2010】

命令，启动 Excel 2010 应用程序。

方法二：双击桌面上的 Excel 快捷方式启动 Excel 应用程序。

方法三：打开已有的 Excel 文档启动 Excel 应用程序。

2. Excel 的退出

使用下列方法之一可退出 Excel 应用程序：

方法一：单击 Excel 应用程序窗口右上角的【关闭】按钮 ⊠ 。

方法二：单击 Excel 应用程序窗口左上角的 ⊠ 图标，在弹出的快捷菜单中选择【关闭】命令。

方法三：双击 Excel 应用程序窗口左上角的 ⊠ 图标。

方法四：单击【文件】选项卡，选择【退出】命令。

方法五：按【Alt+F4】组合键。

3. Excel 窗口

Excel 启动后，即可打开 Excel 应用程序的工作窗口，如图 4-1 所示，该工作窗口主要由功能区和工作表区组成。功能区包含标题栏、选项卡及相应命令；工作表区由名称框、状态栏、工作表编辑区、滚动条等组成。

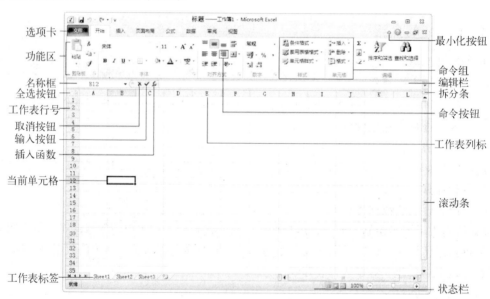

图 4-1　Excel 应用程序的工作窗口

（1）标题

工作簿的标题位于 Excel 应用程序窗口的最上面，用于标识当前文档的名称，其左侧图标 ⊠🖫⤺⤻▾ 包含【保存】、【撤销】、【恢复】及【自定义快速访问工具栏】按钮；其右侧包含应用程序窗口【最小化】、【最大化】及【关闭】按钮 ━ ▢ ⊠ 。

（2）选项卡

选项卡包含【文件】、【开始】、【插入】、【页面布局】、【公式】、【数据】、【审阅】、【视图】等；根据操作对象的不同，还会增加不同的选项卡，如对图片进行相关设置，功能区中会出现彩色底纹的【图片工具】/【格式】选项卡，如图 4-2 所示。用户可以根据需要单击选项卡进行切换，不同的选项卡对应不同的功能区。

图 4-2　【图片工具】/【格式】选项卡

选项卡右侧的按钮 △ ❓ ▭ ⊡ ⊠ 包含功能区【最小化】按钮 △ 、【帮助】按钮 ❓ 、工作簿窗口【窗口最小化】、【窗口还原】及【窗口关闭】按钮。

（3）**功能区**

每一个选项卡对应一组相应的命令。功能区的命令按逻辑组的形式组织，能帮助用户快速找到所需命令。同时，用户可以通过 △ 按钮打开和关闭功能区。命令组的命令可以直接使用，单击命令组右下角的对话框启动器 ⬒ 可以打开相应的格式设置对话框。如单击【对齐方式】组右下角的对话框启动器 ⬒ ，可打开【设置单元格格式】对话框。

（4）**名称框及编辑栏**

名称框及编辑栏位于选项卡下方，工作表编辑区的上方。名称框用以显示当前单元格名称或活动单元格的地址，也可快速定位单元格。编辑栏位于名称框的右侧，用于显示、编辑、修改当前单元格的内容或公式。两个区域之间有三个按钮 ✕ ✔ ƒₓ ，分别为【取消】按钮、【输入】按钮和【插入函数】按钮。单击【取消】按钮，可以撤销编辑内容；单击【输入】按钮，即确认输入编辑内容；单击【插入函数】按钮，则编辑公式。

（5）**工作表区**

工作表区包含单元格数据、行号、列标、工作表标签、拆分条、滚动条等，并可对其进行相应操作。

（6）**状态栏**

状态栏位于窗口的底部，用以显示当前窗口的各种状态信息，如单元格模式、功能键的开关状态等，在其右侧还有视图切换、显示比例等快捷操作按钮。用户可以通过设置，在状态栏显示更多信息，如在状态栏空白处右击可自定义状态栏。

4. 工作簿、工作表和单元格

（1）**工作簿**

工作簿是一个扩展名为 .xlsx 的 Excel 电子表格文件，它可以含有一个或多个工作表。Excel 应用程序启动的时候会自动创建一个名为"工作簿 1"的工作簿，该工作簿默认有三个工作表，分别命名为 Sheet1、Sheet2、Sheet3。用户可以根据需要自动调整工作表数。

（2）**工作表**

工作表是显示在工作簿窗口中的表格，由单元格、行号、列标、工作表标签、滚动条等组成。行的编号由数字组成，1～1 048 576，列的编号由字母组成，A～Z、AA～ZZ、……、XFD。每个工作表都有一个标签，显示工作表的名称，单击工作表标签，该工作表即为当前工作表。

（3）**单元格**

工作表中行与列交叉处的区域称为单元格，单元格是组成工作表的最小单位，用户可以在单元格中输入各种类型的数据、公式和对象等内容。单元格所在行列的列标和行号形成单元格地址，犹如单元格的名称，表示单元格在工作表中所处的位置，如 A1 表示第 A 列与第一行交叉处的单元格。

单击任意一个单元格，即选中了该单元格，此时单元格的框线变为粗黑线，粗黑线称为单元格指针。单元格指针移动到的单元格即为当前活动单元格。当前活动单元格的名称显示在名称框中，单元格内容显示在单元格及编辑栏中。

选中一个单元格或单元格区域，单元格右下角会出现一个控制柄，当光标移动到控制柄时会出现"+"形状的填充柄，拖动或双击填充柄，可实现快速自动填充。

4.2　基本操作

4.2.1　工作簿的建立和保存

1. 建立新的工作簿

使用下列方法之一建立新的工作簿：

方法一：启动 Excel 应用程序，自动创建一个名为"工作簿 1"的工作簿，保存的时候可以更改工作簿的名称。

方法二：启动 Excel 应用程序，选择【文件】→【新建】命令，在可用模板里双击【空白工作簿】按钮，即可建立新的工作簿。

方法三：在桌面或其他磁盘中右击，在弹出的快捷菜单中选择【新建】→【Microsoft Excel 工作表】命令，即可创建新的工作簿。

方法四：启动 Excel 应用程序，按【Ctrl+N】快捷键创建新的工作簿。

2. 保存工作簿

使用下列方法之一保存工作簿：

方法一：选择【文件】→【保存】或【另存为】命令，可以选择文件保存位置及更改工作簿的名称。

方法二：单击标题栏左侧的【保存】按钮。

方法三：按【Ctrl+S】组合键。

4.2.2　工作表数据的输入和编辑

Excel 数据的输入和编辑要在当前的单元格中进行，因此，输入数据前要先选定当前单元格。

1. 单元格的选择

① 选择一个单元格：单击单元格即可选中。

② 选择单元格区域：单击待选择区域左上角的单元格，按住鼠标左键不放并拖动至区域右下角，释放鼠标。或者单击待选择区域左上角的单元格，按住【Shift】键再单击区域右下角的单元格。

③ 选择行/列：将鼠标指向要选中的行号（或列标），当鼠标指针变为黑色箭头时单击即可。

④ 选择全部单元格：单击行号与列标交叉处的　　按钮，或选中工作表中任意单元格后按【Ctrl+A】组合键，可以选中当前工作表中的全部单元格。

⑤ 选择不连续的单元格区域：按住【Ctrl】键，依次单击或拖动鼠标选择需要的单元格区域。

说明：如果选择多个单元格，则在名称框中显示左上角单元格名称。

2. 输入数据

（1）数值型数据

数值型数据由数字、正负号、小数点等构成，在单元格中默认右对齐。数值数据的特点是可以进行算术运算。输入数值时，默认形式为常规表示法，如输入"2013""13411"等。当数值长度超过单元格宽度时，自动转换为科学计数法，如输入"4587954121332211"，则显示"4.58795E+15"。

说明：

① 科学记数法格式：<整数或实数>e±<整数>或者<整数或实数>E±<整数>。

② 负数的输入：可直接输入负号后跟数字，也可用括号将数字括起来，如"-5"和"(5)"都表示"-5"。

③ 分数的输入：在单元格内显示为"分子/分母"格式，在编辑栏中显示为该分数对应的小数数值。输入时先输入0和空格，再输入分子/分母，否则将会显示为文本类型或时间日期类型。如"0 1/5"表示"1/5"。

④ 当单元格中数字显示为"######"时，说明单元格的宽度不够，将列宽调整为合适宽度即可正常显示。

（2）文本型数据

文本型数据由字母、符号、数字、汉字、空格等构成，在单元格中默认左对齐。文本型数据的特点是可以进行字符串运算，不能进行算术运算（除数字串以外）。

在当前单元格输入文本后，按【Enter】键或移动光标到其他单元格或单击编辑栏左侧的【输入】按钮 ，即可完成该单元格的文本输入。

说明：

① 纯数字式文本数据：许多数字在使用时不再代表数量的大小，而表示事物的特征或属性，如身份证号。这些数据就是由数字构成的文本数据，可以使用以下两种方法输入：

方法一：在输入时应先输入半角单引号，再输入数字，如"'3277654"，单引号不会在单元格中显示出来。

方法二：先把单元格的数字格式设为文本形式，再输入数字。

② 文本的显示：如果当前单元格的文本长度超过单元格宽度，当右侧单元格为空时，超出部分延伸到右侧单元格，当右侧单元格有内容时，超出部分隐藏。

③ 文本的换行：在同一单元格中显示多行文本，可以在单元格格式中设置为"自动换行"，也可以按【Alt + Enter】组合键换行。

（3）时间日期型数据

在单元格中输入时间日期型数据时，单元格的格式自动转换为相应的"日期"或"时间"格式。时间日期型数据默认右对齐。

说明：

① 如果不能识别单元格中所输入的时间日期型数据，则输入的内容会被视为文本型数据。

② 如果单元格首次输入的是时间日期型数据，则该单元格的格式为日期格式，再输入数据时仍换算为日期。如首次输入 2013/11/11，再输入 100，则显示 1900/4/9。

③ 系统自动输入当天日期：按【Ctrl + ;】组合键。

④ 系统自动输入当前时间：按【Ctrl + Shift + ;】组合键。

（4）逻辑型数据

逻辑型数据只有两个值：TRUE（真）、FALSE（假），在单元格中默认居中对齐。可以在单元格中直接输入逻辑型数据，也可以通过输入公式得到计算的结果为逻辑值。如在单元格中输入公式"=10>11"，则单元格内容显示为 FALSE。

（5）数据的有效性设置

数据的有效性命令可以控制单元格可接受的数据的类型和范围。例如，学生成绩若为百分制，则成绩栏一列只能输入 0～100 之间的数值，具体操作方法：单击【数据】选项卡→【数据工具】组→【数据有效性】按钮，在弹出的【数据有效性】对话框中进行设置，如图 4-3 所示。

图 4-3 【数据有效性】对话框

【例 4-1】创建一个新的 Excel 工作簿，命名为"教师信息表.xlsx"。打开该工作簿，在 Sheet1 中录入教师信息，如图 4-4 所示。

	A	B	C	D	E	F	G	H	I
1	职工号	姓名	性别	部门	身份证号	学历	职称	入职时间	基本工资
2	001	赵志军	女	外语学部	110108196301	硕士研究生	副教授	2001年2月	3061
3	002	于铭	男	公共教学部	110105198903	本科	副教授	2012年3月	2471
4	003	许炎锋	男	艺术学部	310108197712	本科	教授	2003年7月	3380
5	004	王嘉	男	文学部	372208197510	硕士研究生	副教授	2003年7月	2825
6	005	李新江	男	经济管理学部	110101197209	博士研究生	教授	2001年6月	2849
7	006	郭海英	男	理学部	110108197812	本科	讲师	2005年9月	2782
8	007	马潮恩	男	文学部	410205196412	博士研究生	讲师	2001年3月	3191
9	008	王金科	男	艺术学部	110102197305	本科	副教授	2001年10月	3030
10	009	李东慧	男	法政学部	551018198607	本科	副教授	2010年5月	3214
11	010	张宁	女	理学部	372208197310	硕士研究生	副教授	2006年8月	2395
12	011	王孟	女	公共教学部	410205197908	硕士研究生	讲师	2011年4月	2763
13	012	马会真	女	文学部	110106198504	硕士研究生	副教授	2013年1月	2668
14	013	史晓娟	女	理学部	370108197202	硕士研究生	讲师	2003年8月	3239
15	014	刘燕凤	男	文学部	610308198111	博士研究生	教授	2009年5月	3592
16	015	齐飞	男	外语	420316197409	硕士研究生	讲师	2006年12月	3326
17	016	张娟	男	法政学部	327018198310	硕士研究生	副教授	2010年2月	2524
18	017	潘成文	男	艺术学部	110105196410	硕士研究生	副教授	2001年6月	2852
19	018	邢易	男	文学部	110103198111	博士研究生	副教授	2008年12月	2425
20	019	谢朵豪	女	外语学部	210108197912	硕士研究生	讲师	2007年1月	3366
21	020	胡洪静	女	外语学部	302204198508	硕士研究生	讲师	2010年3月	3127
22	021	李云飞	男	外语学部	110106197809	博士研究生	教授	2010年3月	3189
23	022	张奇	女	文学部	110107198010	博士研究生	副教授	2010年3月	2791
24	023	夏小波	男	理学部	412205196612	硕士研究生	副教授	2010年3月	2942
25	024	王玮	男	信息工程学部	110108197507	本科	副教授	2010年3月	2800
26	025	张帝	女	信息工程学部	551018198107	本科	讲师	2011年1月	3135
27	026	孙帅	女	经济管理学部	372206197810	本科	副教授	2011年1月	3148
28	027	卜辉娟	女	信息工程学部	410205197908	本科	讲师	2011年1月	2941
29	028	李辉玲	女	信息工程学部	110104198204	硕士研究生	副教授	2011年1月	2509
30	029	刘亚静	女	经济管理学部	110108197302	硕士研究生	副教授	2011年1月	2767
31	030	尹娴	男	理学部	610008197610	本科	讲师	2011年1月	3505

图 4-4 教师信息表

【解】具体操作步骤如下：

① 在 Sheet1 工作表中将光标定位到 A1 单元格处，依次录入第一行数据。

② 选中 A2:A31，E2:E31 单元格区域，单击【开始】选项卡→【数字】组→【数字格式】按钮，在下拉列表中选择【文本】选项，依次录入数据。

③ 选中 H2:H31 单元格区域，单击【开始】选项卡→【数字】组→【数字格式】按钮，在下拉列表中选择【其他数字格式】选项，在弹出的【设置单元格格式】对话框中设置格式为日期，类型中选第七种时间类型"2001 年 3 月"，依次录入数据。

④ 根据图 4-4 录入其他单元格数据，选中 A1:I31 单元格区域，设置单元格对齐方式为居中。

结果详见"素材\第 4 章 Excel\结果文件\例 4-1 教师信息表-完成.xlsx"工作簿。

说明：

① 一般情况下，按【Enter】键活动单元格会自动向下移动，使用方向键可使活动单元格向上、向下、向左或向右移动。

② 如果需要在选中的区域内输入数据，则可使用【Tab】键或【Enter】键在单元格之间进行切换。

3. 自动填充数据

对于相同或有规律的数据，可以采用自动填充功能高效录入数据。

（1）填充相同的数据

① 对于纯数值或不含数字的纯文本，直接拖动填充柄即可将相同的数据复制到鼠标经过的单元格里，也可直接双击填充柄。

② 对于含有数字的混合文本，按住【Ctrl】键再拖动填充柄即可。

（2）按序列直接填充数据

① 对于含有数字的文本，直接拖动填充柄即可使文本不变，数字按自然数序列填充。

② 对于数值型数据，Excel 能预测填充趋势，然后按预测趋势自动填充数据。例如，在单元格 A2、A3 中分别输入"100"和"101"，选中 A2、A3 单元格区域，再往下拖动填充柄时，Excel 判定其满足等差数列，因此，会在下面的单元格中依次填充"102""103"等值。

（3）使用对话框填充数据

① 利用【开始】选项卡→【编辑】组→【填充】按钮填充数据时，可进行已定义序列的自动填充。先在填充数据序列的起始单元格输入第一个数据，然后选定需填充单元格区域，单击【填充】按钮 ▼ 在下拉列表中选择【系列】选项，弹出【序列】对话框，如图 4-5 所示。

② 利用【自定义序列】对话框填充数据序列。

● 直接定义新项目列表。

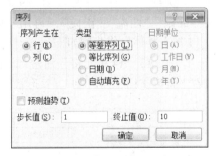

图 4-5 【序列】对话框

选择【文件】→【选项】命令，弹出【Excel 选项】对话框，如图 4-6 所示，选择【高级】选项，在【常规】选项区域中单击【编辑自定义列表】按钮，弹出【自定义序列】对话框，如图 4-7 所示。

图 4-6 【Excel 选项】对话框

图 4-7 【自定义序列】对话框

在左侧【自定义序列】列表中选择最上方的【新系列】选项，然后在右侧【输入序列】文本框中依次输入序列的各个项目，各项目间用【Enter】键或半角逗号隔开。输入完成后，单击【添加】按钮，项目会添加到【自定义序列】列表框中，单击【确定】按钮退出【自定义序列】对话框，再单击【确定】按钮退出【Excel 选项】对话框。

- 利用已有列表自定义填充序列。

首先在工作表的单元格依次输入序列的每个项目，然后选择该序列所在的单元格区域。选择【文件】→【选项】命令，弹出【Excel 选项】对话框，选择【高级】选项，在【常规】选项区域中单击【编辑自定义列表】按钮，弹出【自定义序列】对话框，已输入序列的单元格引用出现在【从单元格中导入序列】文本框中，单击【导入】按钮，选定项目会添加到【自定义序列】列表框中。单击【确定】按钮退出【自定义序列】对话框，再单击【确定】按钮退出【Excel 选项】对话框。

如需删除自定义序列，只需在【自定义序列】对话框左侧【自定义序列】列表框中选择需要删除的序列，单击右侧的【删除】按钮即可。

【例 4-2】打开"素材\第 4 章 Excel\基础实验\例 4-2 数据填充.xlsx"，在"工作量表"工作表中利用填充柄填充 A3:A6 单元格区域，填充内容为数字 1～4，在 D2:I2 单元格区域内填充时间信息"9 月 3 日、9 月 10 日、……、10 月 8 日"。利用"自定义序列"定义"北院""西院""南院"，再用"序列"对话框填充 B3:B6 单元格区域。

【解】具体操作步骤如下：

① 在 A3、A4 单元格分别输入"1""2"，选中 A3:A4 单元格区域，移动光标至单元格区域右下角填充柄，当出现"+"形状时，拖动填充柄至 A6 单元格，如图 4-8 所示。

工作量表								
序号	校区	部门						
1		行政处	2	4	1	5	3	1
2		外语学部	10	12	11	9	10	8
3		文学部	7	6	8	9	5	6
4		教务处	5	4	6	3	1	4

图 4-8 利用填充柄填充数据序列

② 在 D2 单元格输入"9 月 3 日",选中 D2:I2 单元格区域,单击【开始】选项卡→【编辑】组→【填充】按钮,在下拉列表中选择【系列】选项,弹出【序列】对话框,选择序列产生在"行",类型为"日期",步长值为"7",如图 4-9 所示,单击【确定】按钮即可完成填充。

③ 选择【文件】→【选项】命令,弹出【Excel 选项】对话框,选择【高级】选项,在【常规】选项卡中单击【编辑自定义列表】按钮,弹出【自定义序列】对话框,在【输入序列】编辑框中输入"北院""西院""南院",单击【添加】按钮,如图 4-10 所示,单击【确定】按钮退出【自定义序列】对话框,再单击【确定】按钮退出【Excel 选项】对话框。

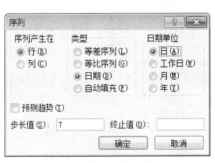

图 4-9 【序列】对话框

图 4-10 【自定义序列】对话框

④ 在 B3 单元格中输入"北院",选定 B3:B6 单元格区域,利用【序列】对话框,类型选择【自动填充】单选按钮,单击【确定】按钮,完成填充。或在 B3 单元格中输入"北院",选中 B3 单元格,拖动填充柄至 B6 单元格,即可完成填充。结果详见"素材\第 4 章 Excel\结果文件\例 4-2 数据填充-完成.xlsx"工作簿。

4. 单元格内容的删除或修改

（1）删除单元格的内容

选定要删除内容的单元格按【Delete】键。

使用【Delete】键删除单元格内容的时候,只是删除了单元格中的数据,单元格属性,如格式等仍然保留。如果想同时删除单元格数据及其他属性,可按如下方法进行操作:单击【开始】选项卡→【编辑】组→【清除】按钮，进行"全部清除""清除格式""清除内容""清除批注""清除超链接"等操作。说明如下:

① 全部清除:是删除单元格中的内容及相关属性。

② 清除格式:仅删除单元格的格式设置。

③ 清除内容:仅删除单元格的内容,其他属性保持不变。

④ 清除批注:指删除单元格的批注内容。

⑤ 清除超链接:指删除该单元格的超链接。

（2）修改单元格的内容

单击单元格输入数据可覆盖单元格原有内容,在编辑栏可对单元格内容进行修改;双击单元格进入编辑状态,可修改单元格数据,该状态下,如果选中单元格中数据,则只可设置字体格式。

5. 移动或复制单元格

（1）使用剪贴板命令组移动或复制单元格

具体操作步骤如下：

① 选中所要移动或复制的单元格。

② 在【剪贴板】组中单击【剪切】或【复制】按钮。

③ 选择目标单元格位置，在【剪贴板】组中单击【粘贴】按钮，选择相应粘贴方式，如图 4-11 所示。

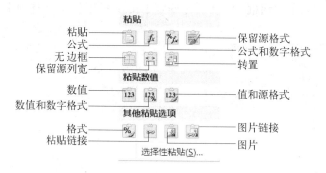

图 4-11　粘贴方式说明

说明：

① 选择不同对象的时候，出现的粘贴方式也不同。

● 如选择图片或图表，剪切或复制后，在目标位置处右击，粘贴选项只有三种方式　。如单击【剪贴板】组中的【粘贴】按钮，则只有一种粘贴方式　。

● 如选择一般单元格数据，在目标位置处右击，粘贴选项会出现以下几种方式　。如单击【剪贴板】组中的【粘贴】按钮，则会显示图 4-11 所示粘贴方式。

② 在步骤②、③中，可右击，在弹出的快捷菜单中选择相应命令。

（2）拖动鼠标指针移动或复制单元格

① 移动：选择所要移动的单元格区域，将鼠标指针放到选定区域的边框上，当指针变为十字形箭头形状♣时，按住左键拖动到目标位置，松开鼠标即可。

② 复制：选择所要复制的单元格区域，将鼠标指针放到选定区域的边框上，当指针变为十字形箭头形状♣时，按住【Ctrl】键，拖动鼠标到目标位置，先松开鼠标，再放开【Ctrl】键，可复制单元格。

（3）使用选择性粘贴命令复制特定内容

① 选择所要复制的单元格区域并右击，在弹出的快捷菜单中选择【复制】命令。

② 选择目标位置并右击，在弹出的快捷菜单中选择【选择性粘贴】命令。

③ 在图 4-12 所示的【选择性粘贴】对话框中进行设置，功能说明如表 4-1 所示。

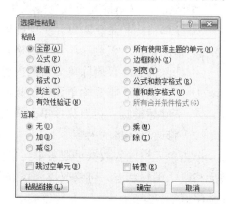

图 4-12　【选择性粘贴】对话框

表 4-1　选择性粘贴功能说明

选　　项	说　　明
全部	粘贴单元格内容和格式
公式	只粘贴单元格内的公式
数值	只粘贴单元格中显示公式运算后的数值
格式	只粘贴单元格格式
批注	只粘贴附加到单元格的批注
有效性验证	只粘贴单元格的数据有效性规则
边框除外	粘贴单元格的所有内容和格式，边框除外
公式和数字格式	只粘贴单元格的公式和所有数字格式
值和数字格式	只粘贴单元格的值和所有数字格式
无	将单元格的数据，完全粘贴到目标区域
加	复制单元格的数据，加上目标单元格的数据，再粘贴到目标区域
减	复制单元格的数据，减去目标单元格的数据，再粘贴到目标区域
乘	复制单元格的数据，乘以目标单元格的数据，再粘贴到目标区域
除	复制单元格的数据，除以目标单元格的数据，再粘贴到目标区域
跳过空单元	当复制区域中有单元格为空时，目标区域位置内容不会被替换
转置	将被复制数据的列变成行，将行变成列

4.2.3　工作表和单元格的使用

1. 工作表的使用

（1）工作表的选定

对数据操作前，必须先选定工作表，可以选定一个或多个工作表，选定的工作表标签默认为白色。如果同时选中多个工作表，其中只有一个工作表为当前活动工作表，对该工作表进行操作，其他被选定的工作表也进行相应操作，这些工作表可称为工作组。如对当前工作表中的 A1 单元格进行格式设置，相当于对所有选定工作表的 A1 单元格进行相同格式设置。

① 选定一个工作表：单击工作表标签，即可选定该工作表。

② 选定相邻的多个工作表：单击第一个工作表标签，按住【Shift】键同时单击最后一个工作表标签。

③ 选定不连续的多个工作表：按住【Ctrl】键同时单击所需工作表标签。

④ 选定全部工作表：在工作表标签上右击，在弹出的快捷菜单中选择【选定全部工作表】命令。

（2）工作表的插入

Excel 默认在选定的工作表的左侧插入新工作表，一次可插入一个或多个工作表。

① 插入一个工作表：

方法一：选中一个工作表标签并右击，在弹出的快捷菜单中选择【插入】命令。

方法二：单击工作表标签右侧的【新建】按钮，插入新的工作表。

方法三：单击【开始】选项卡→【单元格】组→【插入】按钮，在下拉列表中选择【插入工作表】命令。

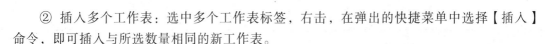

② 插入多个工作表：选中多个工作表标签，右击，在弹出的快捷菜单中选择【插入】命令，即可插入与所选数量相同的新工作表。

（3）工作表的删除

选中要删除的工作表，单击【开始】选项卡→【单元格】组→【删除】按钮，在下拉列表中选择【删除工作表】命令。也可以在工作表标签上右击，在弹出的快捷菜单中选择【删除】命令。

（4）工作表的重命名

在相应工作表标签上右击，在弹出的快捷菜单中选择【重命名】命令，或双击工作表标签，输入新的工作表名即可。

（5）工作表的移动

方法一：在要移动的工作表标签上按住鼠标左键沿标签方向向左或向右拖动工作表标签，同时会出现黑色小箭头及纸张样式图标，当黑色小箭头指向目标位置时，松开鼠标，完成工作表的移动。

图 4-13　【移动或复制工作表】对话框

方法二：在要移动的工作表标签上右击，在弹出的快捷菜单中选择【移动或复制】命令，弹出【移动或复制工作表】对话框，如图 4-13 所示，实现工作表的移动。具体操作如下：

① 在【工作簿】下拉列表框中选择要移动到的目标工作簿。

② 在【下列选定工作表之前】列表框中选择要移动到的位置。

③ 单击【确定】按钮。

（6）工作表的复制

方法一：按住【Ctrl】键，在要复制的工作表的标签上按住鼠标左键沿标签方向向左或向右拖动工作表标签，同时会出现黑色小箭头及纸张样式图标，当黑色小箭头指向目标位置时，先松开鼠标，再放开【Ctrl】键，即完成工作表的复制。

方法二：在要复制的工作表标签上右击，在弹出的快捷菜单中选择【移动或复制】命令，弹出【移动或复制工作表】对话框，如图 4-13 所示，实现工作表的复制，具体操作如下：

① 在【工作簿】下拉列表中选择要复制到的目标工作簿。

② 在【下列选定工作表之前】列表框中选择要插入的位置。

③ 选中【建立副本】复选框，单击【确定】按钮。

（7）工作表窗口的拆分和冻结

当工作表中数据太多、表格太大时，显示屏只能显示工作表的部分数据，这往往会给操作带来不便。而 Excel 提供的窗口拆分与冻结功能，可以帮助用户在显示屏中比较对照工作表中相距较远的数据，使操作更为简便。

① 拆分工作表窗口。一个工作表窗口可以拆分为两个或四个小窗格，各窗格用分隔条隔开，如图 4-14 所示。用户可同时浏览或编辑工作表的任一区域，且在任一窗格中编辑处理的结果都会保存在该工作表中。

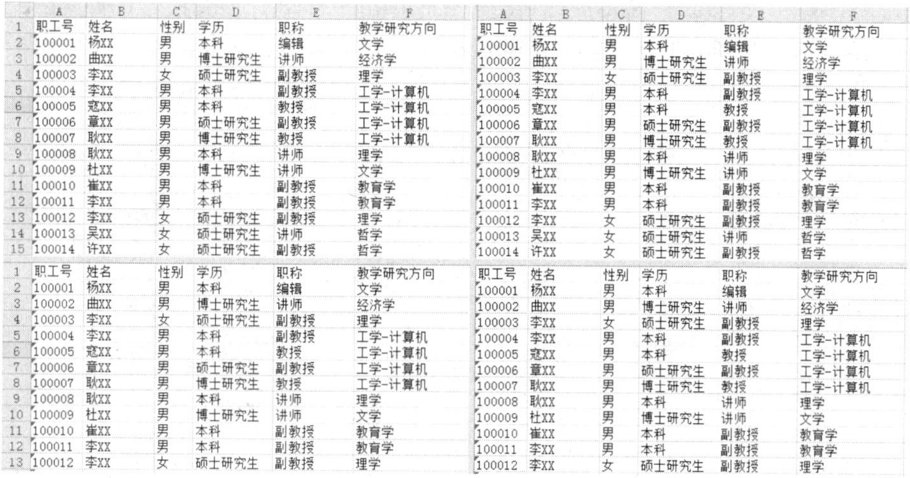

图 4-14 【拆分】工作表窗口

拆分工作表窗口的方法如下：

方法一：选中要拆分的行或列，单击【视图】选项卡→【窗口】组→【拆分】按钮 拆分，窗口被拆分为两个窗格。若选中当前单元格，则窗口被拆分为四个窗格。

方法二：鼠标放到水平滚动条或垂直滚动条上的【拆分条】按钮 ，当鼠标指针变成双箭头形状时，沿箭头方向拖动鼠标到适当位置，松开鼠标。鼠标指针放到分隔条上变为双箭头形状时，可调整窗格大小。

② 取消拆分工作窗口：

方法一：单击【视图】选项卡→【窗口】组→【拆分】按钮 拆分。

方法二：将拆分条拖到原来的位置即可取消拆分工作窗口。

③ 冻结工作表窗口。冻结工作表窗口是为了保证浏览工作表时某些数据位置保持不变，比如始终在窗口中显示标题行。

冻结第一行或列的方法：单击【视图】选项卡→【窗口】组→【冻结窗格】按钮，在下拉列表中选择【冻结首行】或【冻结首列】命令，冻结首行后的工作表如图 4-15 所示。

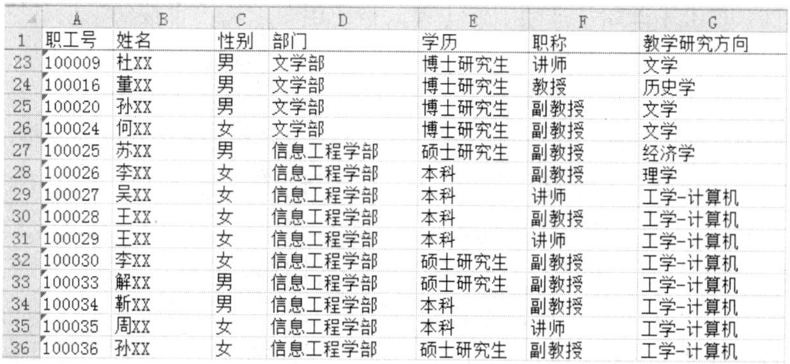

	A	B	C	D	E	F	G
1	职工号	姓名	性别	部门	学历	职称	教学研究方向
23	100009	杜XX	男	文学部	博士研究生	讲师	文学
24	100016	董XX	男	文学部	博士研究生	教授	历史学
25	100020	孙XX	男	文学部	博士研究生	副教授	文学
26	100024	何XX	女	文学部	博士研究生	副教授	文学
27	100025	苏XX	男	信息工程学部	硕士研究生	副教授	经济学
28	100026	李XX	女	信息工程学部	本科	副教授	理学
29	100027	吴XX	女	信息工程学部	本科	讲师	工学-计算机
30	100028	王XX	女	信息工程学部	本科	副教授	工学-计算机
31	100029	王XX	女	信息工程学部	本科	讲师	工学-计算机
32	100030	李XX	女	信息工程学部	硕士研究生	副教授	工学-计算机
33	100033	解XX	男	信息工程学部	硕士研究生	副教授	工学-计算机
34	100034	靳XX	男	信息工程学部	本科	副教授	工学-计算机
35	100035	周XX	女	信息工程学部	本科	讲师	工学-计算机
36	100036	孙XX	女	信息工程学部	硕士研究生	副教授	工学-计算机

图 4-15 冻结首行后的工作表

冻结工作表窗口的方法：选定要冻结的位置，单击【视图】选项卡→【窗口】组→【冻结窗格】按钮，在下拉列表中选择【冻结拆分窗格】命令。冻结后工作表窗口如图 4-16 所示。

	A	B	C	D	E	F	G
1	职工号	姓名	性别	部门	学历	职称	教学研究方向
2	100001	杨XX	男	教务处	本科	编辑	文学
3	100002	曲XX	男	经济管理学部	博士研究生	讲师	经济学
4	100003	李XX	女	外语学部	硕士研究生	副教授	理学
5	100004	李XX	男	公共教学部	本科	副教授	工学-计算机
6	100005	寇XX	男	艺术学部	本科	教授	工学-计算机
7	100006	章XX	男	文学部	硕士研究生	副教授	工学-计算机
8	100007	耿XX	男	经济管理学部	博士研究生	教授	工学-计算机
9	100008	耿XX	男	理学部	本科	讲师	理学
10	100009	杜XX	男	文学部	博士研究生	讲师	文学
11	100010	崔XX	男	艺术学部	本科	副教授	教育学
30	100029	王XX	女	信息工程学部	本科	讲师	工学-计算机
31	100030	李XX	女	信息工程学部	硕士研究生	副教授	工学-计算机
32	100031	赵XX	男	经管学部	硕士研究生	讲师	理学
33	100032	田XX	男	理学部	本科	讲师	工学-计算机
34	100033	解XX	男	信息工程学部	硕士研究生	副教授	工学-计算机
35	100034	靳XX	男	信息工程学部	本科	工程师	工学-计算机
36	100035	周XX	女	信息工程学部	本科	讲师	工学-计算机
37	100036	孙XX	女	信息工程学部	硕士研究生	副教授	工学-计算机

图 4-16　冻结后工作表窗口

④ 取消冻结。单击【视图】选项卡→【窗口】组→【冻结窗格】按钮，在下拉列表中选择【取消冻结窗格】命令，可取消冻结。

（8）工作表标签颜色的设置

在要更改标签颜色的工作表标签上右击，在弹出的快捷菜单中选择【工作表标签颜色】命令，可设置工作表标签颜色。

（9）工作组的设置

工作组是指将工作簿中的多张工作表同时选中形成的工作表集合。使用工作组功能用户只需操作一次，就可以更新工作组中所有工作表中相同位置的数据，同时窗口标题栏会有"工作组"标志。

2. 单元格的使用

（1）行、列、单元格的插入

① 插入行：单击【开始】选项卡→【单元格】组→【插入】按钮，在下拉列表中选择【插入工作表行】命令。也可在相应行号上右击，在弹出的快捷菜单中选择【插入】命令。

② 插入列：单击【开始】选项卡→【单元格】组→【插入】按钮，在下拉列表中选择【插入工作表列】命令。也可在相应列标上右击，在弹出的快捷菜单中选择【插入】命令。

③ 插入单元格：单击【开始】选项卡→【单元格】组→【插入】按钮，选择【插入单元格】命令，弹出【插入】对话框，如图 4-17 所示，选择相应选项，单击【确定】按钮。也可在相应单元格上右击，在弹出的快捷菜单中选择【插入】命令，弹出【插入】对话框，完成单元格插入操作。

④ 插入多行或列：选择需插入的行数或列数，进行插入操作即可。选择的行数或列数即是插入的行数或列数。

（2）行、列、单元格的删除

删除是指将选定的区域从工作表中移除，并相应调整周围单元格、行或列的位置。操作方法为：

选定要删除的行、列或单元格，单击【开始】选项卡→【单元格】组→【删除】按钮，弹出【删除】对话框，如图 4-18 所示，选择相应选项，单击【确定】按钮。也可直接在相应行、列或单元格处右击，在弹出的快捷菜单中选择【删除】命令，弹出【删除】对话框，完成删除操作。

（3）单元格的命名

单元格默认的名称由行号和列标构成，但是为了使表结构更加清晰，可以为单元格命名。操作方法有以下两种：

方法一：选定单元格或单元格区域，在名称框中输入名称即可。

方法二：选定单元格或单元格区域，单击【公式】选项卡→【定义的名称】组→【定义名称】按钮，弹出【新建名称】对话框，如图 4-19 所示，在【名称】文本框中输入名称即可。

图 4-17 【插入】对话框

图 4-18 【删除】对话框

图 4-19 【新建名称】对话框

说明：

创建名称时需遵循以下规则：在可用范围内保持唯一，不能重复；名称中第一个字符为字母、下画线或反斜线，其余字符可以为字母、数字等；不可使用空格；最多包含 255 个西文字符；不区分大小写。

（4）批注的添加或删除

① 增加批注。选中要增加批注的单元格，单击【审阅】选项卡→【批注】组→【新建批注】按钮，或者右击需要增加批注的单元格，在弹出的快捷菜单中选择【插入批注】命令，在弹出的批注框中输入文字，单击工作表批注框外的区域即可完成。单元格添加批注后，单元格右上角会出现红色三角标记，当鼠标指向该标记时，显示该单元格批注内容。

② 编辑批注。选中有批注的单元格，单击【审阅】选项卡→【批注】组→【编辑批注】按钮，或者右击有批注的单元格，在弹出的快捷菜单中选择【编辑批注】命令，在弹出的批注框中对批注内容进行编辑。

③ 删除批注。选中有批注的单元格，单击【审阅】选项卡→【批注】组→【删除】按钮，或者右击，在弹出的快捷菜单中选择【删除批注】命令，或者单击【开始】选项卡→【编辑】组→【清除】按钮，在下拉列表中选择【清除批注】命令。

4.3 工作表的格式化

工作表的格式化是对工作表及单元格进行格式化设置，使其更加直观、易读。

4.3.1 单元格格式的设置

选中单元格或单元格区域，单击【开始】选项卡→【单元格】组→【格式】按钮，在下拉列表中选择【设置单元格格式】命令，弹出【设置单元格格式】对话框，如图 4-20 所示，在该对话框中设置单元格的数字格式、对齐方式、字体、边框、填充图案等。

图 4-20 【设置单元格格式】对话框

1. 数字格式

Excel 为用户提供了丰富的数据类型，包括常规、数值、货币、会计专用、日期、时间、百分比、分数、科学记数、文字、特殊和自定义等。数据格式是指表格中数据的显示形式，改变数据格式不影响数值本身。利用【设置单元格格式】对话框中的【数字】选项卡，可以改变数据的显示形式，但是不改变在编辑栏中的显示方式。

2. 对齐方式

Excel 中不同的数据类型有各自默认的对齐方式。用户可以根据实际情况，利用【设置单元格格式】对话框中的【对齐】选项卡，如图 4-21 所示，设置文字在单元格中的水平对齐方式和垂直对齐方式，还可以进行文字的自动换行、改变文字方向、完成相邻单元格的合并等操作。

3. 字体

利用【设置单元格格式】对话框中的【字体】选项卡，对单元格中的内容进行字体、字形、字号、颜色、下画线、特殊效果等属性的设置。

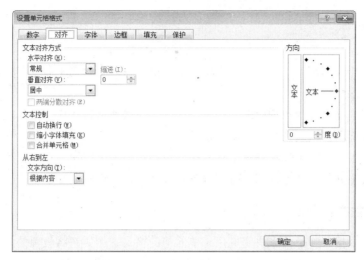

图 4-21 【设置单元格格式】对话框的【对齐】选项卡

4. 边框

利用【设置单元格格式】对话框中的【边框】选项卡,对选中单元格或单元格区域设置边框;利用【边框】样式下拉列表为单元格设置上、下、左、右边框和斜线边框等;还可以设置边框的线条样式和颜色。

5. 填充

利用【设置单元格格式】对话框中的【填充】选项卡,对选中单元格或单元格区域设置背景色、填充效果、填充图案等。

说明:

① 使用【开始】选项卡中的【字体】、【对齐方式】、【数字】组中的命令可快速完成单元格格式化设置。

② 单击【开始】选项卡的【字体】或【对齐方式】或【数字】组右下角的对话框启动器可以打开【设置单元格格式】对话框。也可在选定的单元格或单元格区域上右击,在弹出的快捷菜单中选择【设置单元格格式】命令,打开【设置单元格格式】对话框。

4.3.2 行高和列宽的设置

Excel 中用户可以根据单元格内容的多少自行设置行高和列宽。

1. 行高的设置

设置行高的操作方法如下:

方法一:在相应行号上右击,在弹出的快捷菜单中选择【行高】命令,弹出【行高】对话框中,精确设置行高。

方法二:将鼠标指针指向相应的行号分隔线上,当鼠标指针变成垂直双向箭头形状时,按住鼠标左键并拖动,调整到合适高度,松开鼠标。

方法三:单击【开始】选项卡→【单元格】组→【格式】按钮,在下拉列表中选择【自动调整行高】或【行高】命令,可自行调整行高或精确设置行高。

2. 列宽的设置

设置列宽的操作方法如下：

方法一：在相应列标上右击，在弹出的快捷菜单中选择【列宽】命令，弹出【列宽】对话框中，精确设置列宽。

方法二：将鼠标指针指向相应的列标分隔线上，当鼠标指针变成水平双向箭头形状时，按住鼠标左键并拖动，调整到合适宽度，松开鼠标。

方法三：单击【开始】选项卡→【单元格】组→【格式】按钮，在下拉列表中选择【自动调整列宽】或【列宽】命令，可自行调整列宽或精确设置列宽。

4.3.3 条件格式的设置

条件格式是根据某种条件来决定应用于单元格的格式，例如，将教师信息表中职称为教授的显示为红色。可以使用内置的条件规则快速格式化，也可以自定义规则实现高级格式化。条件格式的设置是利用【开始】选项卡→【样式】组→【条件格式】按钮完成的。

各项条件规则的使用说明：

① 突出显示规则：通过比较运算符（"大于""小于""等于"等）限定数据范围，对该范围内的单元格设定格式。

② 项目选取规则：选定单元格区域中值最大的若干项、值最小的若干项、高于或低于该区域平均值的单元格设定格式。

③ 数据条：数据条可查看某单元格相对于其他单元格的值。数据条的长度表示单元格的值。

④ 色阶：通过两种或三种颜色的渐变效果比较单元格区域中数据的分布和变化。颜色深浅表示值的高低。

⑤ 图标：使用图标集对数据进行注释，图标表示一个值的范围。

【例 4-3】打开"素材\第 4 章 Excel\基础实验\例 4-3 条件格式设置.xlsx"，将"教师信息表"中职称为教授的显示为黄色填充红色文本，副教授显示为浅蓝色填充，讲师显示为浅红填充深红色文本。

【解】具体操作步骤如下：

① 选定职称数据所在的单元格区域 G2:G31，单击【开始】选项卡→【样式】组→【条件格式】按钮，在下拉列表中选择【突出显示单元格规则】→【等于】命令，弹出【等于】对话框，如图 4-22 所示。

图 4-22 【等于】对话框

② 在【等于】对话框中，输入"教授"，在【设置为】下拉列表框中选择"自定义格式"，弹出【设置单元格格式】对话框，设置"黄色填充红色文本格式"。

③ 重复步骤①、②完成副教授、讲师条件格式设置，条件格式设置完成后效果如图 4-23 所示。结果详见"素材\第 4 章 Excel\结果文件\例 4-3 条件格式设置-完成.xlsx"工作簿。

说明：

单元格应用条件格式后，清除格式的方法为：单击【开始】选项卡→【样式】组→【条件格式】按钮，在下拉列表中选择【清除规则】命令，根据需要选择【清除所选单元格的规则】、【清除整个工作表的规则】、【清除此表的规则】或【清除此数据透视表的规则】命令。

	A	B	C	D	E	F	G	H	I
1	职工号	姓名	性别	部门	身份证号	学历	职称	入职时间	基本工资
2	001	赵志军	女	外语学部	11010819630101113	硕士研究生	副教授	2001年2月	3061
3	002	于铭	男	公共教学部	11010519890384135	本科	副教授	2012年3月	2471
4	003	许炎锋	男	艺术学部	31010819771211129	本科	教授	2003年7月	3380
5	004	王嘉	男	文学部	37220819751000342	硕士研究生	副教授	2003年7月	2825
6	005	李新江	男	经济管理学部	11010119720901114	博士研究生	教授	2001年6月	2849
7	006	郭海英	男	理学部	11010819781211129	本科	讲师	2005年9月	2782
8	007	马湖恩	男	文学部	41020519641276211	博士研究生	讲师	2001年3月	3191
9	008	王金科	男	艺术学部	11010219730501117	硕士研究生	副教授	2001年10月	3030
10	009	李东慧	男	法政学部	55101819860731126	本科	副教授	2010年5月	3214
11	010	张宁	女	理学部	37220819731000342	硕士研究生	教授	2006年5月	2395
12	011	王孟	女	公共教学部	41020519790832221	硕士研究生	讲师	2011年4月	2763
13	012	马会爽	女	理学部	11010619850404112	硕士研究生	副教授	2013年1月	2668
14	013	史晓赟	女	理学部	37010819720212129	硕士研究生	讲师	2003年8月	3239
15	014	刘燕凤	男	文学部	61030819811100379	博士研究生	教授	2009年5月	3592
16	015	齐飞	女	外语	42031619740901221	硕士研究生	副教授	2006年12月	3326
17	016	张娟	男	法政学部	32701819831012119	硕士研究生	副教授	2010年2月	2524
18	017	潘成文	男	艺术学部	11010519641000011	硕士研究生	副教授	2001年6月	2852
19	018	邢易	男	文学部	11010319811110001	硕士研究生	讲师	2008年12月	2425
20	019	谢枭素	女	外语学部	21010819791201129	硕士研究生	讲师	2007年1月	3366
21	020	胡洪静	女	外语学部	30220419850804012	硕士研究生	讲师	2010年3月	3127
22	021	李云飞	男	外语学部	11010619780911114	博士研究生	教授	2010年3月	3189
23	022	张奇	男	文学部	11010719801301119	博士研究生	副教授	2010年3月	2791
24	023	夏小波	男	理学部	41220519661220211	硕士研究生	副教授	2010年3月	2942
25	024	王玮	女	信息工程学部	11010819750722112	本科	副教授	2010年3月	2800
26	025	张帝	女	信息工程学部	55101819810712126	本科	讲师	2011年1月	3135
27	026	孙帅	女	经济管理学部	37220619781021112	本科	副教授	2011年1月	3148
28	027	卜辉娟	女	信息工程学部	41020519790800211	本科	讲师	2011年1月	2941
29	028	李辉玲	女	信息工程学部	11010419820140127	硕士研究生	副教授	2011年1月	2509
30	029	刘亚静	男	经济管理学部	27010819730225116	硕士研究生	讲师	2011年1月	2767
31	030	尹娴	男	理学部	61000819761000027	本科	讲师	2011年1月	3505

图 4-23　条件格式设置完成后效果

4.3.4　样式的使用

样式是单元格数字、对齐、字体、边框、填充多个设置格式的组合，将组合后的格式集加以命名并保存供用户使用。应用样式即应用样式名下的所有格式设置。

Excel 提供了内置样式和自定义样式。内置样式为 Excel 定义的样式，用户可直接使用；自定义样式是用户根据需要自定义的格式集。样式的设置是利用【开始】选项卡→【样式】组→【单元格样式】按钮完成的。

【例 4-4】打开"素材\第 4 章 Excel\基础实验\例 4-4 样式的使用.xlsx"，使用样式设置"教师信息表"的字段名格式，利用"样式"对话框自定义"字段格式"样式："对齐"为水平居中和垂直居中，"字体"为黑体 14，填充图案颜色为黄色 12.5%灰色图案样式的图案，利用该样式设置工作表 A1:I1 单元格格式。

【解】具体操作步骤如下：

① 单击【开始】选项卡→【样式】组→【单元格样式】按钮，在下拉列表中选择【新建单元格样式】命令，弹出【样式】对话框，如图4-24所示。

② 在【样式】对话框的【样式名】文本框内输入"字段格式"，单击【格式】按钮，在弹出的【设置单元格格式】对话框中按题目要求完成格式设置，单击【确定】按钮关闭【设置单元格格式】对话框，完成格式设置后如图4-25所示，单击【确定】按钮。

③ 在工作表中选中A1:I1单元格，单击【开始】选项卡→【样式】组→【单元格样式】按钮，在下拉列表中选择【自定义】→【字段格式】命令。结果详见"素材\第4章Excel\结果文件\例4-4样式的使用-完成.xlsx"工作簿。

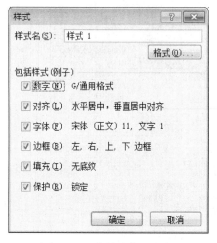

图4-24 【样式】对话框

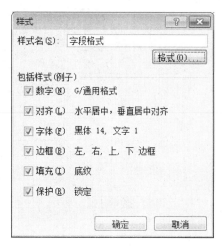

图4-25 完成格式设置后的【样式】对话框

4.3.5 自动套用格式

Excel提供了一些固定的表格模板，对数字、字体、对齐方式、边框、图案和行高与列宽做了具体的设置。用户通过自动套用格式将Excel提供的显示格式应用到指定的单元格区域。自动套用格式是利用【开始】选项卡→【样式】组→【套用表格格式】按钮完成的。

【例4-5】打开"素材\第4章Excel\基础实验\例4-5自动套用格式.xlsx"，在"教师信息表"第一行前插入一行，合并后居中A1:I1单元格，录入文字"教师信息表"，设置字体为华文行楷，字号20磅，并将A2:I32单元格区域设置"表样式浅色16"表样式。

【解】具体操作步骤如下：

① 在行号1处右击，在弹出的快捷菜单中选择【插入】命令，选中A1:I1单元格区域，单击【开始】选项卡→【对齐方式】组→【合并后居中】按钮，输入"教师信息表"，设置字体为华文行楷，字号20磅。

② 选中A2:I32单元格区域，单击【开始】选项卡→【样式】组→【套用表格格式】按钮，在下拉列表中选择"表样式浅色16"命令，如图4-26所示，弹出【套用表格式】对话框，如图4-27所示，选中【表包含标题】复选框，单击【确定】按钮，结果如图4-28所示。结果详见"素材\第4章Excel\结果文件\例4-5自动套用格式-完成.xlsx"工作簿。

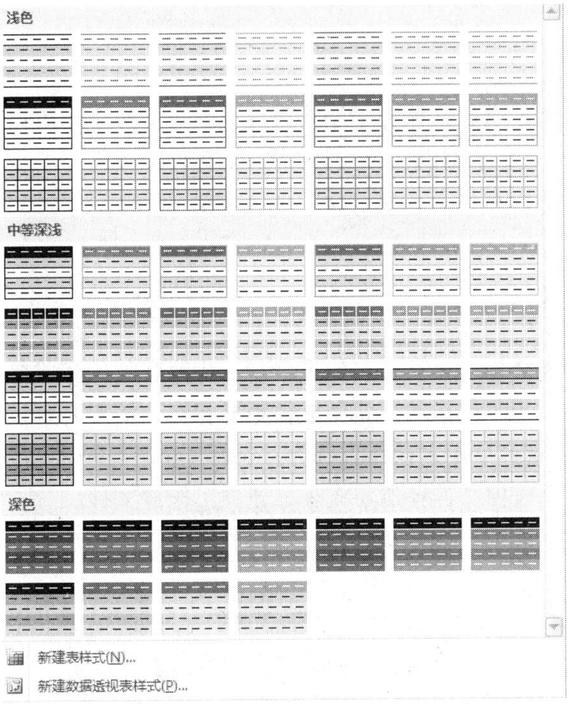

图 4-26　表样式下拉列表

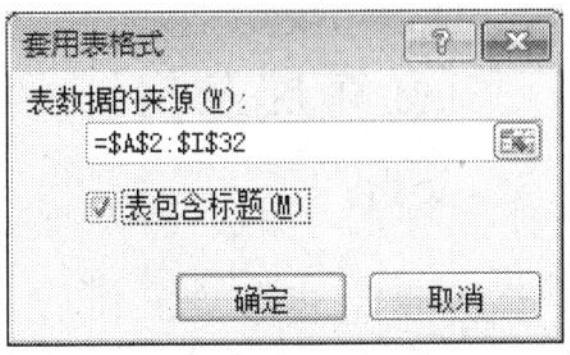

套用表格式

表数据的来源(W):
=$A$2:$I$32

☑ 表包含标题(M)

确定　取消

图 4-27　【套用表格式】对话框

	A	B	C	D	E	F	G	H	I
1	教师信息表								
2	职工号	姓名	性别	部门	身份证号	学历	职称	入职时间	基本工资
3	001	赵志军	女	外语学部	1101081963010	硕士研究生	副教授	2001年2月	3061
4	002	于铭	男	公共教学部	1101051989030	本科	副教授	2012年3月	2471
5	003	许炎锋	男	艺术学部	3101081977121	本科	教授	2003年7月	3380
6	004	王嘉	男	文学部	3722081975100	硕士研究生	副教授	2003年7月	2825
7	005	李新江	男	经济管理学部	1101011972090	博士研究生	教授	2001年6月	2849
8	006	郭海英	男	理学部	1101081978121	本科	讲师	2005年9月	2782
9	007	马淑恩	男	文学部	4102051964122	博士研究生	讲师	2001年3月	3191
10	008	王金科	男	艺术学部	1101021973051	本科	副教授	2001年10月	3030
11	009	李东慧	男	法政学部	5510181986073	本科	副教授	2010年5月	3214
12	010	张宁	女	理学部	3722081973100	硕士研究生	副教授	2006年5月	2395
13	011	王孟	女	公共教学部	4102051979082	硕士研究生	讲师	2011年4月	2763
14	012	马会宽	女	理学部	1101061985040	硕士研究生	讲师	2013年1月	2668
15	013	史燕馨	女	理学部	3701081972022	硕士研究生	讲师	2003年8月	3239
16	014	刘燕凤	男	文学部	6103081981110	博士研究生	教授	2009年5月	3592
17	015	齐飞	女	外语	4203161974092	硕士研究生	副教授	2006年12月	3326
18	016	张娟	男	法政学部	3270181983101	硕士研究生	副教授	2010年4月	2524
19	017	潘成文	男	艺术学部	1101051964100	硕士研究生	副教授	2001年6月	2852
20	018	邢易	男	文学部	1101031981110	博士研究生	副教授	2008年12月	2425
21	019	谢枭豪	女	外语学部	2101081979120	硕士研究生	讲师	2007年1月	3366
22	020	胡洪静	女	外语学部	3022041985080	硕士研究生	讲师	2010年3月	3127
23	021	李云飞	男	外语学部	1101061978091	博士研究生	教授	2010年3月	3189
24	022	张奇	男	文学部	1101071980101	硕士研究生	副教授	2010年3月	2791
25	023	夏小波	男	理学部	4122051966122	硕士研究生	副教授	2010年3月	2942
26	024	王玮	女	信息工程学部	1101081975072	本科	副教授	2010年3月	2800
27	025	张帝	女	信息工程学部	5510181981072	本科	讲师	2011年1月	3135
28	026	孙帅	男	经济管理学部	3722061978102	本科	副教授	2011年1月	3148
29	027	卜辉娟	女	信息工程学部	4102051979080	本科	讲师	2011年1月	2941
30	028	李辉玲	女	信息工程学部	1101041982041	硕士研究生	副教授	2011年1月	2509
31	029	刘亚静	男	经济管理学部	2701081973022	硕士研究生	讲师	2011年1月	2767
32	030	尹娴	男	理学部	6100081976100	本科	讲师	2011年1月	3505

图 4-28　自动套用格式设置完成后效果

4.3.6　主题的使用

　　主题是一组格式的集合，包含主题颜色、主题字体和主题效果等。通过应用主题可以快速地调整文档的格式。Excel 提供了许多内置主题，用户可以直接使用，也可以根据需要创建自定义主题。使用主题的方法为：单击【页面布局】选项卡→【主题】组→【主题】按钮，在打开的主题列表中单击所需主题即可。

4.3.7　模板的使用

　　模板是含有特定格式的工作簿，它的表结构已经设置。如果某种工作簿文件的格式要经常使用，为了避免每次重复设置格式，可以把工作簿的格式做成模板并保存，需要时直接使用即可。Excel 提供了一些模板，用户可以直接使用，操作方法为：选择【文件】→【新建】命令，在打开的窗口中，单击【样本模板】按钮，选择所需模板，建立工作簿文件。

4.3.8　页面布局及打印

　　工作表在打印前，要进行页面设置，即对打印页面进行布局和格式的合理安排。单击【页面布局】选项卡→【页面设置】组中的相应命令或单击【页面设置】命令组右下角的对话框启动器，弹出【页面设置】对话框，如图 4-29 所示，在该对话框中对页面、页边距、页眉/页脚和工作表进行设置。

图 4-29　【页面设置】对话框

1. 页面设置

　　利用【页面设置】对话框中的【页面】选项卡，设置纸张大小及打印方向、打印的缩放比例、打印质量和起始页码等。

2. 页边距设置

利用【页面设置】对话框中的【页边距】选项卡，设置页面中正文与页面边界的距离，在"上""下""左""右"数值框中分别输入所需数值即可。同时，也可编辑页眉或页脚的位置，选择打印内容的对齐方式。

3. 页眉/页脚设置

页眉是指打印页顶部出现的文字，页脚则是打印页底部出现的文字，一般工作簿名称为页眉，页码为页脚。利用【页面设置】对话框中的【页眉/页脚】选项卡，用户可以选择系统预定义的页眉或页脚；也可以通过单击【自定义页眉】或【自定义页脚】按钮，编辑定义新的页眉或页脚。

若要删除页眉或页脚，则选择要删除页眉或页脚所在的工作表，在【页眉】或【页脚】下拉列表中选择"无"。

4. 工作表设置

利用【页面设置】对话框中的【工作表】选项卡，用户可以选择要打印的区域、设置多页打印时的"标题行"和"标题列"以及指定打印顺序等。

5. 工作表分页

当工作表中的数据非常多的时候，对于超过一页的工作表，系统可以根据已有的页面设置自动分页，但有时候为了保证打印内容的完整性，也需要用户对工作表进行强制分页。强制分页是在工作表中插入分页符，其操作方法为：选定分隔边界的单元格，单击【页面布局】选项卡→【页面设置】组→【分隔符】按钮，在下拉列表中选择【插入分页符】命令，此时分页符出现在选定单元格的上方和左侧。

6. 工作表打印预览与打印

为了保证打印质量，在打印前，最好先进行打印预览。打印预览是在屏幕上显示实际的打印效果。该功能是利用【页面设置】对话框中的【打印预览】命令实现的。

页面设置和打印预览完成后，利用【页面设置】对话框中的【打印】命令，开始打印。也可通过【文件】选项卡中的【打印】命令，该命令可设置其他打印项，如打印机属性、份数、打印页数等。

说明：【页面设置】对话框也可以利用【文件】选项卡【打印】选项中的【页面设置】命令打开，用该方法打开的【页面设置】对话框不包含【打印】和【打印预览】等命令。

4.4　公式与函数的使用

在实际工作中，经常需要对工作表中的数据进行计算。一种是使用公式对工作表中的数据进行计算，如算术运算、关系运算和字符串运算等；另一种是使用 Excel 提供的函数，方便地进行各种计算。

4.4.1　单元格的引用

数据计算时常用到单元格数据，Excel 中往往用单元格的地址代表单元格内的数据，这种数据的表示方法称为单元格引用。掌握并正确使用不同的单元格引用类型是熟练应用公式和函数的基础。

1. 相对引用

相对引用是指在复制公式或函数时，参数单元格地址会随着结果单元格地址的变化而发生相应变化的地址引用方式。即引用的单元格地址不是固定的，而是相对公式所在单元格的相对位置。相对地址的表示形式为 A1、B2 等。

例如，在 Sheet1 工作表中 E2 单元格含公式 "=A2+B2+C2−D2"，当把公式复制到 E3 单元格时，公式自动调整为 "=A3+B3+C3−D3"，原因是公式的位置向下移动了一行，公式中所引用的单元格地址也相应向下移动一行。

2. 绝对引用

绝对引用是指在复制公式或函数时，参数单元格地址不会随着结果单元格地址的变化而发生变化的地址引用方式。绝对地址的表示形式为 $A$1、$B$2 等。

例如，在 Sheet1 工作表中 E2 单元格含公式 "=$A$2+$B$2+$C$2−$D$2"，当把公式复制到 E3 单元格时，公式仍为 "=$A$2+$B$2+$C$2−$D$2"，公式中单元格地址不变。

快捷输入绝对引用的方法：选中含有公式的单元格，将光标定位在单元格编辑栏中的单元格名称上，按【F4】键。

3. 混合引用

混合引用是指在单元格引用的列标和行号中，一部分是相对引用，另一部分是绝对引用的地址引用方式。混合引用的表示形式为 "列标$行号" 或 "$列标行号"，如 A$1、$B2 等。快捷输入混合引用的方法：按两次或三次【F4】键。

4. 跨工作表的单元格地址引用

单元格的一般形式为 "[工作簿文件名]工作表名!单元格地址"。当引用当前工作簿的各工作表单元格地址时，"[工作簿文件名]" 可以省略；引用当前工作表单元格时，"工作表名!" 可以省略。

用户可以引用同一工作簿中多个连续工作表的单元格或单元格区域数据，这种引用方法称为三维引用，其表示形式为 "工作表名:工作表名!单元格地址"。例如，"=SUM(Sheet1:Sheet3!A1:A5)"，表示的是对 Sheet1、Sheet2、Sheet3 三个工作表的 A1:A5 单元格求和。

5. 名称与引用

为了更直观地引用单元格或单元格区域，可以给单元格或单元格区域自定义一个名称。当公式或函数中引用了该名称时，就相当于引用了该单元格或该区域的所有单元格。

4.4.2 自动计算

选定需运算的单元格区域，单击【开始】选项卡→【编辑】组→【自动求和】按钮 Σ ▾，计算结果显示在所选单元格区域下方；或在状态栏空白处右击选择所需的计算方式，即可在状态栏显示数据的和、平均值、最大值、最小值、计数等。自动计算既可计算相邻的数据区域，也可计算不相邻的数据区域；既可一次进行一个公式计算，也可一次进行多个公式计算。

4.4.3　公式

1. 公式的形式

公式的一般形式为"=<表达式>"，其中表达式可以为算术表达式、关系表达式或字符串表达式等，表达式可由运算符和操作数组成，操作数一般为数值、单元格地址、区域名称、函数或其他公式等。

2. 运算符

运算符用于对公式中的数据进行特定类型的运算，常用的运算符有算术运算符、比较运算符、文本运算符和引用运算符。运算符具有优先级，表 4-2 为常用运算符。

表 4-2　常用运算符

运　算　符	功　　能	示　　例
:（冒号）	区域运算符	A1:A10
（单个空格）	交叉运算符	A7:E7 E1:E8
,（逗号）	联合运算符	SUM(A7:D7,E1:E8)
–	负号	–1
%	百分比	10%
^	乘方	5^2 即 25
* 和 /	乘和除	2*3，8/2
+ 和 –	加和减	5+9，9-4
&	字符串连接	"A"&"B"即"AB"
=	等于	1=2 值为假
< >	不等于	1<>2 为真
<	小于	1<2 为真
<=	小于等于	1<=2 为真
>	大于	1>2 为假
>=	大于等于	1>=2 为假

说明：若公式中包含相同优先级的运算符，则从左到右进行运算。

3. 公式的输入

公式的输入可以在数据编辑栏中进行，也可以双击该单元格在单元格中进行，类似于一般文本的输入，只是必须以"="开头，然后是表达式，公式中所有的符号都是英文半角符号。其操作步骤如下：

① 选定要输入公式的单元格。

② 在单元格或编辑栏中输入"="。

③ 输入公式，按【Enter】键或单击编辑栏左侧的【输入】按钮进行确认。

4. 公式的复制

选定含有公式的单元格，单击【开始】选项卡→【剪贴板】组→【复制】按钮，鼠标指针移到目标单元格，右击，在弹出的快捷菜单中选择【粘贴公式】命令。还可以拖动被复制单元格的自动填充柄完成相邻单元格公式的复制。

第 4 章　电子表格处理软件 Excel 2010

【例 4-6】打开"素材\第 4 章 Excel\基础实验\例 4-6 公式的使用.xlsx",填充"暖气费"工作表应交暖气费一列,应交暖气费=建筑面积*0.85*单价。

【解】具体操作步骤如下:

① 单击 D3 单元格,在编辑框内输入公式"=C3*0.85*$E$1",按【Enter】键。

② 用鼠标拖动 D3 单元格的自动填充柄至 D18 单元格,松开鼠标,完成数据填充,如图 4-30 所示。结果详见"素材\第 4 章 Excel\结果文件\例 4-6 公式的使用-完成.xlsx"工作簿。

	A	B	C	D	E
	D3	▼	f_x =C3*0.85*$E$1		
1				每平米(m²)单价	22
2	单元号	房号	建筑面积(m²)	应交暖气费	
3	1	101	95.5	1785.85	
4	1	102	132.3	2474.01	
5	1	201	95.5	1785.85	
6	1	202	132.3	2474.01	
7	1	301	95.5	1785.85	
8	1	302	132.3	2474.01	
9	1	401	95.5	1785.85	
10	1	402	132.3	2474.01	
11	1	501	95.5	1785.85	
12	1	502	132.3	2474.01	
13	2	101	102	1907.4	
14	2	102	131	2449.7	
15	2	201	102	1907.4	
16	2	202	131	2449.7	
17	2	301	102	1907.4	
18	2	302	131	2449.7	

图 4-30　完成后的工作表

4.4.4　函数

函数是 Excel 内部预先定义的特殊公式,它可以对一个或多个数据进行数据操作,并返回一个或多个值。为了方便用户使用,Excel 提供了大量不同种类的函数,包括数学和三角函数、统计函数、日期与时间函数、逻辑函数、财务函数、文本函数、查找与引用函数和工程函数等。

函数的一般形式为"函数名(参数 1,参数 2,[参数 3],...)"。其中,函数名指定要执行的运算,参数指定运算所使用的数值或单元格,返回的计算值称为函数值。括号中的参数可以有多个,不带方括号的参数为必需的,带方括号的参数为可选的。函数中的参数可以是常量、单元格地址、数组、已定义的名称、公式函数等。

1. 函数的使用

如果用户特别熟悉函数的格式,可以直接在单元格中输入函数,但是更多的是使用"插入函数"功能,方法如下:

① 选中目标单元格,单击编辑栏左侧的【插入函数】按钮 f_x,或单击【公式】选项卡→【函数库】组→【插入函数】按钮,弹出图 4-31 所示的【插入函数】对话框。

② 在【插入函数】对话框中选择所需要的函数,打开【函数参数】对话框,以 IF 函数为例,如图 4-32 所示,按照提示输入正确的参数,完成函数的引用。

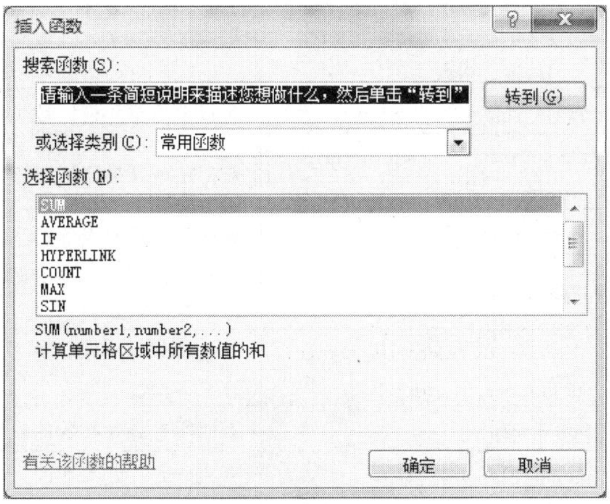

图 4-31 【插入函数】对话框

图 4-32 【函数参数】对话框

说明：

① 函数可以嵌套使用，即一个函数可以作为另一函数的参数使用，比如 IF(YEAR(A2)=2007,"毕业生","在校生")，参数值为文本时需加半角的双引号。

② 单击【公式】选项卡→【函数库】组中的按钮，可直接插入相应函数。

2. 常用函数

熟练使用各种常用函数，可以快速完成数据的处理，表 4-3 是一些常用函数。

表 4-3　常用函数

函　　数	格　　式	功　　能
ABS	ABS(number)	返回数 number 的绝对值
MOD	MOD(number,divisor)	返回数 number 除以数 divisor 的余数
SQRT	SQRT(number)	返回数 number 的平方根
INT	INT(number)	将数值 number 向下传入到最接近的整数
TRUNC	TRUNC(number,[num_digits])	将数值 number 的小数部分截去，返回整数
ROUND	ROUND(number,num_digits)	将数值 number 按指定位数四舍五入
SUM	SUM(number1, [number 2],...)	返回所有有效参数之和

函　数	格　式	功　能
SUMIF	SUMIF(range,criteria,[sum_range])	对指定的单元格区域中符合指定条件的值求和
SUMIFS	SUMIFS(sum_range,criteria_range1,criteria1,[c riteria_range2, criteria2),……)	对指定单元格区域中满足多个条件的单元格求和
AVERAGE	AVERAGE(number1, [number 2],…)	返回所有有效参数的平均值
AVERAGEIF	AVERAGEIF(range,criteria)	对指定区域中满足给定条件的所有单元格中的数值求算术平均值
AVERAGEIF S	AVERAGEIFS (averger_range,criteria_ range1, criteria1,[criteria_ range2,criteria2),…..)	对指定区域中满足多条件的所有单元格中的数值求算术平均值
MAX	MAX(number1,[number2],…)	返回所有有效参数的最大值
MIN	MIN(number1,[number2],…)	返回所有有效参数的最小值
COUNT	COUNT(number1,[number2],…)	返回所有参数中数值型数据的个数
COUNTA	COUNTA(number1,[number2],…)	返回所有参数中非空值单元格的个数
COUNTIF	COUNTIF(range,criteria)	统计指定区域中满足单个指定条件的单元格的个数
COUNTIFS	COUNTIFS(range,criteria1,[criteria2],..)	统计指定区域中满足多个指定条件的单元格的个数
RANK.EQ	RANK.EQ(number,ref,order)	返回数 number 在参数列表中的实际排位
RANK.AVE	RANK.AVE(number,ref,order)	返回数 number 在参数列表中的平均排位
NOW	NOW()	返回当前日期时间
TODAY	TODAY()	返回当天日期
DAY	DAY(serial_number)	返回一个月中的第几天的数值
MONTH	MONTH(serial_number)	返回月份值
YEAR	YEAR(serial_number)	返回日期的年份
DATE	DATE(year,month,day)	返回由年份、月份和日号组成的日期
WEEKDAY	WEEKDAY(number,type)	返回代表一周中的第几天的数值
IF	IF(logical_test,value_if_true,value_if_false)	判断逻辑条件 logical_test 是否为真，若为真返回值为 value_if_true，否则返回值 value_if_false
LEFT	LEFT(text,num_chars)	从字符串的第一个字符开始返回指定个数的字符
RIGHT	RIGHT(text,num_chars)	从字符串的最后一个字符开始返回指定个数的字符
MID	MID(text,start_num,num_chars)	从字符串中指定的起始位置返回指定长度的字符
CONCATENAT E	CONCATENATE(text1,[text2],…)	将多个文本合并成一个，也可使用文本连接符 "&"
EXACT	EXACT(text1,text2)	比较两个字符串是否完全相同（区分大小写）
LEN	LEN(text)	返回字符串的字符个数
VLOOKUP	VLOOKUP(lookup_value,table_array,col_index_ num,range_lookup)	搜索表区域首行满足条件的元素，确定待检索单元格在区域中的行序号，再进一步返回选定单元格的值

其中函数里常见参数有 number：要进行计算的实数；value：各种不同类型的数据；criteria：以数字、表达式或文本形式定义的条件；range：进行计算的单元格区域；text：要进行计算的文本字符串；serial_number：Excel 进行日期及时间计算时使用的日期-时间代码。

【例 4-7】打开"素材\第 4 章 Excel\提高实验\例 4-7 函数使用 1.xlsx"，在"员工档案表"表中，根据已有数据，运用公式和函数填充出生日期、年龄、工龄、工龄工资和基础工资列，并根据"学院员工档案表"数据填充统计报告中空白单元格。其对应关系说明：身份证号第

7～14 位表示出生日期；年龄列填充为周岁；工作不足一年的不计入工龄，满一年才计入工龄；工龄工资=50*工龄；基础工资=基本工资+工龄工资；根据工作表中的数据，填充 P6:P16 单元格。

【解】具体操作步骤如下：

① 选中 F3 单元格，单击【公式】选项卡→【函数库】组→【日期和时间】按钮，在下拉列表中选择【DATE】函数，弹出【函数参数】对话框，在该对话框中分别输入参数值：MID(E3,7,4)，MID(E3,11,2)，MID(E3,13,2)，如图 4-33 所示，单击【确定】按钮。

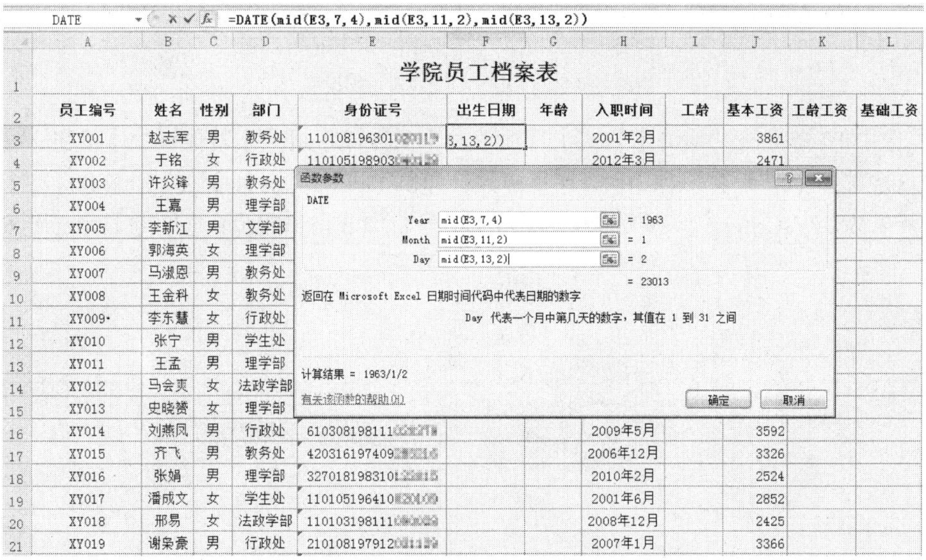

图 4-33　DATE 函数参数设置

② 用鼠标拖动 F3 单元格的填充柄至 F37 单元格，松开鼠标，完成出生日期列填充（或双击 F3 单元格的填充柄完成填充）。

③ 选中 G3 单元格，在编辑栏输入公式"=INT((TODAY()-F3)/365)"，按【Enter】键，拖动 G3 单元格的填充柄至 G37 单元格，松开鼠标，完成年龄列填充。

④ 选中 I3 单元格，在编辑栏输入公式"=INT((TODAY()-H3)/365)"，按【Enter】键，拖动 I3 单元格的填充柄至 I37 单元格，松开鼠标，完成工龄列填充。

⑤ 选中 K3 单元格，在编辑栏输入公式"=I3*$P$3"，按【Enter】键，拖动 K3 单元格的填充柄至 K37 单元格，松开鼠标，完成工龄工资列填充。

⑥ 选中 L3 单元格，在编辑栏输入公式"=J3+K3"，按【Enter】键，拖动 L3 单元格的填充柄至 L37 单元格，松开鼠标，完成基础工资列填充。

⑦ 选中 P6 单元格，单击【公式】选项卡→【函数库】组→【其他函数】按钮，在下拉列表中依次选择【统计】→【COUNTA】函数，弹出【函数参数】对话框，输入参数值，如图 4-34 所示，单击【确定】按钮。

说明：P6 单元格的填充也可使用 COUNT 函数，需注意使用 COUNT 函数时，参数只能选择数值列，而 COUNTA 函数则可使用任意非空列作为参数。

图 4-34　COUNTA 函数参数设置

⑧ 选中 P7 单元格，单击【公式】选项卡→【函数库】组→【其他函数】按钮，在下拉列表中依次选择【统计】→【COUNTIF】函数，弹出【函数参数】对话框，在 Range 参数文本框选择 C3:C37，Criteria 参数文本框输入条件"女"，如图 4-35 所示，单击【确定】按钮。

图 4-35　COUNTIF 函数参数设置

⑨ 选中 P8 单元格，单击【公式】选项卡→【函数库】组→【其他函数】按钮，在下拉列表中依次选择【统计】→【COUNTIFS】函数，弹出【函数参数】对话框，输入参数值，如图 4-36 所示，单击【确定】按钮。

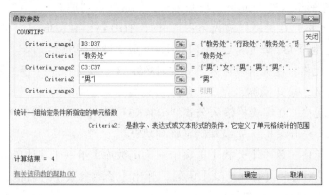

图 4-36　COUNTIFS 函数参数设置

⑩ 选中 P9 单元格，单击【公式】选项卡→【函数库】组→【自动求和】按钮，在下拉列表中选择【求和】，选择 J3:J37，按【Enter】键。

⑪ 选中 P10 单元格，单击【公式】选项卡→【函数库】组→【数学和三角函数】按钮，在下拉列表中选择【SUMIF】函数，弹出【函数参数】对话框，输入参数值，如图 4-37 所示，单击【确定】按钮。

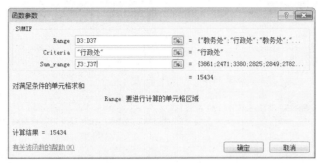

图 4-37　SUMIF 函数参数设置

⑫ 选中 P11 单元格，单击【公式】选项卡→【函数库】组→【数学和三角函数】按钮，在下拉列表中选择【SUMIFS】函数，弹出【函数参数】对话框，输入参数值，如图 4-38 所示，单击【确定】按钮。

图 4-38　SUMIFS 函数参数设置

⑬ 选中 P12 单元格，单击【公式】选项卡→【函数库】组→【自动求和】按钮，在下拉列表中选择【平均值】命令，选择 L3:L37，按【Enter】键。

⑭ 选中 P13 单元格，单击【公式】选项卡→【函数库】组→【其他函数】按钮，在下拉列表中依次选择【统计】→【AVERAGEIF】函数，弹出【函数参数】对话框，输入参数值，如图 4-39 所示，单击【确定】按钮。

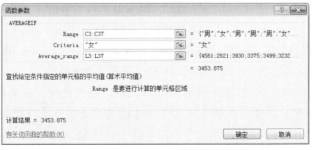

图 4-39　AVERAGEIF 函数参数设置

⑮ 选中 P14 单元格，单击【公式】选项卡→【函数库】组→【其他函数】按钮，在下拉列表中依次选择【统计】→【AVERAGEIFS】函数，弹出【函数参数】对话框，输入参数值，如图 4-40 所示，单击【确定】按钮。

图 4-40　AVERAGEIFS 函数参数设置

⑯ 选中 P15 单元格，单击【公式】选项卡→【函数库】组→【自动求和】按钮，在下拉列表中选择【最大值】命令，选择 J3:J37，按【Enter】键。

⑰ 选中 P16 单元格，单击【公式】选项卡→【函数库】组→【自动求和】按钮，在下拉列表中选择【最小值】命令，选择 J3:J37，按【Enter】键。

结果详见"素材\第 4 章 Excel\结果文件\例 4-7 函数使用 1-完成.xlsx"工作簿。

说明：单击【开始】选项卡→【编辑】组→【自动求和】按钮，可完成求和、计数、平均值、最大值和最小值等常用操作。

【例 4-8】打开"素材\第 4 章 Excel\提高实验\例 4-8 函数使用 2.xlsx"，在"学生期末成绩表"表中，根据已有数据，运用公式和函数填充班级、辅导员、加权平均分、等级、名次列。其对应关系说明：学号第 5、6 位表示为班级，如果为"01"则显示"1 班"，如果为"02"则显示"2 班"，如果为"03"则显示"3 班"；根据"辅导员对照表"填充辅导员列；加权平均分 =(Σ 必修课成绩*学分)/必修课总学分；加权平均分 90～100 等级为优秀，80～90 等级为良好，70～80 等级为中等，60～70 等级为及格，其他显示空白；根据加权平均分列填充名次列（名次列为学生实际排名）。

【解】具体操作步骤如下：

① 选中 D2 单元格，单击【公式】选项卡→【函数库】组→【逻辑】按钮，在下拉列表中选择【IF】函数，弹出【函数参数】对话框，设置 Logical_test 为 mid(A2,5,2)="01"，Value_if_true 为"1 班"，将光标定位在 Value_if_false 文本框中，如图 4-41 所示，单击名称框处插入嵌套的 IF 函数，弹出【函数参数】对话框，设置 Logical_test 为 mid(A2,5,2)="02"，Value_if_true 为"2 班"，Value_if_false 为"3 班"，如图 4-42 所示，单击【确定】按钮。

② 用鼠标拖动 D2 单元格的填充柄至 D34 单元格，松开鼠标，完成班级列填充。

③ 选中 E2 单元格，单击【公式】选项卡→【函数库】组→【查找与引用】按钮，在下拉列表中选择【VLOOKUP】函数，弹出【函数参数】对话框，输入参数值，如图 4-43 所示，单击【确定】按钮。

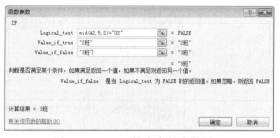

图 4-41　IF 函数参数设置　　　　　图 4-42　IF 函数嵌套的参数设置

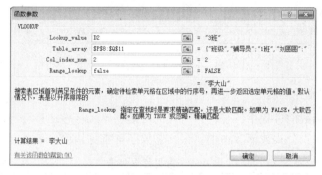

图 4-43　VLOOKUP 函数参数设置

④ 用鼠标拖动 E2 单元格的填充柄至 E34 单元格，松开鼠标，完成辅导员列填充。

⑤选中 L2 单元格，在编辑栏输入公式 "=(F2*$Q$4+G2*$R$4+H2*$S$4+I2*$T$4)/SUM($Q$4: $T$4)"，按【Enter】键，拖动 L2 单元格的填充柄至 L34 单元格，松开鼠标，完成加权平均分列填充。

⑥ 选中 M2 单元格，插入 IF 函数，多次嵌套，M2 单元格显示相应等级，如图 4-44 所示。

	M2			fx	=IF(L2)=90,"优秀",IF(L2)=80,"良好",IF(L2)=70,"中等",IF(L2)=60,"及格","""))))							
	A	B	C	D	E	F	G	H	I	J	K	L	M	N
1	学号	姓名	性别	班级	辅导员	大学外语一	体育一	信息技术基础	高等数学	英语口语	大学语文	加权平均分	等级	名次
2	201203002	王佳琳	男	3班	李大山	84	88	71	76	65	83	78.1818182	中等	
3	201201006	钱思齐	女	1班	刘圆圆	92	92	82	85	81	86	87.0909091		
4	201202008	王家星	女	2班	张扬	78	98	80	93	81	79	83.2727273		
5	201201009	连鑫	男	1班	刘圆圆	79	90	80	91	80	88	82.5454545		
6	201203003	靳卡卡	男	3班	李大山	82	92	87	89	72	86	86		
7	201201005	李亚华	女	1班	刘圆圆	79	95	75	86	75	90	80.2727273		
8	201202009	贺一凡	女	2班	张扬	78	98	76	89	75	74	81.0909091		
9	201203008	刘思涵	男	3班	李大山	54	85	81	94	85	67	73.9090909		

图 4-44　IF 函数的嵌套使用

⑦ 用鼠标拖动 M2 单元格的填充柄至 M34 单元格，松开鼠标，完成等级列填充。

⑧ 选中 N2 单元格，单击【公式】选项卡→【函数库】组→【其他函数】按钮，在下拉列表中依次选择【统计】→【RANK.EQ】函数，弹出【函数参数】对话框，输入参数值，如图 4-45 所示，单击【确定】按钮。

⑨ 用鼠标拖动 N2 单元格的填充柄至 N34 单元格，松开鼠标，完成名次列填充。

结果详见 "素材\第 4 章 Excel\结果文件\例 4-8 函数使用 2-完成.xlsx" 工作簿。

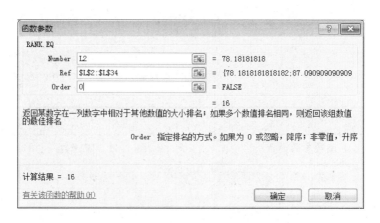

图 4-45　RANK.EQ 函数参数设置

3. 公式与函数常见问题

在输入公式或函数的过程中，当输入有误的时候，单元格中往往会出现不同错误提示。为了更好地发现并修正公式或函数中的错误，需要了解常见错误。表 4-4 为常见错误列表。

表 4-4　常见错误列表

错　误　提　示	说　　　明
######	当某一列的宽度不够而无法在单元格中显示所有字符时，或者单元格包含负的日期或时间值时，将显示此错误
#DIV/0!	当一个数除以 0 或不包含任何值的单元格时，将显示此错误
#N/A	当某个值不允许被用于函数或公式但却被其引用时，将显示此错误
#NAME?	当 Excel 无法识别公式中的文本时，将显示此错误
#NULL!	当指定两个不相交的区域的交集时，将显示此错误
#NUM!	当公式或函数包含无效值时，将显示此错误
#REF!	当单元格引用无效时，将显示此错误
#VALUE!	如果公式所包含的单元格有不同的数据类型，将显示此错误

4.5　图表功能

图表是 Excel 最常用的对象之一，它是根据工作表中的一些数据系列生成的，是工作表数据的图形表示方法。与工作表相比，图表可以清晰地显示各类数据之间的关系和数据的变化情况，以便用户对比和分析数据。

4.5.1　图表的类型与结构

1. 图表类型

Excel 内置了大量图表标准类型，每种图表类型又分为多个子类型，可以根据需要选择不同图表类型表现数据。常用的图表类型有柱形图、条形图、折线图、饼图、XY 散点图、面积图、圆环图、雷达图、曲面图、气泡图、股价图等。常用图表类型及用途如表 4-5 所示。

表 4-5 常用图表类型及其用途

图 表 类 型	用 途 说 明
柱形图	用于比较一段时间中两个或多个项目的相对大小
条形图	在水平方向上比较不同类别的数据
折线图	按类别显示一段时间内数据的变化趋势
饼图	在单组中描述部分与整体的关系
XY 散点图	描述两种相关数据的关系
面积图	强调一段时间内数值的相对重要性
圆环图	以一个或多个数据类别来对比部分与整体的关系
雷达图	表明数据或数据频率相对于中心点的变化
曲面图	当第三个变量变化时，跟踪另外两个变量的变化，是一个三维图
气泡图	突出显示值的聚合，类似于散点图
股价图	综合了柱形图的折线图，专门设计用来跟踪股票价格

2. 图表的构成

一个图表主要由以下部分构成：

① 图表区：整个图表及其包含的元素。

② 绘图区：以坐标轴为界的区域。

③ 图表标题：描述图表的名称。

④ 坐标轴：为图表提供计量和比较的参考线，一般包括 X 轴和 Y 轴。

⑤ 数据系列：图表上的一组相关数据点，来自工作表的某行或某列。

⑥ 图例：包含图表中相应的数据系列的名称和数据系列在图中的颜色。

⑦ 网格线：图表中从坐标轴刻度线延伸开来并贯穿整个绘图区的可选线条系列。

⑧ 数据表：在图表下方，以表格的形式显示每个数据系列的值。

⑨ 背景墙和基底：三维图表中会出现，是包围在许多三维图表周围的区域，用于显示图表的维度和边界。

4.5.2 图表的创建

图表按显示位置不同可分为嵌入式图表和独立图表。嵌入式图表是位于原始数据工作表中的一个图表对象。独立图表是独立于数据源工作表而单独以工作表形式出现在工作簿中的特殊工作表，即图表与数据分开，一个图表就是一张工作表。无论哪种图表都与创建它们的工作表数据源相关联，修改工作表数据时，图表会随之自动更新。

创建图表主要应用【插入】选项卡→【图表】组完成。图表生成后选中图表，功能区会出现【图表工具】选项卡，利用该选项卡完成图表修改、格式设计、布局等相关操作。

【例 4-9】打开"素材\第 4 章 Excel\基础实验\例 4-9 折线图创建.xlsx"，根据"房价走势"工作表建立"带数据标记的折线图"，水平（分类）轴为"年份"，统计分析广州和石家庄房价趋势，图表标题为"房价走势"，位于图表上方，图例位置为底部，将图表作为新工作表插入，工作表名为"房价走势图"。

第 4 章 电子表格处理软件 Excel 2010

【解1】具体操作步骤如下：

① 选中 A1:A10 和 C1:D10 单元格区域，单击【插入】选项卡→【图表】组→【折线图】按钮，在下拉列表中选择【带数据标记的折线图】命令，结果如图 4-46 所示。

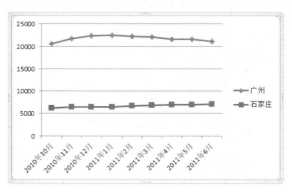

图 4-46　带数据标记的折线图之一

② 选中图表，单击【图表工具】/【布局】选项卡→【标签】组→【图表标题】按钮，在下拉列表中选择【图表上方】命令，在图表标题文本框内输入标题"房价走势"。

③ 单击【布局】选项卡→【标签】组→【图例】按钮，在下拉列表中选择【在底部显示图例】命令，结果如图 4-47 所示。

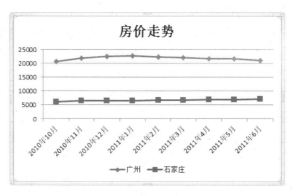

图 4-47　带数据标记的折线图之二

④ 单击【设计】选项卡→【位置】组→【移动图表】按钮，在弹出的【移动图表】对话框中，单击【新工作表】命令，并在文本框中输入"房价走势图"，单击【确定】按钮，完成图表创建。结果详见"素材\第 4 章 Excel\结果文件\例 4-9 折线图创建-完成.xlsx"工作簿。

【解2】具体操作步骤如下：

① 在房价走势工作表中，单击【插入】选项卡→【图表】组→【折线图】按钮，在下拉列表中选择【带数据标记的折线图】命令，功能区出现【图表工具】选项卡。

② 单击【图表工具】/【设计】选项卡→【数据】组→【选择数据】按钮，弹出【选择数据源】对话框，将光标定位在【图表数据区域】文本框中，在工作表中选中 A1:A10 和 C1:D10 单元格区域，如图 4-48 所示，单击【确定】按钮关闭【选择数据源】对话框，结果与图 4-46 相同。

	A	B	C	D	E	F	G	H
1	年份	北京	广州	石家庄				
2	2010年10月	28935	20608	6165				
3	2010年11月	29555	21772	6406				
4	2010年12月	29704	22324	6421				
5	2011年1月	28514	22546	6430				
6	2011年2月	28217	22174	6652				
7	2011年3月	27659	22079	6805				
8	2011年4月	26810	21578	6897				
9	2011年5月	26819	21649	6980				
10	2011年6月	26934	21053	7044				

选择数据源

图表数据区域(D): `=房价走势!$A$1:$A$10,房价走势!$C$1:$D$10`

【切换行/列(W)】

图例项(系列)(S)：【添加(A)】【编辑(E)】【删除(R)】
广州
石家庄

水平(分类)轴标签(C)：【编辑(T)】
2010年10月
2010年11月
2010年12月
2011年1月
2011年2月

【隐藏的单元格和空单元格(H)】　【确定】【取消】

图 4-48　【选择数据源】对话框

③ 重复【解 1】②～④步，完成图表创建。

说明：Excel 创建图表的时候，它按一些规则来决定系列是按列还是按行。图表创建后，可以通过切换数据行/列，来改变图表中的水平（类别）轴和垂直（值）轴。方法为：选中图表，单击【图表工具】/【设计】选项卡→【数据】组→【切换行/列】按钮，即可改变。也可在【选择数据源】对话框中单击【切换行/列】按钮。

【例 4-10】打开"素材\第 4 章 Excel\基础实验\例 4-10 饼图创建.xlsx"，根据"Office 高级应用成绩表"工作表建立饼图，用三维饼图显示"钱思齐"各项成绩占总成绩的百分比，图表标题为"钱思齐成绩分析图"，位于图表上方，图例位置为顶部，在数据标签外只显示百分比，图表放置在 A15:H36 单元格区域。

【解】具体操作步骤如下：

① 选中 C3:G3 单元格区域，单击【插入】选项卡→【图表】组→【饼图】按钮，在下拉列表中选择【三维饼图】命令。

② 选中图表，单击【图表工具】/【设计】选项卡→【数据】组→【选择数据】按钮，弹出【选择数据源】对话框，单击【水平（分类）轴标签】列表框中【编辑】按钮，弹出【轴标签】对话框，将光标定位到【轴标签区域】文本框中，单击"Office 高级应用成绩表"选择 C1:G1 单元格区域，如图 4-49 所示，单击【确定】按钮关闭【轴标签】对话框，再单击【确定】按钮关闭【选择数据源】对话框。

③ 单击【布局】选项卡→【标签】组→【图表标题】按钮，在下拉列表中选择【图表上方】命令，在图表标题文本框内输入标题"钱思齐成绩分析图"。

轴标签

轴标签区域(A)：
`=Office高级应用成绩表!$C$1:$(` = Word, Excel, P...

【确定】【取消】

图 4-49　【轴标签】对话框

④ 单击【布局】选项卡→【标签】组→【图例】按钮，在下拉列表中选择【在顶部显示图例】命令。

⑤ 单击【布局】选项卡→【标签】组→【数据标签】按钮，在下拉列表中选择【其他数据标签选项】命令，弹出【设置数据标签格式】对话框，在【标签包括】选项区域只选择【百分比】复选框，在【标签位置】选项区域选择【数据标签外】单选按钮，如图 4-50 所示，单击【关闭】按钮。

⑥ 将鼠标指针放到图表边缘上，鼠标指针变为十字箭头形状，拖动图表左上角至 A15 单元格，将鼠标指针放到图表右下角，鼠标指针变为双向箭头形状，按住【Shift】键并拖动鼠标至 H36 单元格，完成后效果如图 4-51 所示。结果详见"素材\第 4 章 Excel\结果文件\例 4-10 饼图创建-完成.xlsx"工作簿。

图 4-50　【设置数据标签格式】对话框

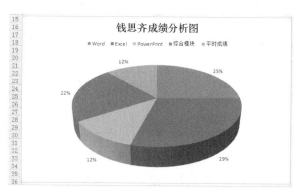

图 4-51　完成后效果图

4.5.3　图表的编辑与格式化

图表创建后，如果对图表的显示效果不满意或者需要修改数据源生成新的工作表，可利用【图表工具】选项卡中【类型】、【数据】、【图表布局】、【图表样式】、【位置】、【标签】、【坐标轴】、【背景】、【形状样式】、【艺术字样式】等组编辑和修改图表，也可以在图表任意位置右击，在弹出的快捷菜单中选择相应命令对图表进行编辑和修改。

1. 更改图表类型

图表创建完成后，可以对图表类型进行修改，便于不同类型数据的查看和分析。操作方法如下：

选中要更改的图表，功能区出现【图表工具】选项卡，单击【设计】选项卡→【类型】组→【更改图表类型】按钮，如图 4-52 所示，选择图表类型，单击【确定】按钮。

图 4-52　【图表工具】/【设计】选项卡

2. 移动图表位置

图表创建完成后，可以移动图表的位置。操作方法如下：

选中要更改的图表，单击【图表工具】/【设计】选项卡→【位置】组→【移动图表】按钮，弹出【移动图表】对话框，选择图表位置，单击【确定】按钮。

3. 修改图表源数据

图表创建完成后，可以添加或删除图表源数据。操作方法如下：

选中要更改的图表，单击【图表工具】/【设计】选项卡→【数据】组→【选择数据】按钮，在【选择数据源】对话框中利用【添加】、【编辑】和【删除】按钮添加或删除数据，用 ▲ ▼ 按钮调整系列顺序。

4. 修饰图表

图表创建完成后，利用【图表工具】/【布局】或【格式】选项卡中的命令，可以对图表进行修饰。例如，图表的网格线、图表的颜色、图表标题格式等。

【例 4-11】对【例 4-9】的图表（"素材\第 4 章 Excel\基础实验\例 4-11 图表编辑.xlsx"）做以下修改：添加数据 B1:B10，系列显示顺序调整为北京→广州→石家庄；更改图表类型为"三维簇状柱形图"；设置横向网格线为紫色；图表标题字体格式为楷体、深红色；图表区域填充为蓝色面巾纸；调整主要刻度单位为固定值 3000；将广州系列颜色调整为橙色。

【解】具体操作步骤如下：

① 选中"房价走势图"工作中的图表，单击【设计】选项卡→【数据】组→【选择数据】按钮，在弹出的【选择数据源】对话框中，单击【添加】按钮，在【编辑数据系列】对话框中添加 B1:B10 单元格区域数据，如图 4-53 所示，单击【确定】按钮。

图 4-53　【编辑数据系列】对话框

② 单击【水平（分类）轴标签】列表框中【编辑】按钮，弹出【轴标签】对话框，将光标定位到【轴标签区域】文本框中，单击"房价走势工作表"选择 A2:A10 单元格区域，单击【确定】按钮。

③ 在【图例项（系列）】列表框中选择"北京"，单击 ▲ 按钮，调整顺序，单击【确定】按钮。

④ 单击【设计】选项卡→【类型】组→【更改图表类型】按钮，在弹出的【更改图表类型】对话框中选择【三维簇状柱形图】。

⑤ 单击【布局】选项卡→【坐标轴】组→【网格线】按钮，在下拉列表中选择【主要横网格线】→【其他主要横网格线选项】命令，弹出【设置主要网格线格式】对话框，如图 4-54 所示，将线条颜色设为紫色，单击【关闭】按钮。

⑥ 选中图表标题并右击，在弹出的快捷菜单中选择【字体】命令，弹出【字体】对话框，在该对话框中设置字体为楷体，颜色为深红色，单击【确定】按钮。

⑦ 在图表空白处右击，在弹出的快捷菜单中选择【设置图表区域格式】命令，弹出【设

置图表区格式】对话框，如图 4-55 所示，在该对话框中设置填充为蓝色面巾纸，单击【关闭】按钮。

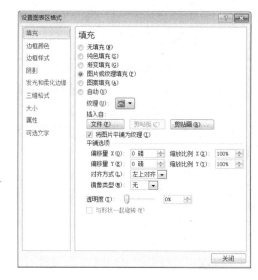

图 4-54　【设置主要网格线格式】对话框　　　　图 4-55　【设置图表区格式】对话框

⑧ 在垂直（值）轴上右击，在弹出的快捷菜单中选择【设置坐标轴格式】命令，弹出【设置坐标轴格式】对话框，如图 4-56 所示，选择【坐标轴选项】选项，主要刻度单位选择【固定】单选按钮，并在文本框中输入 3000，单击【关闭】按钮。

⑨ 在广州系列上右击，在弹出的快捷菜单中选择【设置数据系列格式】命令，弹出【设置数据系列格式】对话框，如图 4-57 所示，选择【填充】选项→【纯色填充】单选按钮，选择橙色，单击【关闭】按钮，完成后效果如图 4-58 所示。结果详见"素材\第 4 章 Excel\结果文件\例 4-11 图表编辑-完成.xlsx"工作簿。

图 4-56　【设置坐标轴格式】对话框　　　　图 4-57　【设置数据系列格式】对话框

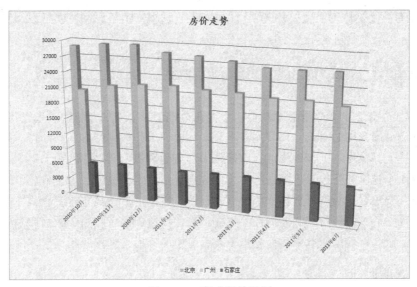

图 4-58　完成后效果图

4.5.4　迷你图的创建

迷你图是 Excel 2010 中的一个新增功能,它是绘制在单元格中的一个微型图表,可以直观地反映数据系列的变化趋势。迷你图包含折线图、柱形图和盈亏图。与图表不同的是,当打印工作表时,单元格中的迷你图会与数据一起进行打印。创建迷你图后还可以根据需要对迷你图进行自定义设置。

创建迷你图可使用【插入】选项卡→【迷你图】组中的命令完成。选中迷你图后,会出现【迷你图工具】选项卡,利用该选项卡中的【迷你图】、【类型】、【显示】、【样式】、【分组】组可编辑迷你图数据范围、更改迷你图类型、突出显示数据点、更改迷你图样式、清除迷你图等操作。

【例 4-12】打开"素材\第 4 章 Excel\基础实验\例 4-12 迷你图创建.xlsx",切换到"房价走势"工作表,在 B11、C11 及 D11 单元格内创建各城市 2011 年 1 月至 6 月房价走势折线图,应用样式:迷你图样式强调文字颜色 6,深色 25%,显示首尾高低点。

【解】具体操作步骤如下:

① 选中 B11 单元格,单击【插入】选项卡→【迷你图】组→【折线图】按钮,弹出【创建迷你图】对话框,将光标定位到【数据范围】文本框内,在工作表中选择 B5:B10 单元格区域,如图 4-59 所示,单击【确定】按钮。

② 用鼠标拖动 B11 单元格的填充柄至 D11 单元格,松开鼠标,完成迷你图填充。

③ 选中 B11:D11 单元格区域,单击【迷你图工具】/【设计】选项卡→【样式】组→▼按钮,在打开的样式面板中选择【迷你图样式强调文字颜色 6,深色 25%】。

④ 在【迷你图工具】/【设计】选项卡→【显

图 4-59　【创建迷你图】对话框

示】组中选择【高点】、【低点】、【首点】、【尾点】复选框。结果详见"素材\第 4 章 Excel\结果文件\例 4-12 迷你图创建–完成.xlsx"工作簿。

4.6 工作表中的数据库操作

Excel 提供了强大的数据库管理功能，不仅能通过记录来增加、删除、查找和移动数据，还能够按照数据库管理的方式对以数据清单形式存放的工作表进行排序、筛选、分类汇总和建立数据透视表等操作。工作表中数据库操作大部分是利用【数据】选项卡→【获取外部数据】、【连接】、【排序和筛选】、【数据工具】、【分级显示】组完成的。对工作表中的数据进行数据库操作，要求数据必须以数据清单的形式存放。数据清单是指包含一组相关数据的工作表数据行。数据清单由标题行和数据部分组成。数据清单中的行相当于数据库中的记录，行标题相当于记录名；数据清单中的列相当于数据库中的字段，列标题相当于字段名。

4.6.1 数据的筛选

数据的筛选是指在工作表的数据清单中查找满足条件的记录，它是一种用于查找数据的快速方法。使用"筛选"功能可在数据清单中显示满足条件的记录，而不满足条件的记录则被暂时隐藏。对记录进行筛选有两种方式："自动筛选"和"高级筛选"。

1. 自动筛选

自动筛选是指通过筛选按钮进行简单条件的数据筛选。操作步骤为：

① 选中数据清单中任一单元格，单击【数据】选项卡→【排序和筛选】组→【筛选】按钮，数据清单中所有字段名右侧都会出现一个筛选按钮。如果选中某一列，则只在该列字段名右侧出现一个筛选按钮。

② 单击筛选条件对应的筛选按钮，打开筛选列表，列表下方显示当前列含的所有值。当列中数据格式为文本时，显示【文本筛选】命令，如图 4-60 所示；当列中数据格式为数值时，显示【数字筛选】命令，如图 4-61 所示，在筛选子菜单中选择相应命令，弹出相应筛选对话框，在其中设置筛选条件即可。

图 4-60　文本筛选命令

图 4-61　数字筛选命令

说明：

① 自动筛选也可利用【开始】选项卡→【编辑】组→【排序和筛选】按钮→【筛选】命令完成。

② 取消自动筛选的方法：再次单击【数据】选项卡→【排序和筛选】组→【筛选】按钮，筛选操作被取消，所有数据都显示出来。

③ 在【搜索】框中可以使用通配符"*"或"？"进行数据的查找。

【例 4-13】打开"素材\第 4 章 Excel\基础实验\例 4-13 自动筛选.xlsx"，对"教师信息表"进行自动筛选，条件："部门"为信息工程学部或文学部，职称为教授。

【解】具体操作步骤如下：

① 单击数据清单中任一单元格，单击【数据】选项卡→【排序和筛选】组→【筛选】按钮。

② 在【部门】筛选按钮下拉列表中选择【文本筛选】命令，单击【自定义筛选】命令，弹出【自定义自动筛选方式】对话框，完成图 4-62 所示的设置。

③ 在【职称】筛选按钮下拉列表中只选择"教授"，如图 4-63 所示，单击【确定】按钮。结果详见"素材\第 4 章 Excel\结果文件\例 4-13 自动筛选-完成.xlsx"工作簿。

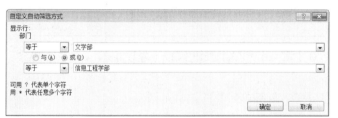

图 4-62 【自定义自动筛选方式】对话框　　　图 4-63 "职称"筛选按钮下拉列表

2. 高级筛选

高级筛选主要用于多字段条件的筛选，同时可在保留原数据清单显示的情况下，将筛选出来的记录复制到工作表的其他位置。高级筛选前必须先建立条件区域，用来编辑筛选条件。条件区域应遵循以下规则：

条件区域的第一行为所涉及的字段名，这些字段名必须与数据清单中的字段名完全一样；每个条件的字段名和条件值都应写在同一列中；多个条件之间构成"与"关系时，条件值应写在同一行；构成"或"关系时，条件值应写在不同行；条件区内不能包含空行。

【例 4-14】用高级筛选完成【例 4-13】（"素材\第 4 章 Excel\基础实验\例 4-14 高级筛选.xlsx"），条件起始位置为 M10，筛选结果显示的起始位置为 M15。

【解】具体操作步骤如下：

① 以 M10 为起始位置，设置条件区域，如图 4-64 所示。

② 单击数据清单任一单元格，单击【数据】选项卡→【排序和筛选】组→【高级】按钮，弹出【高级筛选】对话框，如图 4-65 所示，选择列表区域、条件区域、筛选方式后，单击【确定】按钮。结果详见"素材\第 4 章 Excel\结果文件\例 4-14 高级筛选-完成.xlsx"工作簿。

部门	职称
文学部	教授
信息工程学部	教授

图 4-64　条件区域设置　　　　　图 4-65　【高级筛选】对话框

说明：

① 条件区域所涉及的字段名最好从数据清单中直接复制粘贴。

② 条件区域所涉及的符号，如大于号、小于号，都应为英文半角符号。

4.6.2　数据的排序

数据排序一般是指依据某列或某几列的数据顺序，重新调整数据清单中各数据行的位置，数据顺序可以是从小到大，即升序；也可以是从大到小，即降序。如有特殊需要，也可按自定义序列、单元格颜色、字体颜色或单元格图标对数据清单进行排序。

1. 简单排序

利用【数据】选项卡→【排序和筛选】组→【升序】按钮 或【降序】 按钮进行排序。操作步骤为：

① 在数据清单中，单击作为排序依据字段所在列的任一单元格。

② 单击【数据】选项卡→【排序和筛选】组→【升序】或【降序】按钮进行排序。

说明：

步骤②也可用以下方法实现：单击【开始】选项卡→【编辑】组→【排序和筛选】按钮，在下拉列表中选择【升序】或【降序】命令。

2. 多重条件的排序

多重条件排序是指数据清单中的数据先按主关键字排序，主关键字相同时再按次要关键字排序。如对数据清单按部门降序、姓名升序、职工号升序排序，即是指先按部门降序排序，当部门相同时，按姓名升序排序，当姓名相同时，再按职工号升序排序。利用【数据】选项卡→【排序和筛选】组→【排序】按钮进行多重条件的排序。操作步骤为：

① 单击数据清单中任一单元格，单击【数据】选项卡→【排序和筛选】组→【排序】按钮，弹出【排序】对话框。也可单击【开始】选项卡→【编辑】组→【排序和筛选】按钮，在下拉列表中选择【自定义排序】命令，弹出【排序】对话框。

② 在【主要关键字】下拉列表框中选择相应字段并选择排序依据及次序，单击【添加条件】按钮，在【次要关键字】下拉列表框中，依次进行设置，设置完排序条件，如图 4-66 所示，单击【确定】按钮。

图 4-66 【排序】对话框

说明：

① 数据表如果不包含标题行，在排序的时候，不勾选【数据包含标题】复选框。

② 单击【排序】对话框中的【选项】按钮，弹出【排序选项】对话框，如图 4-67 所示，可按字母或笔画进行排序。

③ 数据清单也可按自定义序列进行排序，具体操作步骤：首先按 4.2.2 节中的方法创建自定义序列，然后单击数据清单中任一单元格，单击【数据】选项卡→【排序和筛选】组→【排序】按钮，弹出【排序】对话框，在【次

图 4-67 【排序选项】对话框

序】列表中选择"自定义序列"，弹出【自定义序列】对话框，选择自定义序列，单击【确定】按钮关闭【自定义序列】对话框，再单击【确定】按钮关闭【排序】对话框。

4.6.3 数据的分类汇总

分类汇总是在数据清单中快速汇总各项数据的方法。在进行分类汇总前，必须根据分类字段对数据清单进行排序。操作步骤为：

① 按分类字段对数据清单进行排序。

② 利用【数据】选项卡→【分级显示】组→【分类汇总】按钮快速汇总相应数据项。

【例 4-15】打开"素材\第 4 章 Excel\基础实验\例 4-15 数据分类汇总.xlsx"，对"教师信息表"进行分类汇总，汇总计算各部门人数，汇总结果显示在下方。

【解】具体操作步骤如下：

① 在数据清单中，单击部门列任一单元格，单击【数据】选项卡→【排序和筛选】组→【升序】按钮进行排序。

② 单击【数据】选项卡→【分级显示】组→【分类汇总】按钮，弹出【分类汇总】对话框，如图 4-68 所示，

图 4-68 【分类汇总】对话框

【分类字段】选择"部门",【汇总方式】选择"计数",【选定汇总项】为"身份证号",选中【汇总结果显示在数据下方】复选框,单击【确定】按钮完成分类汇总,结果如图 4-69 所示。结果详见"素材\第 4 章 Excel\结果文件\例 4-15 数据分类汇总-完成.xlsx"工作簿。

	职工号	姓名	性别	部门	身份证号	学历	职称	入职时间	基本工资
2	009	李东慧	男	法政学部	5510181986071111	本科	副教授	2010年5月	3214
3	016	张娟	男	法政学部	3270181983101245	硕士研究生	副教授	2010年2月	2524
4				法政学部 计数	2				
7				公共教学部 计数	2				
11				经济管理学部 计数	3				
18				理学部 计数	6				
20				外语 计数	1				
25				外语学部 计数	4				
31				文学部 计数	5				
36				信息工程学部 计数	4				
37	003	许炎锋	男	艺术学部	3101081977121117	本科	教授	2003年7月	3380
38	008	王金科	男	艺术学部	1101021973051022	本科	副教授	2001年10月	3030
39	017	潘成文	男	艺术学部	1101051964100022	硕士研究生	副教授	2001年6月	2852
40				艺术学部 计数	3				
41				总计数	30				

图 4-69　分类汇总结果显示

说明:

① 分类汇总只能按照一个字段对数据清单进行统计,如果需要在数据清单中多次进行汇总,则不用勾选【分类汇总】对话框中的【替换当前分类汇总】复选框。

② 分类汇总完成后,数据清单左侧会出现级别显示按钮 1 2 3 和折叠按钮 ＋、－。单击 1 按钮只显示总的汇总结果,单击 2 按钮显示分类汇总结果和总汇总结果,单击 3 按钮则显示全部数据和汇总结果。

③ 删除分类汇总的方法:在【分类汇总】对话框中单击【全部删除】按钮即可。

④ 只复制分类汇总结果的操作步骤:单击 2 按钮显示分类汇总结果和总汇总结果,选择要复制的单元格区域,单击【开始】选项卡→【编辑】组→【查找和替换】按钮,在下拉列表中选择【定位条件】命令,弹出【定位条件】对话框,选中【可见单元格】单选按钮,如图 4-70 所示,单击【确定】按钮,然后完成复制和粘贴操作,此时只复制可见单元格内容。

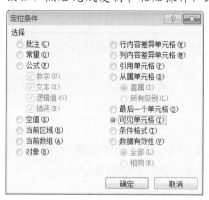

图 4-70　【定位条件】对话框

4.6.4　数据透视表

分类汇总可以按一个字段分类,一次或多次汇总。而数据透视表可以对数据进行多角度分析,即按多个字段分类汇总,从而能快速地对工作表中的数据进行汇总分析。

1. 创建数据透视表

具体操作步骤如下：

① 单击【插入】选项卡→【表格】组→【数据透视表】按钮，在下拉列表中选择【数据透视表】命令，弹出【创建数据透视表】对话框，如图 4-71 所示，选择数据区域及放置数据透视表的位置，单击【确定】按钮，打开【数据透视表字段列表】窗格。

图 4-71　【创建数据透视表】对话框

② 在【数据透视表字段列表】窗格中设置数据透视表布局。拖动右侧【选择要添加到报表的字段】列表框中相应字段到"列标签""行标签""报表筛选"或"数值"框中，完成数据透视表的创建。

【例 4-16】打开"素材\第 4 章 Excel\基础实验\例 4-16 数据透视表创建 1.xlsx"，为"教师信息表"数据清单创建数据透视表，在新工作表"统计表"中显示各部门不同职称的女性员工基本工资平均值，格式为数值型第四种，小数位数为 0 位，数据透视表样式为"数据透视表样式中等深浅 11"。

【解】具体操作步骤如下：

① 单击数据清单中任一单元格，单击【插入】选项卡→【表格】组→【数据透视表】按钮，弹出【创建数据透视表】对话框。

② 选择表区域 A1:I31，放置位置选择"新工作表"，单击【确定】按钮，将新工作表重命名为"统计表"。

③ 在打开的【数据透视表字段列表】窗格中，将字段"部门"拖动到行标签处，"职称"拖动到列标签处，"基本工资"拖动到数值处，将字段"性别"拖动到报表筛选处，如图 4-72 所示。

④ 单击数据透视表中 B2 单元格右侧按钮，在下拉列表中选择"女"，单击【确定】按钮。

⑤ 单击【求和项：基…】按钮，在下拉列表中选择【值字段设置】命令，弹出【值字段设置】对话框，如图 4-73 所示，在【计算类型】列表框中选择"平均值"，单击【数字格式】按钮，在弹出的【设置单元格格式】对话框的【分类】列表框中选择"数值"，小数位数设为 0，单击【确定】按钮，关闭【设置单元格格式】对话框，再次单击【确定】按钮，关闭【值字段设置】对话框。

⑥ 单击数据透视表任一单元格，单击【数据透视表工具】/【设计】选项卡→【数据透视表样式】组→【其他】按钮，在下拉列表中选择【数据透视表样式中等深浅 11】样式，完成后结果如图 4-74 所示。结果详见"素材\第 4 章 Excel\结果文件\例 4-16 数据透视表创建 1-完成.xlsx"工作簿。

图 4-72 【数据透视表字段列表】窗格

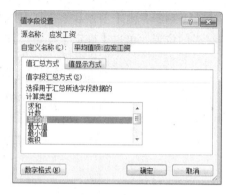

图 4-73 【值字段设置】对话框

	A	B	C	D
1	性别	女		
2				
3	平均值项:基本工资	列标签		
4	行标签	副教授	讲师	总计
5	公共教学部		2763	2763
6	经济管理学部	3148		3148
7	理学部	2532	3239	2767
8	外语	3326		3326
9	外语学部	3061	3247	3185
10	文学部	2791		2791
11	信息工程学部	2655	3038	2846
12	总计	2837	3095	2948

图 4-74 完成后的数据透视表

说明：步骤③也可通过以下方法完成。

右击字段"部门"，在弹出的快捷菜单中选择【添加到行标签】命令；右击字段"职称"，在弹出的快捷菜单中选择【添加到列标签】命令；右击字段"基本工资"，在弹出的快捷菜单中选择【添加到值】命令；右击字段"性别"，在弹出的快捷菜单中选择【添加到报表筛选】命令。

【例 4-17】打开"素材\第 4 章 Excel\提高实验\例 4-17 数据透视表创建 2.xlsx"，根据"化妆品销量表"中的数据建立数据透视表，结果显示的起始位置在现有工作表 E3 单元格处，行标签为"品牌"，列标签为"日期"，销量（件）为求和汇总项，在数据透视表中显示各品牌每季度的销售情况。

【解】具体操作步骤如下：

① 单击数据清单中任一单元格，单击【插入】选项卡→【表格】组→【数据透视表】按钮，弹出【创建数据透视表】对话框。

② 选择表区域 A2:C346，放置位置选择"现有工作表"，将光标定位到【位置】框中，在工作表中单击 E3 单元格，单击【确定】按钮。

③ 在打开的【数据透视表字段列表】窗格中，将字段"品牌"拖动到行标签处，"日期"拖动到列标签处，"销量（件）"拖动到数值处。

④ 在数据透视表日期单元格处右击，在弹出的快捷菜单中选择【创建组】命令，弹出【分组】对话框，在【步长】框中选择"季度"，如图 4-75 所示，单击【确定】按钮，结果如图 4-76 所示。结果详见"素材\第 4 章 Excel\结果文件\例 4-17 数据透视表创建 2-完成.xlsx"工作簿。

图 4-75　【分组】对话框

求和项:销量（件）	列标签				
行标签	第一季	第二季	第三季	第四季	总计
九朵云	628	576	114	478	1796
兰蔻	372	356	714	548	1990
欧莱雅	382	474	598	604	2058
水密码	556	698	982	1096	3332
温碧泉	236	552	478	380	1646
雅诗兰黛	1162	676	894	408	3140
王兰油	374	1032	844	814	3064
御泥坊	488	374	264	370	1496
总计	4198	4738	4888	4698	18522

图 4-76　完成后的数据透视表

2. 编辑数据透视表

单击数据透视表中任一单元格，功能区会出现【数据透视表工具】选项卡，如图 4-77 所示，利用该选项卡完成数据透视表的编辑及格式设置。右击数据透视表，在弹出的快捷菜单中选择【数据透视表选项】命令，弹出【数据透视表选项】对话框，如图 4-78 所示，利用该对话框的选项可以改变数据透视表的布局、格式、汇总、筛选项以及显示方式等。

图 4-77　【数据透视表工具】选项卡

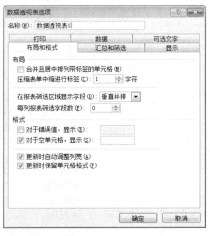

图 4-78　【数据透视表选项】对话框

4.6.5　数据的合并

　　数据合并是指把不同数据区域的数据进行汇总，并进行合并计算。不同数据区域可以为同一工作表中、同一工作簿的不同工作表中、不同工作簿中的数据区域。数据合并是通过建立合并表的方式进行的。利用【数据】选项卡→【数据工具】组→【合并计算】按钮完成数据合并。

　　【例 4-18】打开"素材\第 4 章 Excel\提高实验\例 4-18 数据合并.xlsx"，对"数据合并"表进行数据合并计算，数据表为石家庄和北京的三个品牌手机各月份的销售额数据清单，现需计算出各月三种手机的总销售额，结果显示在区域 K2:N11。

　　【解】具体操作步骤如下：

　　① 单击 K2 单元格，单击【数据】选项卡→【数据工具】组→【合并计算】按钮，弹出【合并计算】对话框，如图 4-79 所示。

　　② 在【函数】下拉列表中选择"求和"，将光标定位在引用位置框中，在工作表中选择 A2:D11 单元格区域，单击【添加】按钮，再选择 F2:I11 单元格区域，单击【添加】按钮，选择【首行】、【最左列】复选框，如图 4-80 所示，单击【确定】按钮，完成效果如图 4-81 所示。结果详见"素材\第 4 章 Excel\结果文件\例 4-18 数据合并-完成.xlsx"工作簿。

图 4-79　【合并计算】对话框　　　　　　图 4-80　设置后的【合并计算】对话框

K	L	M	N
	合计销售额		
	小米	三星	联想
2010年10月	51014	48825	10751
2010年11月	51133	49431	11812
2010年12月	51353	49134	14842
2011年1月	49567	45092	13010
2011年2月	56434	44348	14473
2011年3月	55318	44158	33615
2011年4月	32975	43156	29443
2011年5月	33225	43298	29154
2011年6月	33355	42106	15998

图 4-81　完成后效果图

说明：

① 工作表中应用过合并计算后，再次打开【合并计算】对话框时，所有引用位置框中会保留上次合并计算所引用的位置，如果要进行新的合并计算，需先删除原所有引用位置，再添加新引用位置。

② 源数据不在同一工作表的时候，可以选中【创建指向源数据的链接】复选框，当源数据变化时，合并计算结果也随之变化。合并计算结果以分类汇总的方式显示，在合并结果工作表中可以查看源数据信息。

【例 4-19】销售部小赵需要对 2014 年和 2015 年的图书销售情况进行统计分析，以便制订新的销售计划和工作任务。请根据下列要求帮助小赵对数据进行整理和分析。

1. 打开"素材\第 4 章 Excel\综合实验\ Excel_素材.xlsx"工作簿，将其另存为"Excel.xlsx"，之后所有的操作均在"Excel.xlsx"文件中进行。

2. 根据工作表"图书定价"、"城市对照" 填充"订单明细"表中的"单价"、"所属区域"列。

3. 按如下规则填充"订单明细"表中的"销售额"列：如果每订单的图书销量超过 20 本（含 20 本），则按 95 折销售；如果每订单的图书销量超过 50 本（含 50 本），则按 85 折销售；其它按原价进行销售。"销售额"列保留两位小数，以显示精度参与后续计算。

4. 根据"订单明细"表填充"统计分析"表中的 2014 年图书销售统计报告中的 B3 至 B6 单元格。

5. 根据"订单明细"表填充"统计分析"表中 2015 年图书销售分析，统计 2015 年各类图书在每月的销售量，并将统计结果填充在所对应的单元格中。

6. 在"统计分析"表中的 N13:N28 单元格中，插入用于统计各类图书 1 月至 12 月销售趋势的迷你折线图。

7. 根据"订单明细"工作表中的销售记录创建数据透视表，在新工作表"区域统计"中显示各区域各类图书累计销售金额。其中行标签为"图书名称"，"销售额"为求和汇总项，报表筛选字段为"所属区域"，并将销售金额设置为会计专用、保留两位小数的数值格式。

8. 根据生成的数据透视表，在透视表下方创建一个图，图表中仅到北区各类图书销售情况进行比较。

9. 保存文件。

4.7　数据的保护

4.7.1　工作簿和工作表的保护

Excel 可以有效地保护工作簿中的数据，防止他人非法修改数据。如设置密码，不允许无关人员访问；为防止他人修改表数据，可以设为只可访问，不可修改。

1. 保护工作簿

工作簿的保护即可以防止他人非法访问，也可禁止他人对工作簿的非法修改。保护工作簿的操作步骤为：

① 打开工作簿，选择【文件】→【另存为】命令，弹出【另存为】对话框。

② 单击【工具】按钮，选择【常规选项】命令，弹出【常规选项】对话框。

③ 在【打开权限密码】框中输入密码，单击【确定】按钮，要求用户再输入一次密码，以便确认。

④ 在【修改权限密码】文本框中输入密码，单击【确定】按钮，要求用户再输入一次密码，以便确认。

说明：如要修改密码，在【常规选项】对话框中直接输入新密码并保存，单击【确定】按钮；如果要取消密码，删除密码，单击【确定】按钮。

2. 保护工作簿结构和窗口

工作簿结构和窗口的保护即不允许对工作表进行插入、删除等操作，禁止对工作簿窗口的移动、缩放等操作。操作步骤为：

① 单击【审阅】选项卡→【更改】组→【保护工作簿】按钮，弹出【保护结构和窗口】对话框。

② 选中【结构】、【窗口】复选框，输入密码，要求用户再输入一次密码，单击【确定】按钮。若要取消保护，再次单击【保护工作簿】按钮，输入密码，单击【确定】按钮即可取消保护。

3. 保护工作表

除了保护工作簿外，也可以保护工作表。操作步骤为：

① 选择要操作的工作表。

② 单击【审阅】选项卡→【更改】组→【保护工作表】按钮，弹出【保护工作表】对话框。

③ 按实际需要选择允许用户操作的项，输入密码。若要取消保护，单击【撤销工作表保护】按钮即可取消保护。

4. 保护公式

如果不希望别人看到单元格中的公式，则可以将其隐藏起来。操作步骤为：

① 选择需要隐藏公式的单元格右击，在弹出的快捷菜单中选择【设置单元格格式】命令。

② 在弹出的【设置单元格格式】对话框中，单击【保护】选项卡，选择【隐藏】选项，单击【确定】按钮。

③ 单击【审阅】选项卡→【更改】组→【保护工作表】按钮，完成工作表的保护。

4.7.2　工作表的隐藏

除了对工作表进行密码保护，也可将其设为"隐藏"，工作表一旦设为隐藏，其内容是不可见的，在一定程度上也起到了保护作用。

利用【视图】选项卡→【窗口】组→【隐藏】命令可以隐藏工作簿工作表的窗口，隐藏后，屏幕上不再出现该工作表，但是可以使用工作表中的数据。利用【窗口】组→【取消隐藏】命令，弹出【取消隐藏】对话框，选择要显示的工作簿，单击【确定】按钮。

在工作表标签处右击，在弹出的快捷菜单中选择【隐藏】命令，可以隐藏工作簿中的工作表。还可以隐藏工作表中的某行或某列，选定需要隐藏的行（列）并右击，在弹出的快捷菜单中选择【隐藏】命令。用【取消隐藏】命令即可显示隐藏的工作表、行或列。

小结

本章主要介绍了电子表格处理软件 Excel 2010 的应用程序工作窗口、基本操作、数据编辑及格式化、函数的使用、图表创建和数据分析处理。

Excel 2010 是 Office 2010 办公软件的重要组成部分，是一款应用广泛的电子表格软件。利用 Excel 可以方便地制作出美观易用的表格；利用 Excel 提供的公式和函数功能，可以对数据进行各类复杂运算并提高计算的准确性；利用 Excel 提供的数据库管理功能，可以对以数据清单形式存放的表格进行排序、筛选、分类汇总和建立数据透视表等分析和统计操作；利用 Excel 提供的图表功能，可以对数据进行直观分析。Excel 不仅提供了小巧实用的迷你图，还提供了丰富的图表类型、强大的图表编辑工具用以创建和编辑图表，使人们更容易理解大量数据及不同数据系列之间的关系。

习题

一、选择题

1. 工作表中的行号和列标是采用（　　）。

   A. 行号用字母表示，列标用数字表示　　B. 行号和列标均用数字表示

   C. 行号用数字表示，列标用字母表示　　D. 行号和列标均用字母表示

2. 向 Excel 工作表的任一单元格输入内容后，都必须确认后才认可。确认的方法不正确的是（　　）。

   A. 按光标移动键　　　　　　　　　　　B. 按【Enter】键

   C. 单击另一单元格　　　　　　　　　　D. 双击该单元格

3. 在 Excel 中将单元格变为活动单元格的操作是（　　）。

   A. 用鼠标单击该单元格　　　　　　　　B. 在当前单元格内输入该目标单元格地址

   C. 将鼠标指向该单元格　　　　　　　　D. 没必要，因为每一个单元格都是活动的

4. 在 Excel 中单元格地址是指（　　）。

   A. 每一个单元格　　　　　　　　　　　B. 每一个单元格的大小

   C. 单元格所在的工作表　　　　　　　　D. 单元格在工作表中的位置

5. 在 Excel 中引用两个区域的公共部分，应使用引用运算符（　　）。

   A. 冒号　　　　　　B. 连字符　　　　　　C. 逗号　　　　　　D. 空格

6. 在 Excel 中参数必须用（　　）括起来，以告诉公式参数开始和结束的位置。

   A. 中括号　　　　　　B. 双引号　　　　　　C. 圆括号　　　　　　D. 单引号

7. 在 Excel 中，当公式中出现被零除的现象时，产生的错误值是（　　）。

   A. #N/A!　　　　　　B. #DIV/0!　　　　　　C. #NUM!　　　　　　D. #VALUE!

8. 在 Excel 中，当某单元格中的数据被显示为充满整个单元格的一串 "#####" 时，说明（　　）。

　　A. 其中的公式内出现 0 做除数的情况

　　B. 显示其中的数据所需要的宽度大于该列的宽度

　　C. 其中的公式内所引用的单元格已被删除

　　D. 其中的公式内含有 Excel 不能识别的函数

9. 在 Excel 中图表是（　　）。

　　A. 照片　　　　　　　　　　　　B. 可以用画图工具进行编辑的

　　C. 工作表数据的图形表示　　　　D. 根据工作表数据用画图工具绘制的

10. 在 Excel 中产生图表的基础数据发生变化后，图表将（　　）。

　　A. 被删除　　　　　　　　　　　B. 发生改变，但与数据无关

　　C. 不会改变　　　　　　　　　　D. 发生相应的改变

二、操作题

打开 "素材\第 4 章\习题\员工工资表.xlsx" 工作簿，按下列要求操作。

1. 工作表的基本编辑。

（1）在第一列左侧插入一列，并在 A1 单元格输入 "员工编号"。设置 A1:F1 单元格字体为楷体，字号 15，并自动调整列宽。

（2）在第一行前插入一行，并在 A1 单元格输入标题 "员工工资表"。设置第一行行高为 30 磅，字体为楷体，字号 20，合并及居中 A1:G1 单元格。

（3）Sheet1 重命名为 "员工信息表"，标签颜色设为标准色绿色。

（4）单元格区域 A2:G52 格式设置为：添加细实线蓝色内边框，双线紫色外边框，填充颜色为水绿色，强调文字颜色 5，淡色 80%。

（5）单元格区域 A3:G52 格式设置为：字体为宋体，字号为 11，单元格对齐方式为垂直水平居中对齐，行高为 20 磅。

2. 数据填充。

（1）填充 "员工编号" 列数据，员工编号依次为 911001～911050，步长为 1。

（2）公式填充 "应发工资" 列数据，应发工资=岗位工资+绩效工资，无小数位。

（3）根据 "应发工资" 公式计算 "个人税率"，百分比样式。应发工资小于等于 3 500 时个人税率显示空白；小于等于 5 000 时个人税率为 3%；小于等于 8 000 时个人税率为 10%；8 000 以上为 20%。

3. 创建新的工作表。

在 "员工信息表" 之后为其建立四个副本，分别命名为 "工资查询表" "工资对比图" "工资筛选表" "部门平均工资表"。

4. 员工信息表的设置。

对 "员工信息表" 工作表完成如下操作：应发工资大于或等于 5 000 的单元格字体设置为标准色红色、加粗，填充为标准色黄色。

5. VLOOUP()函数应用。

使用"VLOOUP()函数"对"工资查询表"工作表完成如下操作：

（1）在 K2 单元格输入"员工编号"、L2 单元格输入"应发工资"。

（2）查找工号为"911015""911025""911035""911045"的应发工资。

6. 设置"工资对比图"工作表。

在"工资对比图"工作表中完成如下操作：

（1）按"所属部门"分类汇总"岗位工资""绩效工资"的平均值。

（2）根据汇总数据创建图表，要求如下：

① 分类轴为"所属部门"；数值轴为"岗位工资""绩效工资"的平均值。

② 图表类型：三维簇状柱形图。

③ 图表标题为员工工资对比图，字体为楷体 20 红色加粗，位于图表上方。

④ 图例显示在图表底部，无网络线，背景墙为白色大理石。

⑤ 图表区域高度为 15 厘米、宽度为 18 厘米，填充为橙色、强调文字颜色 6、淡色 60%，将其插入到 I2:R23 单元格区域。

⑥ 设置数值轴格式：最大值为 3500，主要刻度为 100。

⑦ 将"岗位工资"系列填充为"碧海青天"，"绩效工资"系列填充为"熊熊火焰"。

7. 设置"工资筛选表"工作表。

在"工资筛选表"工作表中完成如下操作：

（1）筛选条件：岗位工资大于 3 000 且应发工资大于 5 000；或者绩效工资大于 1 500。

（2）条件区域：起始单元格定位在 L2。

（3）结果复制到：起始单元格定位在 L10。

8. 设置"部门平均工资表"工作表。

对"部门平均工资表"工作表中完成如下操作：

（1）在"员工姓名"列后插入一列，在 C2 单元格输入"级别"。

（2）对工作表按"部门""岗位工资"升序排列。

（3）填充"级别"列，C3:C6、C13:C18、C31:34、C42:C45 填充为"办事员"；C10:C12、C28:C30、C40:C41、C51:C52 填充为"处级"；其他单元格填充为"科级"。

（4）在工作表内创建数据透视表，起始单元格定位在 K2，显示各部门各级别岗位工资平均值和应发工资的平均值，数据透视表内数字为数值型，无小数位。

第5章

➡ 演示文稿制作软件 PowerPoint 2010

PowerPoint 2010 是 Microsoft Office 2010 的组件之一，广泛应用于会议报告、课程教学、广告宣传、产品演示等方面。使用 Microsoft PowerPoint 2010，可以将文字、图片、声音、动画和电影等多种媒体有机结合在一起。PowerPoint 2010 演示文稿可以通过计算机屏幕或者投影仪进行放映，或通过 Web 进行远程发布，还可以与其他用户共享文件。

5.1　PowerPoint 2010 概述

5.1.1　PowerPoint 2010 演示文稿的基本操作

演示文稿是由 PowerPoint 2010 创建的文档，一般包括为某一演示目的而制作的幻灯片、演讲者备注和旁白等内容。PowerPoint 2010 的文件扩展名为.pptx。演示文稿的基本操作包括启动、打开、创建、保存、退出等。

1. 启动 PowerPoint

PowerPoint 2010 可以通过以下几种方式启动。

方法一：单击【开始】按钮，选择【所有程序】→【Microsoft Office】→【Microsoft Office PowerPoint 2010】命令。

方法二：双击桌面上的 PowerPoint 2010 快捷方式图标。

方法三：双击一个已有文件，启动 PowerPoint 2010 并打开这个文件。

2. 打开演示文稿

演示文稿可通过以下几种方法打开：

方法一：启动 PowerPoint 2010，选择【文件】→【打开】命令，选择需要打开的演示文稿。

方法二：启动 PowerPoint 2010，选择【文件】→【最近所用文件】命令，选择需要打开的演示文稿。

方法三：通过资源管理器，双击需要打开的演示文稿。

3. 创建演示文稿

演示文稿可通过以下几种方法创建：

方法一：启动 PowerPoint 2010，系统自动创建一个空白演示文稿，默认文件名为"演示文稿 1.pptx"，可以在保存时重命名。

方法二：启动 PowerPoint 2010，选择【文件】→【新建】命令，在【可用的模板和主题】中，双击【空白演示文稿】选项，如图 5-1 所示。

图 5-1 【新建】选项

4. 保存演示文稿

演示文稿可通过以下几种方法保存：

方法一：选择【文件】→【保存】命令，默认保存类型是.pptx。另外，若用户要保存的演示文稿用于 PowerPoint 97–2003，保存类型应选择"PowerPoint 97–2003 演示文稿（*.ppt）"。

方法二：单击快速访问工具栏中的【保存】按钮 。

方法三：选择【文件】→【另存为】命令，在弹出对话框中修改【文件名】或【保存位置】即可。

5. 退出 PowerPoint

演示文稿可通过以下几种方法退出：

方法一：单击程序窗口右上角的【关闭】按钮。

方法二：选择【文件】→【退出】命令。

方法三：按【Alt+F4】组合键。

5.1.2 PowerPoint 2010 窗口界面

PowerPoint 2010 的窗口界面由标题栏、快速访问工具栏、选项卡、功能区、幻灯片/大纲浏览窗格、幻灯片窗格、备注窗格、状态栏、视图按钮等部分组成，如图 5-2 所示。

图 5-2　PowerPoint 2010 窗口

1. 标题栏

标题栏显示打开的文件名称和软件名称 Microsoft PowerPoint 所组成的标题内容。右边是 3 个程序控制按钮：最小化、最大化/向下还原、关闭。

2. 快速访问工具栏

快速访问工具栏位于窗口左上角，默认情况下，它有保存、撤销和恢复三个按钮。利用工具栏右侧的【自定义快速访问工具栏】按钮，用户可以增加或更改按钮。

3. 选项卡

选项卡包括【文件】、【开始】、【插入】、【设计】、【切换】、【动画】、【幻灯片放映】、【审阅】、【视图】等。选项卡下含有多个组，这些选项卡和组可以进行绝大多数操作。当操作对象不同时，还会增加相应选项卡，称为"工具选项卡"。例如，当插入某一 SmartArt 图形后，选中此图形时，会显示【SmartArt 工具】/【设计】选项卡，如图 5-3 所示。

图 5-3　【SmartArt 工具】/【设计】选项卡

4. 功能区

功能区位于选项卡的下面，当选中某选项卡时，其对应的多个命令组出现在其下方，每个命令组内含有若干命令。

5. 演示文稿编辑区

演示文稿编辑区位于功能区下方，包括左侧的幻灯片/大纲浏览窗格、右侧上方的幻灯片窗格和右侧下方的备注窗格。

（1）幻灯片窗格

幻灯片窗格是整个演示文稿的核心，它位于工作界面的中间，用于显示和编辑幻灯片，所有幻灯片的制作都是在这个窗格完成的，其中包括编辑区、标尺、滚动条和幻灯片切换按钮等几个部分。

（2）幻灯片/大纲浏览窗格

"大纲/幻灯片"浏览窗格位于工作界面的左侧，用于显示幻灯片的数量及位置，通过它可方便地掌握演示文稿的结构。它包括【大纲】和【幻灯片】两个选项卡，单击不同的选项卡可在不同的窗格间切换。

【大纲】选项卡：可以方便地输入演示文稿要介绍的一系列文字内容，并可同时在右侧的幻灯片窗格观察到幻灯片的变化；而在幻灯片窗格中编辑内容时，也能随时从大纲浏览窗格中查看演示文稿的整体层次。

【幻灯片】选项卡：以缩略图的形式显示演示文稿的幻灯片，易于展示演示文稿的整体效果，同时可以利用这些缩略图来复制、删除幻灯片，或者调整幻灯片的前后顺序。

（3）备注窗格

幻灯片窗格下面是备注窗格，用于输入在演示时要使用的备注。如果需要在备注中加入图形，则必须转入到备注页才能实现。

6. 视图按钮

PowerPoint 2010 根据用户的不同需要，提供【普通视图】、【幻灯片浏览视图】、【阅读视图】、【幻灯片放映视图】四种视图。单击视图按钮就可以方便地切换到相应的视图模式。

7. 状态栏

位于窗口底部，主要显示当前幻灯片的页数、主题、输入法等信息。

5.1.3 PowerPoint 2010 视图方式

PowerPoint 2010 提供了四种视图方式，它们各有不同的用途，用户可以在窗口右下方找到普通视图、幻灯片浏览视图、阅读视图和幻灯片放映视图。单击窗口右下角的【视图】按钮 即可更改视图。

1. 普通视图

普通视图是最常使用的视图模式，默认采用"三窗口式"操作界面，该界面常用于编辑幻灯片，如图 5-2 所示。

2. 幻灯片浏览视图

幻灯片浏览视图是指以缩略图的形式显示幻灯片的视图。通过幻灯片浏览视图可以轻松地对演示文稿的顺序进行排列和组织，还可以很方便地在幻灯片之间添加、删除和移动幻灯片以及选择切换动画，但不能对幻灯片内容进行修改，如果要对某张幻灯片内容进行修改，可以双击该幻灯片切换到普通视图，再进行修改，如图 5-4 所示。

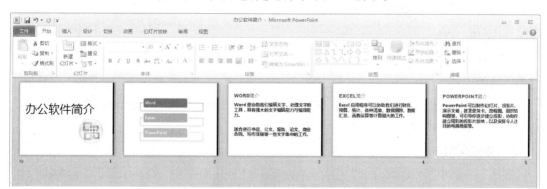

图 5-4　幻灯片浏览视图

3. 阅读视图

可将演示文稿作为适应窗口大小的幻灯片放映查看，视图只保留幻灯片窗格、标题栏和状态栏，其他编辑功能被屏蔽。在阅读视图中，用户可以查看到幻灯片的整体放映效果。

4. 幻灯片放映视图

幻灯片放映视图用于切换到全屏显示效果下，对当前幻灯片内容进行播放。在幻灯片放

映视图中，用户可以观看演示文稿的放映效果，但无法对幻灯片的内容进行编辑和修改，如需修改幻灯片中的内容，可以按【Esc】键切换到普通视图中编辑幻灯片。

5.2 演示文稿的设计

PowerPoint 提供了多种演示文稿外观设计、用户交互功能，用户可以采用多种方式修饰和美化演示文稿、设置动画效果，制作出精美的幻灯片，更好地展示用户表达的内容。演示文稿中不仅包含文本，还可以插入图片与艺术字、表格与图表、音频与视频等媒体对象，充分地使用这些对象，可以使演示文稿达到意想不到的效果。为了美化演示文稿，PowerPoint可以对版式、主题、背景进行选择和自定义设置。PowerPoint 还具有交互性和动态性，通过动画效果和切换方式的设置，使得演示文稿播放时更加生动和富有感染力。

5.2.1 幻灯片的版式

幻灯片版式包含要在幻灯片上显示的全部内容的格式设置、位置和占位符。占位符是版式中的容器，可容纳如文本、表格、声音、图片等内容。而版式也包含幻灯片的主题、字体和效果等。每次添加新幻灯片时，都可以在【Office 主题】列表中为其选择一种版式，也可以选择空白版式。

1. 幻灯片版式

PowerPoint 提供了多个幻灯片版式供用户选择。幻灯片版式确定了幻灯片内容的布局，单击【开始】选项卡→【幻灯片】组→【新建幻灯片】按钮，在打开的下拉列表中选择适合的版式。也可以更换版式，方法为：在幻灯片空白处右击，在弹出的快捷菜单中选择【版式】命令。

5.2.2 幻灯片的基本操作

1. 选择幻灯片

对幻灯片进行相关操作前必须先将其选中。单击【幻灯片】选项卡中某张幻灯片的缩略图即可选中该幻灯片。

结合【Shift】或【Ctrl】键可选中多个连续或不连续的幻灯片。按【Ctrl+A】组合键，可选中当前演示文稿中的全部幻灯片。

2. 添加幻灯片

方法一：选中某张幻灯片，单击【开始】选项卡→【幻灯片】组→【新建幻灯片】按钮（快捷键【Ctrl+M】），从打开的下拉列表中选择需要的幻灯片版式，即在选中幻灯片的后面添加一张新幻灯片。

方法二：右击某张幻灯片，在弹出的快捷菜单中选择【新建幻灯片】命令。

方法三：在【幻灯片浏览】视图下，在两张幻灯片之间右击，在弹出的快捷菜单中选择【新建幻灯片】命令。

方法四：单击【开始】选项卡→【幻灯片】组→【新建幻灯片】按钮，将在当前幻灯片下插入一张版式相同的幻灯片。

方法五：单击【开始】选项卡→【幻灯片】组→【新建幻灯片】按钮，在下拉列表中选择【重用幻灯片】命令，可以在打开的演示文稿中重复使用来自幻灯片库或其他 PowerPoint 文件的幻灯片。

方法六：单击【开始】选项卡→【幻灯片】组→【新建幻灯片】按钮，在下拉列表中选择【幻灯片（从大纲）】命令，在弹出的【插入大纲】对话框中选择文件，此文件内容将转化成幻灯片。

3. 删除幻灯片

方法一：选中需要删除的幻灯片，按【Delete】键即可删除该幻灯片。

方法二：在视图窗格【大纲】或【幻灯片】选项卡下右击某张幻灯片，在弹出的快捷菜单中选择【删除幻灯片】命令。

4. 复制幻灯片

方法一：在【普通视图】或【幻灯片浏览】视图下选中幻灯片，单击【开始】选项卡→【剪贴板】组→【复制】按钮，光标定位在目标位置，单击【剪贴板】组→【粘贴】按钮。

方法二：在【大纲】或【幻灯片】浏览窗格下右击某张幻灯片，在弹出的快捷菜单中选择【复制幻灯片】命令，右击目标位置前的幻灯片，在弹出的快捷菜单中选择【粘贴】命令。

5. 移动幻灯片

方法一：在【普通视图】或【幻灯片浏览】视图下选中某张幻灯片，单击【开始】选项卡→【剪贴板】组→【剪切】按钮，找到目标位置，单击【剪贴板】组→【粘贴】按钮。

方法二：在【大纲】或【幻灯片】选项卡下右击某张幻灯片，在弹出的快捷菜单中选择【剪切】命令，右击目标位置前的幻灯片，在弹出的快捷菜单中选择相应【粘贴选项】。

方法三：在【普通视图】或【幻灯片浏览】视图下，选中某幻灯片，按住左键拖拽到目标位置，松开左键即可移动该幻灯片。

6. 更改幻灯片版式

选中某张幻灯片，单击【开始】选项卡→【幻灯片】组→【版式】按钮，从下拉列表中选择需要的版式即可。

5.2.3 幻灯片中内容的设计

1. 使用占位符

在【普通视图】模式下，幻灯片中被虚线框起来的部分就是占位符。用户可在占位符中输入文本或插入图表、图片等，还可设置占位符的文本格式等。

2. 使用文本框

（1）插入文本框

方法一：单击【插入】选项卡→【文本】组→【文本框】按钮，在下拉列表中选择【横排文本框】或【垂直文本框】命令，光标变成十字形，在目标位置拖动合适大小即可完成文本框绘制。

方法二：单击【插入】选项卡→【绘图】组→【形状】按钮，在下拉列表中选择【文本框】或【垂直文本框】，绘制文本框，并在其中输入文本。

（2）设置文本格式

单击【开始】选项卡→【字体】或【段落】组里的命令，可设置文本的字体、字号、颜色，还可以设置文本的缩进、行距或添加项目符号等。

（3）设置文本框样式

选中文本框，功能区出现【绘图工具】/【格式】选项卡，在【形状样式】组中可以设置文本框的主题、形状填充、形状轮廓、形状效果等。单击【形状样式】组右下侧的对话框启动器，弹出【设置形状格式】对话框，可对填充、线条颜色、线型、三维格式等多项进行设置。

3. 使用大纲浏览窗口

文稿中的文字通常具有不同的层次结构，可使用大纲浏览窗口进行文字编辑，方法如下：

① 在大纲浏览窗格内选择一张需编辑的幻灯片缩略图，可直接输入幻灯片标题，此时，按【Enter】键可插入一张新幻灯片。

② 在大纲浏览窗格内新建一张幻灯片，之后按【Tab】键可将其转换为之前幻灯片的下级标题，同时输入文字，再按【Enter】键，可输入多个同级标题。

说明：在大纲浏览窗口中，按【Ctrl+Enter】组合键可插入一张新幻灯片，按【Shift+Enter】组合键可实现换行输入。

4. 插入艺术字

单击【插入】选项卡→【文本】组→【艺术字】按钮，在下拉列表中选择某种样式，幻灯片编辑区中出现【请在此放置您的文字】艺术字编辑框，输入文本内容，可在幻灯片上看到文本的艺术效果。如需改变艺术字的格式，先选中艺术字，单击【绘图工具】/【格式】选项卡→【艺术字样式】组的命令，可对艺术字的样式、填充、轮廓、效果进行设置。或者右击艺术字，在弹出的快捷菜单中设置艺术字的形状格式。

5. 插入表格

方法一：在内容占位符中单击【插入表格】图标，选择要插入的表格行数和列数。

方法二：单击【插入】选项卡→【表格】组→【表格】按钮，选择要插入的表格行数和列数。

方法三：单击【插入】选项卡→【表格】组→【表格】按钮，在下拉列表中选择【插入表格】命令，在对话框中输入行数和列数。

若需美化和编辑表格，可用【表格工具】/【设计】或【布局】选项卡相应命令具体设置。

6. 插入图表

图表能更加直观的显示数据之间的比较关系。在幻灯片中插入一张图表，方法如下：

① 新建一张幻灯片，选择【标题和内容】的幻灯片版式。

② 输入标题，在占位符中单击【插入图表】图标，弹出【插入图表】对话框，如图5-5所示，选择图表类型，单击【确定】按钮，在打开的数据表中输入需要生成图表的数据。

③ 如需进一步美化图表，可选择【图表工具】/【设计】选项卡→【图表样式】组中的各种样式进行设置。

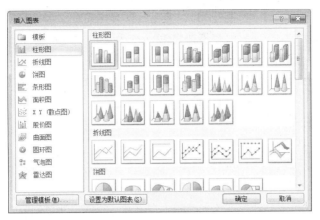

图 5-5 【插入图表】对话框

7. 插入图片

在幻灯片中加入一些与文稿主题有关的图片，使效果更加生动有趣、富有吸引力。插入的图片主要有两类：剪贴画和图片文件。插入剪贴画、图片有两种方法：

方法一：功能区命令。单击【插入】选项卡→【图像】组→【剪贴画】按钮，右侧出现【剪贴画】窗口，在【搜索文字】文本框输入搜索关键字，单击【搜索】按钮，选中相应图片即可插入到幻灯片中。同样方法，单击【插入】选项卡→【图像】组→【图片】按钮，弹出【插入图片】对话框，打开相应的文件夹选择图片并插入。

方法二：内容占位符（选择包含内容的自动版式）。单击内容占位符中的【剪贴画】图标，弹出【剪贴画】窗格，工作区内显示的是管理器里已有的图片，双击所需图片即可插入。如果插入图片文件，单击内容占位符中的【插入来自文件的图片】图标，弹出【插入图片】对话框，打开相应的文件夹选择图片并插入。

【例 5-1】根据"例 5-1 石家庄景点介绍.docx"文件以及各景点图片，按照如下要求制作演示文稿：

（1）新建一个演示文稿，并以"例 5-1 石家庄旅游景点介绍.pptx"为文件名保存到"素材\第 5 章 PowerPoint\基础实验"文件夹下。

（2）第一张标题幻灯片中的标题设置为"石家庄旅游景点介绍"，副标题为"历史与现代的完美融合"。

（3）第二张幻灯片的版式为"标题和内容"，标题为"石家庄主要景点"，在内容占位符中以项目符号列表方式依次添加下列内容：西柏坡、赵州桥、抱犊寨、嶂石岩、五岳寨。

（4）自第三张幻灯片开始按照西柏坡、赵州桥、嶂石岩、抱犊寨、五岳寨、荣国府的顺序依次介绍石家庄各主要景点，相应的文字素材"例 5-1 石家庄旅游景点介绍.docx"以及图片文件均存放于"素材\第 5 章 PowerPoint\基础实验"文件夹下，要求每个景点介绍占用一张幻灯片，包括相关文字和图片。

（5）最后一张幻灯片的版式设置为"空白"，并插入艺术字"谢谢"。

（6）除标题幻灯片外，其他幻灯片的页脚均包含幻灯片编号、日期和时间（自动更新）。

（7）复制第二张幻灯片，粘贴到最后一张幻灯片之前，标题改为"其他景点"，删除内容占位符中的文字，并在该幻灯片的内容文本框中输入 3 行文字，分别为"天山海世界"、"河北省博物馆"和"驼梁风景区"。将这 3 行文字转换为样式为"水平图片列表"的 SmartArt 对象，并将"天山海世界.jpg"、"河北省博物馆.jpg"和"驼梁风景区.jpg"定义为该 SmartArt 对象的显示图片。

（8）删除"荣国府"景点的幻灯片。

（9）第 5 张幻灯片和第 6 张幻灯片位置互换。

（10）原名保存文件。

【解】具体操作步骤如下：

① 在"素材\第 5 章 PowerPoint\基础实验"文件夹中新建一个 PowerPoint 文件，重命名为"例 5-1 石家庄旅游景点介绍.pptx"。

② 打开此文件，单击【开始】选项卡→【幻灯片】组→【新建幻灯片】下拉按钮，选择【标题幻灯片】版式。单击第一张幻灯片的"单击此处添加标题"占位符，输入文字"石家庄旅游景点介绍"，副标题占位符输入"历史与现代的完美融合"。

③ 选中第一张幻灯片，单击【开始】选项卡→【幻灯片】组→【新建幻灯片】下拉按钮，选择【标题和内容】版式。在标题占位符输入文字"石家庄主要景点"，在内容占位符内输入 5 行文字，分别为"西柏坡"、"赵州桥"、"抱犊寨"、"嶂石岩"、"五岳寨"，使用占位符中默认的项目符号，如图 5-6 所示。

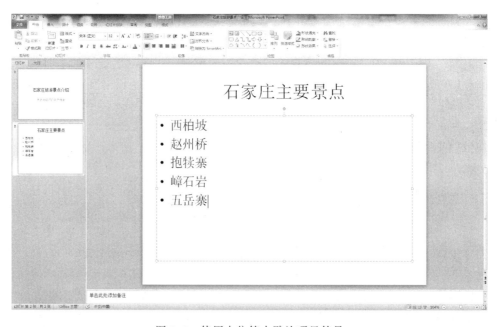

图 5-6　使用占位符中默认项目符号

④ 光标定位在第 2 张幻灯片下方，按【Enter】键，新建一张版式为 "标题和内容"的幻灯片。打开"例 5-1 石家庄景点介绍.docx"文件，选择第一段文字"西柏坡"，进行复制，右击第三张幻灯的标题占位符，在弹出的快捷菜单中选择【粘贴选项】→"只保留文本"命令。复制第二段文字，右击第三张幻灯的内容占位符，在弹出的快捷菜单中选择【粘贴选项】→"只保留文本"命令，调整内容占位符的大小。单击【插入】选项卡→【图像】组→【图片】按钮，弹出"插入图片"对话框，选中"素材\第 5 章 PowerPoint\基础实验"文件夹下的

素材文件"例 5-1 西柏坡.jpg",单击【插入】按钮,如图 5-7 所示,即可插入图片,并适当调整图片的大小和位置。使用同样的方法将介绍赵州桥、嶂石岩、抱犊寨、五岳寨、荣国府的文字粘贴到不同的幻灯片中,并插入相应的图片。

图 5-7　插入图片

⑤　选中第 8 张幻灯片,单击【开始】选项卡→【幻灯片】组→【新建幻灯片】下拉按钮,在弹出的下拉列表中选择"空白"选项。单击【插入】选项卡→【文本】组→【艺术字】下拉按钮,选择"渐变填充–蓝色,强调文字颜色 1",如图 5-8 所示。将艺术字文本框内的文字删除,输入文字"谢谢",适当调整艺术文字的位置。

图 5-8　插入艺术字

⑥ 单击【插入】选项卡→【文字】组→【页眉和页脚】按钮，弹出"页眉和页脚"对话框，勾选"日期和时间"复选框、"幻灯片编号"复选框和"标题幻灯片中不显示"复选框，单击【全部应用】按钮，如图 5-9 所示。

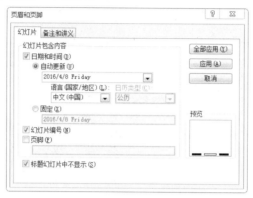

图 5-9 【页眉和页脚】对话框

⑦ 右击第二张幻灯片，在弹出的快捷菜单中选择"复制"命令，光标定在第 8 张幻灯片下方，右击，在弹出的快捷菜单中选择【粘贴选项】→"使用目标主题"命令。在标题占位符中删除原有文字，输入"其他景点"；并在该幻灯片的内容文本框中输入 3 行文字，分别为"天山海世界"、"河北省博物馆"和"驼梁风景区"。 选中"天山海世界"、"河北省博物馆"和"驼梁风景区"三行文字，单击【开始】选项卡→【段落】组→【转化为 SmartArt】按钮，在弹出的下拉列表中选择"其他 SmartArt 图形"命令，在弹出的"选择 SmartArt 图形"对话框中选择【列表】→"水平图片列表"命令，单击【确定】按钮，如图 5-10 所示。 在 SmartArt 中，单击"天山海世界"所对应的图片按钮。在弹出的"插入图片"对话框中选择"例 5-1 天山海世界.jpg"图片插入。使用同样的方法，依次插入"例 5-1 河北省博物馆.jpg"和"例 5-1 驼梁风景区.jpg"图片。

图 5-10 转换为 SmartArt

⑧ 单击标题为"荣国府"的幻灯片,在弹出的快捷菜单中选择"删除幻灯片"命令。

⑨ 单击第 5 张幻灯片,在弹出的快捷菜单中选择"剪切"命令,光标定在第 5 张幻灯片下方,右击,在弹出的快捷菜单中选择【粘贴选项】→"使用目标主题"命令。

⑩ 单击【文件】选项卡→【保存】命令。

具体效果可参看"素材\第 5 章 PowerPoint\结果文件\例 5-1 石家庄旅游景点介绍.pptx"。

8. 插入音频和视频

在幻灯片中加入音频视频对象,如音乐、电影等,可增加视听效果,增强演示文稿的感染力。

(1)在幻灯片中插入音频

在幻灯片中插入音频文件的操作步骤如下:

① 在普通视图下,选定要插入音频的幻灯片。

② 单击【插入】选项卡→【媒体】组→【音频】按钮,在下拉列表中选择【文件中的音频】命令,弹出【插入音频】对话框,找到要插入的音频,将其插入到当前幻灯片。

(2)在幻灯片中插入视频

在幻灯片中插入视频文件的操作步骤如下:

① 在普通视图下,选定要插入视频的幻灯片。

② 单击【插入】选项卡→【媒体】组→【视频】按钮,在下拉列表中选择【文件中的视频】命令,弹出【插入视频】对话框,找到要插入的视频,将其插入到当前幻灯片。

【例 5-2】为"例 5-2 全幻灯片插入音频.pptx"演示文稿添加"例 5-2 背景音乐.mp3",要求:剪切 5~30 秒的音频,循环播放直到演示文稿放映结束;在"例 5-2 部分幻灯片插入音频.pptx"演示文稿的第 3~5 张幻灯片中添加"例 5-2 部分背景音乐.mp3"。

【解】具体操作步骤如下:

① 打开"素材\第 5 章 PowerPoint\基础实验\例 5-2 全幻灯片插入音频.pptx",选中第 1 张幻灯片,单击【插入】选项卡→【媒体】组→【音频】下拉按钮,在列表中选择【文件中的音频】命令,在弹出的对话框中,找到"素材\第 5 章 PowerPoint\基础实验\例 5-2 背景音乐.mp3",单击【插入】按钮。

② 幻灯片中出现音频图标和播放控制条,右击音频图标,在弹出的快捷菜单中选择【剪裁音频】命令。

③ 弹出【剪裁音频】对话框,设置开始时间 00:05,结束时间 00:30,单击【确定】按钮。如图 5-11 所示。

图 5-11 【剪裁音频】对话框

④ 选中音频图标,单击【音频工具】/【播放】选项卡→【音频选项】组→【开始】下拉按钮,选择【跨幻灯片播放】命令,如图 5-12 所示。

⑤ 勾选【放映时隐藏】、【循环播放，直到停止】、【播完返回开头】三个选项，如图 5-12 所示。

图 5-12 【音频选项】组

⑥ 具体效果可参看"素材\第 5 章 PowerPoint\结果文件\例 5-2 全幻灯片插入音频.pptx"。

⑦ 打开"素材\第 5 章 PowerPoint\基础实验\例 5-2 部分幻灯片插入音频.pptx"，选中第 3 张幻灯片，单击【插入】选项卡→【媒体】组→【音频】下拉按钮，在列表中选择【文件中的音频】命令，在弹出的对话框中，找到"素材\第 5 章 PowerPoint\结果文件\例 5-2 部分背景音乐.mp3"，单击【插入】按钮。

⑧ 设置同④、⑤，单击【动画】选项卡→【高级动画】组→【动画窗格】按钮，在打开的动画窗格中单击"例 5-2 部分背景音乐"右侧下拉按钮，选择【效果选项】命令，如图 5-13 所示。

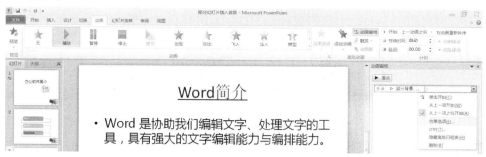

图 5-13 插入音频的效果选项

⑨ 弹出【播放音频】对话框，在【效果】选项卡的【停止播放】选项区域中设置"在 3 张幻灯片后"，如图 5-14 所示。具体效果可参看"素材\第 5 章 PowerPoint\结果文件\例 5-2 部分幻灯片插入音频.pptx"。

图 5-14 【播放音频】对话框

9. 插入 SmartArt 图形

幻灯片中加入 SmartArt 图形，可使版面整洁，便于表现系统的组织结构形式。

插入 SmartArt 图形，使原本单调的内容，更加规范有序。步骤如下：

① 选择 SmartArt 图形。单击【插入】选项卡→【插图】组→【SmartArt】按钮，在弹出的【选择 SmartArt 图形】对话框中选择【垂直框列表】，单击【确定】按钮。

② 输入文本。在【在此处键入文字】对话框中分别输入内容文本，输入完毕后，单击【关闭】按钮，即可完成 SmartArt 图形的插入操作。

10. 插入页眉与页脚

单击【插入】选项卡→【文本】组→【页眉和页脚】按钮，弹出【页眉和页脚】对话框，选择【幻灯片】选项卡。通过选择适当的复选框，可以确定是否在幻灯片的下方添加日期和时间、幻灯片编号、页脚等，并可设置选择项目的格式和内容。设置结束后，若单击【全部应用】按钮，则所做设置将应用于所有幻灯片；若单击【应用】按钮，则所做设置仅应用于当前幻灯片。此外，若选中【标题幻灯片中不显示】复选框，则所做设置将不应用于第一张幻灯片。

11. 插入公式

单击【插入】选项卡→【符号】组→【公式】按钮，选择其中的某一公式项，在幻灯片中即插入已有的公式，再单击此公式，则功能区出现【公式工具】/【设计】选项卡，可以编辑公式。

12. 插入批注

利用批注的形式可以对演示文稿提出修改意见。批注就是审阅文稿时在幻灯片上插入的附注，批注会出现在黄色的批注框内，不会影响原演示文稿。

选择需要插入批注的位置，单击【审阅】选项卡→【批注】组→【新建批注】按钮，在当前幻灯片上出现批注框，在框内输入批注内容，单击批注框以外的区域即可完成输入。

5.2.4 超链接与动作按钮的使用

1. 超链接

使用超链接功能不仅可以在不同的幻灯片之间自由切换，还可以在幻灯片与其他 Office 文档或 HTML 文档之间切换，也可指向 Internet 上的站点。设置超链接的步骤如下：

① 在幻灯片里选择某个对象，单击【插入】选项卡→【链接】组→【超链接】按钮。

② 在弹出的【插入超链接】对话框中，选择要链接的文档、Web 页或电子邮件地址。

说明：幻灯片播放时，把鼠标指针移到设有超链接的对象上，鼠标指针会变成 形，单击即可启动超链接。

【例 5-3】为"例 5-3 超链接.pptx"第 2 张幻灯片上文本"PowerPoint"添加超链接，链接到第 5 张幻灯片（标题：PowerPoint 简介）；为第 3 张幻灯片中的标题"Word 简介"添加超链接，链接到 http://www.baidu.com。

【解】具体操作步骤如下：

① 打开"素材\第 5 章 PowerPoint\基础实验\例 5-3 超链接.pptx"，选中第 2 张幻灯片中

的文本"PowerPoint",单击【插入】选项卡→【链接】组→【超链接】按钮,弹出【插入超链接】对话框,单击【链接到】列表框中【本文档中的位置】按钮,在【请选择文档中的位置】列表框中,选中"5. PowerPoint 简介",单击【确定】按钮即可。如图 5-15 所示。

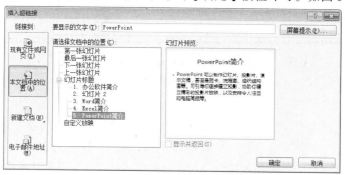

图 5-15 【插入超链接】对话框—本文档中的位置

② 选中第 3 张幻灯片的标题"Word 简介",单击【插入】选项卡→【链接】组→【超链接】按钮,弹出【插入超链接】对话框,单击【链接到】列表框中的【现有文件或网页】按钮,在【地址】文本框中,输入"http://www.baidu.com",如图 5-16 所示,单击【确定】按钮,具体效果可参看"素材\第 5 章 PowerPoint\结果文件\例 5-3 超链接.pptx"。

图 5-16 【插入超链接】对话框—现有文件或网页

2. 动作按钮

动作按钮可以实现在播放幻灯片时切换到其他幻灯片、返回目录幻灯片或直接退出演示文稿播放状态等操作。

单击【插入】选项卡→【插图】组→【形状】按钮,在下拉列表中选择相应的动作按钮,在幻灯片页面中,用鼠标拖动出一个动作按钮,即可弹出【动作设置】对话框,设置相关参数后,单击【确定】按钮即可。

【例 5-4】为"例 5-4 动作按钮.pptx"的最后一张幻灯片的右下角添加动作按钮,自定义样式,高 1.5 厘米,宽 2.5 厘米,单击鼠标时结束放映,按钮上添加文本"结束",设置文字格式为隶书、28 磅。

【**解**】具体操作步骤如下：

① 打开"素材\第 5 章 PowerPoint\基础实验\例 5-4 动作按钮.pptx"文件，单击【插入】选项卡→【插图】组→【形状】下拉按钮，在【动作按钮】区域中选择【动作按钮：自定义】，如图 5-17 所示。

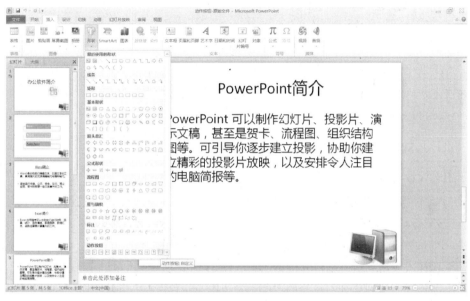

图 5-17　插入动作按钮

② 在幻灯片右下角拖拽出适当的大小，即可弹出【动作设置】对话框，在【单击鼠标】选项卡【超链接到】下拉列表中选择【结束放映】命令，如图 5-18 所示，单击【确定】按钮。

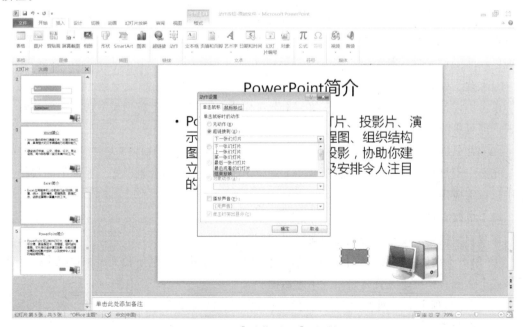

图 5-18　【动作设置】对话框

③ 选中动作按钮，在【绘图工具】/【格式】选项卡→【大小】组中设置高为 1.5 厘米，宽为 2.5 厘米，如图 5-19 所示。

图 5-19　设置动作按钮【大小】

④ 右击动作按钮，在弹出的快捷菜单中选择【编辑文字】命令，在光标闪烁处输入"结束"，并在【开始】选项卡→【字体】组中设置文字格式为隶书、28 磅。

具体效果可看"素材\第 5 章 PowerPoint\结果文件\例 5-4 动作按钮.pptx"。

5.2.5　幻灯片的修饰

1. 主题设计与应用

主题是控制演示文稿统一外观的一种快捷方式，包括占位符大小和位置、背景设计和填充、配色方案等。一般情况下，使用主题建立演示文稿，不用做过多修改。

PowerPoint 2010 中自带了大量主题，可以根据需要应用主题样式。

① 主题样式应用到所有幻灯片的方法：在【设计】选项卡→【主题】组中选择主题即可。

② 主题样式应用到部分幻灯片的方法：先选中幻灯片，在【设计】选项卡→【主题】组右击需要的主题样式，在弹出的快捷菜单中选择【应用于选定幻灯片】命令。

在演示文稿中，可以更改主题样式中的颜色、字体、线条和填充效果等，分别通过【设计】选项卡→【主题】组→【颜色】按钮、【字体】按钮、【效果】按钮等实现。

2. 幻灯片背景

更改幻灯片的主题时，背景样式也会随之发生改变，从而反映新的主题颜色和背景。用户可以使用 PowerPoint 2010 提供的内置背景色样式，也可以根据需要自定义其他背景样式，如纯色、渐变色或图片等。

（1）背景样式应用到所有幻灯片

单击【设计】选项卡→【背景】组→【背景样式】按钮，从下拉列表中选择需要的背景样式，即可更改幻灯片的背景样式。

（2）背景样式应用到部分幻灯片

先选中幻灯片，在【设计】选项卡→【背景】组右击需要的背景样式，在弹出的快捷菜单中选择【应用于选定幻灯片】即可。

（3）更改背景

在演示文稿中更改背景颜色或图案，步骤如下：

① 单击【设计】选项卡→【背景】组→【背景样式】按钮，从下拉列表中选择【设置背景格式】命令，弹出【设置背景格式】对话框。

② 在【纹理】下拉列表框中选择要填充的纹理，或者单击【文件】按钮，在本机中选择某一个图片作为背景填充。

③ 单击【关闭】按钮，则背景设置只应用在当前幻灯片上，若单击【全部应用】按钮，则背景设置应用到整个演示文稿。

【例5-5】将"例5-5背景与主题.pptx"的所有幻灯片背景设置为渐变填充，预设颜色中的"雨后初晴"，类型为射线，方向为中心辐射。将主题设置为"例5-5幻灯片主题.potx"。

【解】具体操作步骤如下：

① 打开"素材\第5章 PowerPoint\基础实验\例5-5背景与主题.pptx"文件，选中任一张幻灯片，单击【设计】选项卡→【背景】组→【背景样式】按钮，从下拉列表中选择【设置背景格式】命令，弹出【设置背景格式】对话框。

② 选中【渐变填充】单选按钮，在【预设颜色】下拉列表框中选择【雨后初晴】，如图5-20所示。在【类型】下拉列表框中选择【射线】，在【方向】下拉列表框中选择【中心辐射】，如图5-21所示，单击【全部应用】按钮。

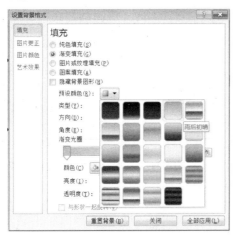

图5-20　【设置背景格式】对话框—预设颜色

图5-21　【设置背景格式】对话框—方向

③ 单击【设计】选项卡→【主题】组其他按钮，在弹出的下拉列表中选择【浏览主题】命令，如图5-22所示。

图5-22　【主题】下拉列表

④ 在弹出的对话框中，选择"素材\第5章 PowerPoint\基础实验\例5-5幻灯片主题.potx"，单击【应用】按钮。具体效果可参看"素材\第5章 PowerPoint\结果文件\例5-5背景与主题.pptx"。

3. 应用配色方案

配色方案由幻灯片设计中使用的 12 种颜色（用于背景、文本和线条、阴影、标题文本、填充、强调和超链接）组成。演示文稿的配色方案由应用的设计主题确定，用户可以通过选择幻灯片的【设计】选项卡→【主题】组→【颜色】按钮来查看幻灯片的配色方案，所选幻灯片的配色方案在窗格中显示为已选中。

主题包含默认配色方案以及可选的其他配色方案，这些方案都是为该主题设计的。PowerPoint 2010 中的默认或空白演示文稿也包含配色方案。可以将配色方案应用于一个幻灯片、选定幻灯片或所有幻灯片以及备注和讲义。

（1）使用标准配色方案

在 PowerPoint 2010 中不同设计模板提供相应的配色方案，用户可依据不同的情况，选用其中的一种，以保持文稿外观的一致性。方法如下：单击【设计】选项卡→【主题】组→【颜色】按钮，选择一种颜色样式即可。

（2）自定义配色方案

如果标准配色方案不能满足需要，则用户可创建自定义配色方案。方法如下：单击【设计】选项卡→【主题】组→【颜色】按钮，在下拉列表中选择【新建主题颜色】命令，弹出【新建主题颜色】对话框，设置颜色样式，单击【保存】按钮。

4. 幻灯片母版

幻灯片母版是存储有关演示文稿主题和模板信息的主幻灯片，这些模板信息包括字形、占位符大小和位置、背景设计和配色方案等。幻灯片母版的目的是方便用户进行全局更改，并使这些更改应用到所有幻灯片中。设置幻灯片母版的方法如下：

① 单击【视图】选项卡→【母版视图】组→【幻灯片母版】按钮，在母版视图下，可以根据需要编辑母版的内容。

② 单击【母版版式】组→【插入占位符】按钮，根据需要从下拉列表中选择添加的占位符。

③ 单击【幻灯片母版】选项卡→【背景】组→【背景样式】按钮，从下拉列表中选择准备应用的背景。

④ 单击【幻灯片母版】选项卡→【编辑主题】组→【主题】按钮，应用内置的主题，还可在母版中设置页眉、页脚、日期和时间等。

⑤ 单击【幻灯片母版】选项卡→【关闭】组→【关闭母版视图】按钮，关闭退出。

【例 5-6】使用幻灯片母版，为"例 5-6 母版.pptx"的每张幻灯片添加一张计算机的剪贴画。

【解】具体步骤为：

① 打开"素材\第 5 章 PowerPoint\基础实验\例 5-6 母版.pptx"，选中任一张幻灯片，单击【视图】选项卡→【母版视图】组→【幻灯片母版】按钮。

② 单击【插入】选项卡→【图像】组→【剪贴画】按钮，插入选好的剪贴画，并调整剪贴画的位置到右下角，如图 5-23 所示。

③ 单击【幻灯片母版】选项卡→【关闭】组→【关闭母版视图】按钮。

具体效果可参看"素材\第 5 章 PowerPoint\结果文件\例 5-6 母版.pptx"。

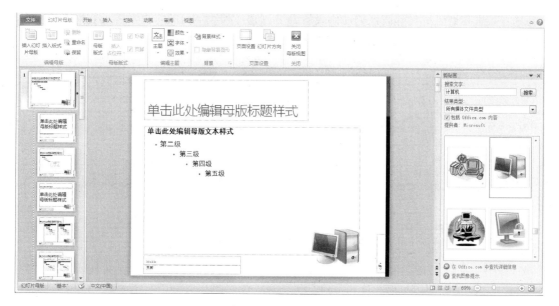

图 5-23　幻灯片母版

5. 自定义版式

自定义版式的步骤如下：

① 单击【视图】选项卡→【母版视图】组→【幻灯片母版】按钮。

② 单击【幻灯片母版】选项卡→【编辑母版】组→【插入版式】按钮，新建一个母版。

③ 单击【幻灯片母版】选项卡→【母版版式】组→【插入占位符】按钮。在当前母版中添加"内容""文本""图表"等占位符，并调整它们的位置。

④ 单击【幻灯片母版】选项卡→【关闭】组→【关闭母版视图】按钮，关闭退出。

5.2.6　幻灯片的动画效果

动画效果是指在幻灯片的放映过程中，幻灯片上的各种对象以一定的次序及方式进入到画面中产生的动态效果。演示文稿中的文本、图片、形状、表格、SmartArt 图形和其他对象都可添加动画效果，并赋予它们进入、退出、大小或颜色变化甚至移动等视觉效果。

1. 为对象添加动画

动画类型分为四类：

（1）进入：设置动画从外部进入或出现幻灯片播放画面的方式，如飞入、旋转、淡入、出现等。

（2）强调：设置在播放画面中需要进行突出显示的对象，起强调作用，如放大/缩小、更改颜色、加粗闪烁等。

（3）退出：设置对象离开播放画面时的方式，如飞出、消失、淡出等。

（4）动作路径：设置播放画面中的对象路径移动的方式，如弧形、直线、循环等。

添加动画效果的步骤如下：

① 选中需要添加动画效果的对象，单击【动画】选项卡→【动画】组的下拉按钮，出现四类动画选择列表，如图 5-24 所示。在下拉列表中选择需要的动画类型。

② 如果在列表中没有满意的动画设置，可以选择列表下面的【更多进入效果】、【更多强调效果】、【更多退出效果】、【其他动作路径】命令即可。

图 5-24　其他动画效果

2. 设置动画效果

为对象设置动画后，可以为动画设置效果、开始播放时间、动画速度等，方法如下：

① 选中已添加动画效果的对象，单击【动画】选项卡→【动画】组→【效果选项】按钮，可选择下拉列表中的选项来设置对象的动画效果。如图 5-25 所示。

② 单击【动画】选项卡→【计时】组→【开始】下拉列表框中的下拉按钮，出现动画播放时间选项，如图 5-26 所示，包括下列选项：

- 【单击时】：动画效果在用户单击鼠标时开始。
- 【与上一动画同时】：动画效果开始播放的时间与列表中上一个动画的时间相同。
- 【上一动画之后】：动画效果在列表中上一个动画完成播放后立即开始。

图 5-25　【效果选项】下拉列表

图 5-26　【计时】组

③ 在【计时】组→【持续时间】文本框中输入时间值，设置动画放映时的持续时间，如图 5-21 所示。在【计时】组【延迟】输入时间值，设置动画开始前的延时。

3. 使用动画窗格

多个对象添加动画后，可使用【动画窗格】或【动画】选项卡→【计时】组查看和改变动画顺序、调整动画播放时长等，具体步骤如下：

① 选中相应的幻灯片，单击【动画】选项卡→【高级动画】组→【动画窗格】按钮，在幻灯片的右侧出现【动画窗格】，窗格中出现了当前幻灯片设置动画的对象名称及对应的动画顺序，当鼠标移近某对象名称会显示动画效果，单击【播放】按钮，可预览幻灯片播放时的动画效果。

② 选中【动画窗格】中某对象的名称，利用窗格下方【重新排序】中上移或下移图标按钮，或拖动窗口中的对象名称，可以改变幻灯片中对象的动画播放顺序；也可使用【动画】选项卡→【计时】组→【对动画重新排序】按钮。

③ 在【动画窗格】中，利用鼠标拖动时间条的边框可以改变对象动画放映的时间长度，拖动整个时间条可以改变动画开始时的延迟时间。

④ 选中【动画窗格】中对象的名称，单击其右侧的下拉按钮，选择下拉列表框中【效果选项】命令，弹出动画效果设置对话框，如图 5-27 所示，此处【动画播放后】设为"下次单击后隐藏"。在【计时】选项卡中，可选择【上一动画之后】选项，如图 5-28 所示，单击【确定】按钮。

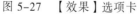

图 5-27 【效果】选项卡

图 5-28 【计时】选项卡

【例 5-7】为"例 5-7 动画.pptx" 第 3 张幻灯片中的内容占位符添加动画：

（1）动画效果"进入"效果中的"弹跳"；

（2）声音：风铃；

（3）动画播放后：下次单击后隐藏；

（4）动画文本：按字/词；

（5）开始：与上一动画同时；

（6）延迟：1 秒；

（7）持续时间：3秒；

（8）正文文本动画：按第一级段落；

【解】具体操作步骤如下：

① 打开"素材\第 5 章 PowerPoint\基础实验\例 5-7 动画.pptx"文件，选中第 3 张幻灯片中"内容占位符"，单击【动画】选项卡→【高级动画】组→【添加动画】下拉按钮，在【进入】组中选择【弹跳】命令。

② 单击【动画】选项卡→【高级动画】组→【动画窗格】按钮，单击右侧动画窗格中的"内容占位符"下拉按钮，在列表中选择【效果选项】命令。

③ 在【弹跳】对话框的【效果】选项卡中设置【声音】为"风铃"，【动画播放后】为"下次单击后隐藏"，【动画文本】为"按字/词"，如图 5-29 所示。

④ 在【弹跳】对话框中单击【计时】选项卡，设置【开始】为"与上一动画同时"，【延迟】为"1秒"，【期间】为"慢速（3秒）"，如图 5-30 所示。

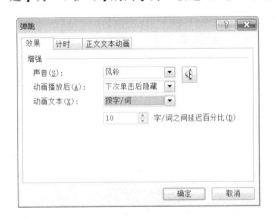

图 5-29　【效果】选项卡

图 5-30　"计时"选项卡

⑤ 在【弹跳】对话框中单击【正文文本动画】选项卡，设置【组合文本】为"按第一级段落"，如图 5-31 所示，单击【确定】按钮。具体效果可参看"素材\第 5 章 PowerPoint\结果文件\例 5-7 动画.pptx"。

图 5-31　"正文文本动画"选项卡

4. 自定义路径动画

预设的路径动画如不能满足用户的设计要求，用户还可以通过自定义路径动画来设计对象的路径动画，设置方法如下：

① 选中幻灯片中的对象，单击【动画】选项卡→【高级动画】组→【添加动画】按钮，在下拉列表里选择【自定义路径】命令。

② 鼠标指针移至幻灯片上，变成"+"字形时，可建立路径的起始点，鼠标指针变成画笔形状，拖动鼠标，画出自定义的路径，双击可确定终点，之后动画会按路径预览一次。

③ 右击该路径，在弹出的快捷菜单中选择【编辑顶点】命令，右击出现的黑色顶点，在弹出的快捷菜单中选择【平滑曲线】命令，可修改路径动画。

【例5-8】新建一个演示文稿，背景设置为图片"例5-8星光背景.gif"，插入图片"例5-8地球.gif"和"例5-8卫星.gif"，适当调整大小和位置。其中，卫星图片添加动画：

① 动画效果"动作路径"中的"形状"。

② 平滑开始、平滑结束、弹跳结束：0秒。

③ 开始：上一动画之后。

④ 期间：非常慢（5秒）。

⑤ 重复：直到幻灯片末尾。

【解】具体操作步骤如下：

① 在"素材\第5章 PowerPoint\基础实验"文件夹中新建一个 PowerPoint 文件，重命名为"例5-8动作路径.pptx"。

② 打开此文件，单击【开始】选项卡→【幻灯片】组→【新建幻灯片】下拉按钮，选择【空白】版式。

③ 单击【设计】选项卡→【背景】组右下角的对话框启动器，弹出【设置背景格式】对话框，在【填充】选项卡中选中【图片或纹理填充】，单击【文件】按钮，即可弹出【插入图片】对话框，选中"素材\第5章 PowerPoint\基础实验\例5-8星光背景.gif"图片，单击【插入】按钮。

④ 单击【插入】选项卡→【图像】组→【图片】按钮，弹出【插入图片】对话框，选中"素材\第5章 PowerPoint\基础实验\例5-8地球.gif"图片，单击【插入】按钮。用同样方法插入"例5-8卫星.gif"图片，并适当调整两张图片的大小。

⑤ 选中"例5-8卫星.gif"图片，单击【动画】选项卡→【高级动画】组→【添加动画】按钮，在下拉列表中选择【动作路径】→【形状】命令，以地球图片为中心，适当调整形状的大小，如图5-32所示。

⑥ 单击【动画】选项卡→【高级动画】组→【动画窗格】按钮，在右侧的动画窗格里点击该对象右边的下拉按钮，在下拉列表中选中【效果选项】命令。

⑦ 在【圆形扩展】对话框的【效果】选项卡中设置【平滑开始】、【平滑结束】、【弹跳结束】均为"0秒"。选择【计时】选项卡，设置【开始】为"上一动画之后"，【期间】为"非常慢（5秒）"，【重复】为"直到幻灯片末尾"，单击【确定】按钮，如图5-33所示。保存文件并退出。

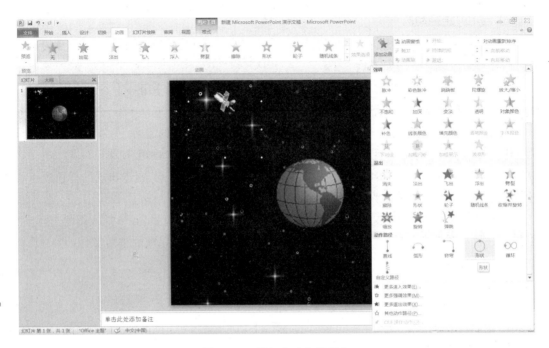

图 5-32　添加【动作路径】

图 5-33　设置【计时】选项卡

具体效果可参看"素材\第 5 章 PowerPoint\结果文件\例 5-8 动作路径.pptx"。

5. 复制动画设置

将某对象已设置的动画效果复制到另一对象上时，可使用【动画】选项卡→【高级动画】组→【动画刷】按钮完成。方法为：选中某一已添加动画效果的对象，单击【动画刷】按钮，再单击需添加同样动画效果的另一对象，动画效果即可复制到该对象上。双击【动画刷】按钮，可将同一动画效果复制到多个对象上。

6. 设置触发器动画

触发器可以是一个图片、图形、按钮，甚至可以是一个段落或文本框，单击触发器时它会触发一个操作，该操作可以是声音、影片或动画。

【例 5-9】在"例 5-9 触发器.pptx"的第 5 张幻灯片（PowerPoint 简介）中插入图片"例 5-9ppt.png"，设置自定义路径动画和触发器动画，触发器为标题"PowerPoint 简介"，即单击该标题时，图片显示自定义路径动画效果。

【解】具体操作步骤如下：

① 打开"素材\第 5 章 PowerPoint\提高实验\例 5-9 触发器.pptx"文件，选中第 5 张幻灯片（PowerPoint 简介），单击【插入】选项卡→【插入】组→【图片】按钮，在弹出的对话框中选择"素材\第 5 章 PowerPoint\提高实验\例 5-9ppt.png"。

② 选中幻灯片中的"例 5-9ppt.png"图片，单击【动画】选项卡→【高级动画】组→【添加动画】按钮，在下拉列表里选择【自定义路径】命令。

③ 鼠标指针移至幻灯片上，变成"+"字形时，可建立路径的起始点，鼠标指针变成画笔形状，移动鼠标，画出自定义的路径，双击可确定终点，之后动画会按路径预览一次。

④ 单击【高级动画】选项卡→【动画窗格】组→【动画窗格】按钮，在动画窗格中单击该图片对象右侧的下拉按钮，在下拉列表中选择【计时】命令，单击弹出对话框中的【触发器】按钮，选中【单击下列对象时启动效果】单选按钮，然后在其右侧的下拉列表中选择"标题 1：PowerPoint 简介"，单击【确定】按钮即可，如图 5-34 所示。

具体效果可参看"素材\第 5 章 PowerPoint\结果文件\例 5-9 触发器.pptx"。

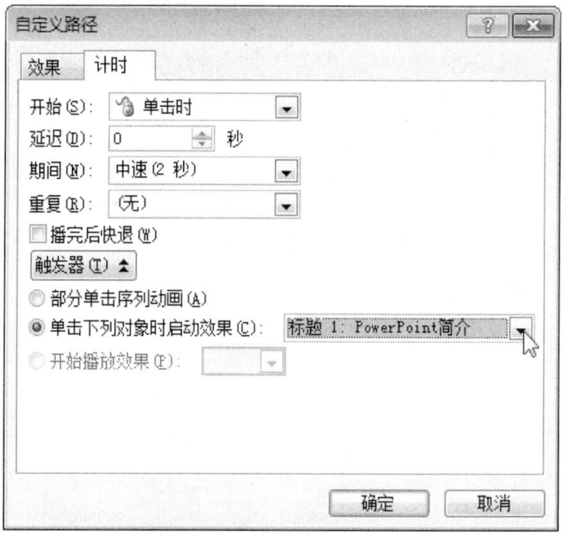

图 5-34　设置触发器

【例 5-10】根据素材文件"例 5-10 新年快乐.pptx"，按如下要求进行格式设置并添加动画效果：

① 第一张幻灯片背景设置为渐变填充，预设颜色中的"麦浪滚滚"，类型为"射线"，方向为"中心辐射"，利用文本框和动画效果【进入】中的"淡出"、【退出】中的"轮子"，制作"5、4、3、2、1"倒计时效果。

② 在第二张幻灯片中绘制白色椭圆形状，修改名称为"雪花"，设置【形状填充】为"白色，背景 1"，【形状轮廓】为"无轮廓"以及适当的发光变体效果，运用动画效果中的【自

定义路径】绘制雪花飘飞的路径，调整动画的【期间】为"非常慢（5秒）"，【重复】为"直到幻灯片末尾"。复制若干"雪花"形状，调整每个雪花动画的开始时间，达到雪花依次飘飞的效果。

③ 第四张幻灯片中插入图片"例 5-10 金色礼物.png"、"例 5-10 心形礼物.png"，修改名称为"金色礼物"、"心形礼物"。设置"金色礼物"的动画效果为【强调】中的"脉冲"，调整动画的【期间】为"中速（2 秒）"，【重复】为"直到幻灯片末尾"，运用动画刷使"心形礼物"的动画效果与"金色礼物"相同，调整两张图片动画效果的开始时间，达到两张图片交替闪烁的效果。

④ 最后一张幻灯片插入深红色矩形形状，并添加艺术字"每天都是新的开始"，运用动画刷使矩形和艺术字的动画效果都设置为【退出】中"擦除"的"自右侧"动画效果，设置艺术字的动画效果为【开始】"与上一动画同时"，制作揭幕效果。

【解】具体操作步骤如下：

① 打开"素材\第 5 章 PowerPoint\提高实验\例 5-10 新年快乐.pptx"文件，在幻灯片开始处插入一张新幻灯片。单击【开始】选项卡→【幻灯片】组→【新建幻灯片】下拉按钮，选择【空白】版式。单击【设计】选项卡→【背景】组→【背景样式】按钮，选择【设置背景格式】命令。弹出【设置背景格式】对话框，选中【填充】选项卡中的【渐变填充】单选按钮，【预设颜色】设为"麦浪滚滚"，【类型】为"射线"，【方向】为"中心辐射"，如图 5-35 所示，单击【关闭】按钮。

图 5-35 【设置背景格式】对话框

② 插入倒数数字，设置进入和退出的动画效果。单击【插入】选项卡→【文本】组→【文本框】下拉按钮，选择【横排文本框】命令，在幻灯片中心绘制文本框，并输入"5"，字号150，标准色中的红色。选中文本框，单击【动画】选项卡→【高级动画】组→【添加动画】下拉按钮，选择【进入】组→【淡出】命令，并在【动画】选项卡→【计时】组→【开始】下拉列表中选择"上一动画之后"。再次单击【添加动画】下拉按钮，选择【退出】组→【轮子】命令，并在【动画】选项卡→【计时】组→【开始】下拉列表中选择【从上一项之后开始】。复制此文本框，粘贴四个文本框，依次修改为"4、3、2、1"，如图 5-36 所示。

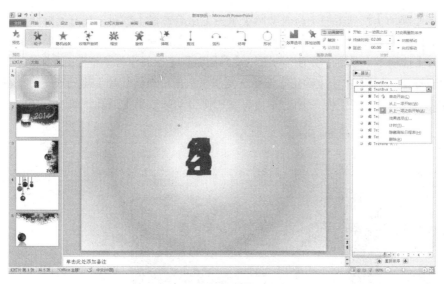

图 5-36　倒计时动画设置

③ 制作单个雪花。选中第 2 张幻灯片，在【开始】选项卡→【绘图】组→【形状】列表中选择【椭圆】形状。按住【Shift】键，绘制正圆形。设置【绘图工具】/【格式】选项卡→【形状样式】组→【形状填充】为"白色，背景 1"，【形状轮廓】为"无轮廓"，【形状效果】为【发光】→【发光变体】→"橙色，18pt 发光，强调文字颜色 6"，修改颜色为【其他亮色】中标准色黄色，如图 5-37 所示。选中刚绘制的"圆形"，单击【开始】选项卡→【编辑】组→【选择】下拉按钮，选择下拉列表中【选择窗格】命令，在右侧的【选择和可见性窗格】中单击该对象，修改名称为"雪花"。

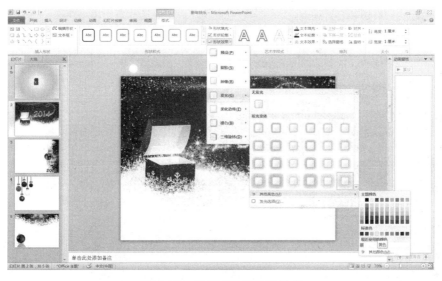

图 5-37　设置雪花的发光样式

④ 绘制雪花的自定义路径。选中雪花，单击【动画】选项卡→【高级动画】组→【添加动画】下拉按钮，选择【动作路径】→【自定义路径】命令，绘制雪花飘飞的路径，如图 5-38

所示。单击【动画】选项卡→【高级动画】组→【动画窗格】按钮，在右侧的动画窗格中单击该对象右边的下拉按钮，选择下拉列表中的【计时】命令，弹出【自定义路径】对话框，设置【计时】选项卡【开始】项为"与上一动画同时"，【期间】为"非常慢（5秒）"，【重复】为"直到幻灯片末尾"，单击【确定】按钮。复制该对象，在幻灯片上排列成一行。在【动画窗格】中调整每个动画的开始时间，错落有致，使得动画效果更逼真，如图 5-39 所示。

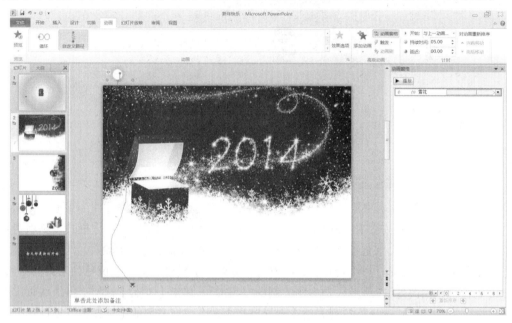

图 5-38　设置雪花的自定义路径

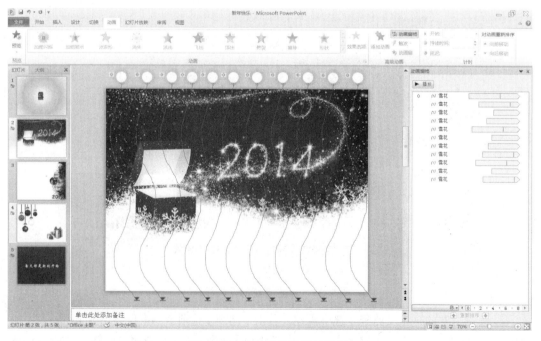

图 5-39　设置雪花的开始时间

⑤ 插入礼物图片到第 4 张幻灯片中并为其添加礼物闪烁效果。单击【插入】选项卡→【图像】组→【图片】按钮，把"例 5-10 金色礼物.png"和"例 5-10 心形礼物.png"图片（位于"素材\第 5 章 PowerPoint\提高实验"文件夹，修改名称为"金色礼物"和"心形礼物"，方法参见③）插入到幻灯片中。选中金色礼物图片，单击【动画】选项卡→【高级动画】组→【添加动画】下拉按钮，选择【强调】→【脉冲】动画效果。单击【动画】选项卡→【高级动画】组→【动画窗格】按钮，在右侧的动画窗格中选择【金色礼物】右边的下拉按钮，选择下拉列表中的【计时】命令，弹出【脉冲】对话框，设置【计时】选项卡【开始】项为"与上一动画同时"，【期间】为"中速（2 秒）"，【重复】为"直到幻灯片末尾"，单击【确定】按钮。选中金色礼物，单击【动画】选项卡→【高级动画】组→【动画刷】按钮，单击心形礼物图片并适当调整心形礼物图片的动画开始时间。

⑥ 为最后一张幻灯片设置模拟揭幕的动画效果。选择【插入】选项卡→【插图】组→【形状】下拉列表【矩形】第 1 种，绘制矩形，其大小能覆盖幻灯片即可；选择【绘图工具】/【格式】选项卡→【形状样式】组→【形状填充】中标准色的深红，【形状轮廓】为"无轮廓"。单击【插入】选项卡→【文本】组→【艺术字】下拉按钮，在下拉列表中选择第 5 行第 1 列，输入"每天都是新的开始"，字体为"华文新魏"，60 磅。选中深红色矩形，单击【动画】选项卡→【高级动画】组→【添加动画】下拉按钮，选择【退出】→【擦除】动画效果，如图 5-40 所示。单击【动画】选项卡→【动画】组→【效果选项】下拉按钮，选择下拉列表中的"自右侧"选项。利用【动画刷】按钮把矩形的动画效果复制给艺术字，并设置【动画】选项卡→【计时】组→【开始】为"与上一动画同时"。

具体效果可看"素材\第 5 章 PowerPoint\结果文件\例 5-10 新年快乐.pptx"。

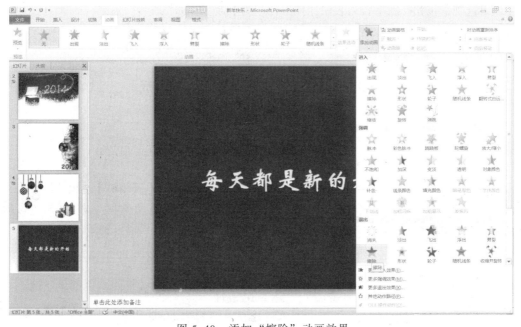

图 5-40　添加"擦除"动画效果

5.2.7 幻灯片切换方式

幻灯片的切换效果指幻灯片播放过程中，从一张幻灯片切换到另一张幻灯片的效果、速度及声音等。设置方法如下：

① 选中需要设置切换方式的幻灯片，单击【切换】选项卡→【切换到此幻灯片】组→【其他】按钮，从下拉列表中选择相应的切换效果即可。

② 选择了一种切换效果后，可在【计时】组中设置幻灯片切换的速度（精确到秒）。

③ 在【换页方式】选项区域中有两个复选框，分别是【单击鼠标时】和【设置自动换片时间】。如果选择前者，那么在幻灯片放映时，只有在单击时，才会换页；如果选择后者，并设置换页间隔时间的秒数，在幻灯片放映时将会每隔几秒钟自动放映下一张幻灯片。

进行幻灯片切换，不仅带来视觉上的改变，还可以加入声音元素。方法如下：

① 单击【声音】列表框右侧的下拉按钮，在声音列表中选择换页时相应的声音效果。

② 选择【声音】下拉列表框中【播放下一段声音之前一直循环】命令，声音将会循环播放，直至幻灯片中有一张幻灯片或一个对象调用了其他的声音文件。

③ 单击【计时】组→【全部应用】按钮，可同时设定所有幻灯片的切换效果。

【例 5-11】将"例 5-11 切换.pptx"演示文稿中全部幻灯片的切换方式设置为：自左侧棋盘式，照相机声，持续时间 5 秒，单击鼠标时或每隔 6 秒时换片。

【解】具体操作步骤如下：

① 打开"素材\第 5 章 PowerPoint\基础实验\例 5-11 切换.pptx"文件，单击任一幻灯片，单击【切换】选项卡→【切换到此幻灯片】组→【棋盘】选项，单击【切换到此幻灯片】组→【效果选项】按钮，在下拉列表中选择【自左侧】命令，如图 5-41 所示。

图 5-41 切换效果设置

② 单击【切换】选项卡→【计时】组→【声音】下拉列表→【照相机】选项，设置【持续时间】为 05.00，分别勾选【单击鼠标时】、【设置自动换片时间】复选框，设置【设置自动换片时间】为 00:06.00，单击【全部应用】按钮，如图 5-42 所示。

具体效果可参看"素材\第 5 章 PowerPoint\结果文件\例 5-11 切换.pptx"。

图 5-42 切换声音和时间设置

5.3　演示文稿的放映

演示文稿制作完成后，演讲者可以根据需要设置不同的放映方式，演示文稿的放映类型包括：演讲者放映（全屏幕）、观众自行浏览（窗口）和在展台浏览（全屏幕），通常选择"演讲者放映"类型。为幻灯片设置排练计时，可以使幻灯片按照预定的时间放映。演示文稿还可以打包输出和格式转换，以便在未安装 PowerPoint 的计算机上放映。

5.3.1　设置放映方式

1. 演示文稿的放映和结束

方法一：打开准备放映的演示文稿，单击【幻灯片放映】视图按钮即可放映，终止放映时，按【Esc】键即可。

方法二：打开准备放映的演示文稿，单击【幻灯片放映】选项卡→【开始放映幻灯片】组→【从头开始】按钮即可放映。终止放映时，右击当前幻灯片，在弹出的快捷菜单中选择【结束放映】命令。

2. 幻灯片注释

放映演示文稿时，可在幻灯片的任何地方添加手写笔功能。在演示文稿放映视图中右击，在弹出的快捷菜单中选择【指针选项】→【笔】或【荧光笔】命令，可在幻灯片上进行书写；选择【箭头】命令即可使鼠标指针恢复正常；选择【擦除幻灯片上的所有墨迹】命令可删除已经手写的墨迹，如图 5-43 所示。

3. 设置放映方式

单击【幻灯片放映】选项卡→【设置】组→【设置放映方式】按钮，弹出【设置放映方式】对话框，如图 5-44 所示。根据需要设置为【演讲者放映（全屏幕）】、【观众自行浏览（窗口）】和【在展台浏览（全屏幕）】的其中一种。

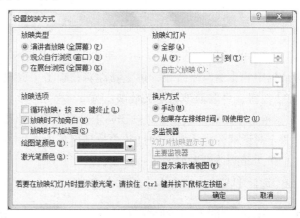

图 5-43　【指针选项】菜单　　　　图 5-44　【设置放映方式】对话框

演示文稿的三种放映类型选项如下：

① 演讲者放映（全屏幕）：此种放映方式适合会议或者教学的场合，放映过程完全由演讲者控制。

② 观众自行浏览（窗口）：展览会上若允许观众交互式控制放映过程，则适合采用这种方式。观众可利用窗口命令切换到前一张、后一张幻灯片或切换到指定幻灯片。

③ 在展台浏览（全屏幕）：自动全屏放映，而且超过指定时间，没有用户指令后会重新开始。观众可以更换幻灯片，或单击超链接和动作按钮，但不能更改演示文稿。

在【放映幻灯片】选项区域中，可以确定幻灯片的放映范围（全体或部分幻灯片）。放映部分幻灯片时，可指定放映幻灯片的开始序号和终止序号。

在【换片方式】选项区域中，可以选择控制放映速度的换片方式。【演讲者放映（全屏幕）】和【观众自行浏览（窗口）】放映方式通常采用【手动】换片方式；而【在展台浏览（全屏幕）】方式，如果事先排练过，可选择【如果存在排练时间，则使用它】换片方式，自行播放。

4. 自定义放映

利用【自定义放映】功能，可以根据实际情况选择现有演示文稿中相关的幻灯片组成一个新的演示文稿，并让该演示文稿默认仅放映自定义的演示文稿，而不是整个演示文稿。步骤如下：

① 单击【幻灯片放映】选项卡→【开始放映幻灯片】组→【自定义幻灯片放映】按钮，弹出【自定义放映】对话框。

② 单击【新建】按钮，弹出【定义自定义放映】对话框。在【幻灯片放映名称】文本框中，系统自动将名称设置为【自定义放映 1】，若想重新命名，可在该文本框中输入一个新名称。

③ 在【在演示文稿中的幻灯片】列表框中选中某一张所需的幻灯片，单击【添加】按钮，该幻灯片出现在对话框右侧的【在自定义放映中的幻灯片】列表框中。

④ 重复③，将需要的幻灯片依次加入到【在自定义放映中的幻灯片】列表框中。

⑤ 若将不需要的幻灯片加入到【在自定义放映中的幻灯片】列表框，可在该列表框中选择此幻灯片，单击【删除】按钮即可。

注意：这里的删除只是将幻灯片从自定义放映中取消，而不是从演示文稿中彻底删除。

⑥ 需要的幻灯片选择完毕后，单击【确定】按钮，重新出现【自定义放映】对话框。单击对话框中的【编辑】按钮，可重新编辑；单击【放映】按钮，可观看该自定义放映；单击【删除】按钮，可取消该自定义放映。

⑦ 单击【幻灯片放映】选项卡→【设置】组→【设置幻灯片放映】按钮，弹出【设置放映方式】对话框，在【放映幻灯片】选项区域中选中【自定义放映】单选按钮，并在其下拉列表框中选择刚才设置好的【自定义放映 1】。

⑧ 选择【文件】选项卡【保存】命令。

5.3.2 排练计时与录制旁白

1. 排练计时

① 单击【幻灯片放映】选项卡→【设置】组→【排练计时】按钮，演示文稿进行播放，【录制】工具栏中显示当前幻灯片的放映时间和当前的总放映时间，如图 5-45 所示。

图 5-45　排练计时

② 按需求切换幻灯片。在新的一张幻灯片放映时，幻灯片放映时间会重新计时，总放映时间累加计时，期间可以暂停播放。演示文稿放映排练结束时，弹出是否保存排练时间对话框，如选择【是】，在幻灯片浏览视图模式下，每张幻灯片的左下角显示该幻灯片放映时间，如幻灯片的放映类型选择【在展台浏览（全屏幕）】，幻灯片将按照排练时间自行播放。

（3）在幻灯片浏览视图模式下，选中某张幻灯片，设置【切换】选项卡→【计时】组→【设置自动换片时间】，可以修改该幻灯片的放映时间。如图 5-46 所示。

图 5-46　"排练计时"浏览

2. 录制旁白

录制语音旁白，需要声卡、传声器和扬声器。单击【幻灯片放映】选项卡→【设置】组→【录制幻灯片演示】按钮，弹出【录制幻灯片演示】对话框，选中【旁白和激光笔】复选框，在保证传声器正常工作的状态下，单击【开始录制】按钮，进入幻灯片放映视图。此时一边控制幻灯片的放映，一边通过传声器语音输入旁白，直到浏览完所有幻灯片，旁白自动保存。

注意：在演示文稿中每次只能播放一种声音。因此如果已经插入了自动播放的声音，语音旁白会将其覆盖。

5.3.3　演示文稿的打包与打印

演示文稿制作完毕后，有时候会在其他计算机上放映，而如果所用计算机未安装 PowerPoint 软件或者缺少幻灯片中使用的字体等，那么就无法放映幻灯片或者放映效果不佳。另外，由于演示文稿中包含相当丰富的视频、图片、音乐等内容，小容量的磁盘存储不下，这时就可以把演示文稿打包到 CD 中，便于携带和播放。如果用户的 PowerPoint 的运行环境是 Windows 7，就可以将制作好的演示文稿直接刻录到 CD 上，做出的演示 CD 可以在 Windows 98 SE 及以上环境播放，而无须 PowerPoint 主程序的支持。但是要注意，需要将 PowerPoint 的播放器 pptview.exe 文件一起打包到 CD 中。

1. 演示文稿的打包

打包后的文件可以方便地在未安装 PowerPoint 2010 的其他计算机上演示。打开演示文稿，

第 5 章　演示文稿制作软件 PowerPoint 2010

单击【文件】→【保存并发送】按钮，在打开的列表框中选择【将演示文稿打包成 CD】命令，单击右侧的【打包成 CD】按钮，如图 5-47 所示，在弹出的【打包成 CD】对话框中进行设置，即可将演示文稿复制到计算机上的文件夹或刻录到 CD 光盘中，如图 5-48 所示。

图 5-47　打包成 CD

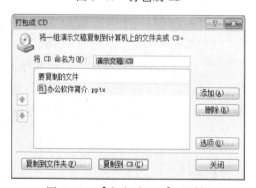

图 5-48　【打包成 CD】对话框

2. 另存为.ppsx 文件

对经常使用的演示文稿，可选择【文件】→【另存为】命令，把它另存为"PowerPoint 2010 放映（.ppsx）"类型的文件。在【另存为】对话框的【保存类型】下拉列表中选择【PowerPoint 2010 放映】选项。当双击该.ppsx 文件时，将会自动激活演示文稿的放映方式。

3. 页面设置

在打印演示文稿之前，用户可以对幻灯片的页面和打印参数进行设置。

单击【设计】选项卡→【页面设置】组→【页面设置】按钮，在弹出的【页面设置】对话框中，可以设置纸张大小、打印方向、幻灯片编号等。

4. 打印演示文稿

选择【文件】→【打印】命令，在【打印】窗口右侧【预览】区域可以查看文档打印预览效果，用户可以通过预览区域查看纸张方向、页面边距等设置效果，还可通过调整预览区下方的滑块改变预览视图的大小。

在【打印】窗口左侧的【设置】区域中，可以修改打印份数、选择打印机、设定打印的幻灯片范围等，还可以设置打印版式、讲义形式、颜色等。

小结

PowerPoint 作为办公软件中的一个重要组件，用于制作具有图文并茂展示效果的演示文稿。演示文稿由用户根据软件提供的功能自行设计、制作和放映，具有动态性、交互性和可视性。

本章介绍了利用 PowerPoint 设计、制作和放映演示文稿的基本操作和方法。主要包括：演示文稿的创建、幻灯片的版式、幻灯片编辑、幻灯片放映等基本操作；演示文稿视图模式的使用，幻灯片页面、主题、背景及母版的应用和设计等；幻灯片中图形和图片、表格和图表、声音和视频等对象的编辑及工具的使用；幻灯片中对象动画的效果、切换效果和交互效果的设计；演示文稿的放映设置与控制，输出与打印等。

习题

一、单项选择题

1. PowerPoint 是用于制作（　　　）的工具软件。

    A. 文档文件　　　　　B. 演示文稿　　　　C. 模板　　　　　D. 动画

2. 在 PowerPoint 中，演示文稿与幻灯片的关系是（　　　）。

    A. 演示文稿即是幻灯片　　　　　　　B. 演示文稿中包含多张幻灯片

    C. 幻灯片中包含多个演示文稿　　　　D. 两者无关

3. PowerPoint 演示文稿文件的扩展名是（　　　）。

    A. .pptx　　　　　　　B. .potx　　　　　　C. .xlsx　　　　　D. .htm

4. 在编辑演示文稿时，要在幻灯片中插入表格、剪贴画或照片等图形，应在（　　　）中进行。

    A. 备注页视图　　　　　　　　　　　B. 幻灯片浏览视图

    C. 幻灯片窗格　　　　　　　　　　　D. 大纲窗格

5. 演示文稿中每张幻灯片都是基于某种（　　　）创建的，它预定义了新建幻灯片的各种占位符布局情况。

    A. 模板　　　　　　　B. 母版　　　　　　C. 版式　　　　　D. 格式

6. 在 PowerPoint 中，幻灯片（　　　）是一种特殊的幻灯片，包含已设定格式的占位符。这些占位符是为标题、主要文本和所有幻灯片中出现的背景项目而设置的。

    A. 模板　　　　　　　B. 母版　　　　　　C. 版式　　　　　D. 样式

7. 要使幻灯片在放映时能够自动播放，需要为其设置（　　）。

    A. 超链接　　　　　　B. 动作按钮　　　　C. 排练计时　　　　D. 录制旁白

8. 在幻灯片中添加动作按钮，是为了（　　）。

    A. 演示文稿内幻灯片的跳转功能　　　　　B. 出现动画效果

    C. 用动作按钮控制幻灯片的制作　　　　　D. 用动作按钮控制幻灯片统一的外观

9. 在 PowerPoint 中，要选定多个图形时，需（　　），然后单击要选定的图形对象。

    A. 先按住【Alt】键　　　　　　　　　　B. 先按住【Home】键

    C. 先按住【Enter】键　　　　　　　　　D. 先按住【Ctrl】键

10. 在 PowerPoint 中，文字区的插入条光标存在，证明此时是（　　）状态。

    A. 移动　　　　　　B. 文字编辑　　　　C. 复制　　　　D. 文字框选取

二、操作题

第 1 题

1. 打开"素材\第 5 章 PowerPoint\综合实验\操作题-环境保护.pptx"，在第一张幻灯片中插入艺术字："环境保护，人人有责"，样式为第三行四列的样式。艺术字格式如下：

（1）字体格式：华文新魏，60 磅，加粗。

（2）艺术字形状：波形 1。

2. 为第一张幻灯片中的艺术字添加动画：

（1）动画效果：擦除，方向为自底部。

（2）开始：在上一项之后延迟 1 秒。

（3）动画播放后：下次单击后隐藏。

3. 在第二张幻灯片中插入文本"对人类生活环境的保护"添加超链接，链接到第三张幻灯片。

4. 为第四张幻灯片设置背景渐变填充，预设颜色为"麦浪滚滚"，类型为矩形，方向为中心辐射。

5. 在演示文稿中应用"素材\第 5 章 PowerPoint\综合实验\操作题-图钉.potx"。

6. 最后将此演示文稿以原文件名存盘。（具体效果可参看"素材\第 5 章 PowerPoint\结果文件\操作题-环境保护.pptx"）

第 2 题

根据"素材\第 5 章 PowerPoint\综合实验\操作题-中国高速铁路.docx"文件以及相关图片，按照如下要求制作演示文稿：

1. 新建一个演示文稿，共包含 10 张幻灯片，标题幻灯片 1 张，概况 1 张，中国标准体系、技术参数、主要特点、车站建设和国内格局规划各 1 张，图片欣赏 3 张（其中一张为图片欣赏标题页）。为幻灯片选择一种设计主题，要求字体和色彩合理、美观大方。所有幻灯片中除了标题和副标题，其他文字的字体均设置为"微软雅黑"。演示文稿保存为"操作题-中国高速铁路.pptx"。

2. 第 1 张幻灯片为标题幻灯片，标题为"中国高速铁路"，副标题为"——世界里程第一"。

3. 第 2 张幻灯片采用"两栏内容"版式，标题为"概况"，左边一栏为文字，参考"操作题-中国高速铁路.docx"中对应段落，右边一栏为图片，图片为"素材\第5章PowerPoint\综合实验"文件夹下的"操作题-图片1.jpg"。

4. 第3、4、5、6、7张幻灯片的版式均为"标题和内容"。"操作题-中国高速铁路.docx"中的黄底文字即为相应页幻灯片的标题文字，黄底文字下一段为内容文字。

5. 第2张幻灯片的内容占位符中的文本"高速铁路"超链接到第3张幻灯片。

6. 第5张幻灯片标题为"主要特点"，将其中的内容设为"垂直块列表"SmartArt对象，"操作题-中国高速铁路.docx"中红色文字为一级内容，蓝色文字为二级内容。并为该SmartArt图形设置动画，要求组合图形"逐个"播放，并将动画的开始设置为"上一动画之后"。

7. 将第6张幻灯片表格中的"站名"、"站房面积（万平米）"、"总建筑面积（万平米）"转换为簇状柱形图，插入第6张幻灯片中，并适当调整位置和大小。

8. 第7张幻灯片添加两个动作按钮，分别为返回到第2张幻灯片，按钮上添加文本"返回"；结束放映，按钮上添加文本"结束"。

9. 利用相册功能为"素材\第5章PowerPoint\综合实验"文件夹下的"操作题-图片2.jpg"～"操作题-图片9.jpg"8张图片"新建相册"，要求每页幻灯片4张图片，相框的形状为"居中矩形阴影"；将标题"相册"更改为"图片欣赏"。将相册中的所有幻灯片复制到"操作题-中国高速铁路.pptx"第7张幻灯片之后。

10. 通过幻灯片母版为每张幻灯片增加利用艺术字制作的水印效果，水印文字中应包含"中国高铁"字样，并旋转一定的角度。

11. 将该演示文稿分为4节，第一节节名为"标题"，包含1张标题幻灯片；第二节节名为"概况"，包含2张幻灯片；第三节节名为"特点、参数等"，包含4张幻灯片；第四节节名为"图片欣赏"，包含3张幻灯片。每一节的幻灯片均为同一种切换方式，节与节的幻灯片切换方式不同。

12. 除标题幻灯片外，其他幻灯片的页脚显示幻灯片编号。

13. 设置幻灯片为循环放映方式，如果不点击鼠标，幻灯片10秒钟后自动切换至下一张。

第6章

→ Internet 及其应用

以 Internet 为代表的计算机网络是现代信息社会最重要的基础设施之一，它已渗透到社会的各个领域，成为国家进步和社会发展的基本要素，是未来知识经济的基础载体和支撑环境。计算机网络及其应用的水平已成为衡量一个国家基本国力和经济竞争力的重要标志。

6.1 计算机网络概述

计算机网络是计算机技术与通信技术相结合的产物，目前已广泛应用于经济、政务、军事、教育、文化、科研、娱乐等社会生活的各个领域。它的出现将人类社会带入一个全新的信息时代，并引发了深刻的变革。

6.1.1 计算机网络的发展

计算机网络仅有几十年的发展历史，但是它经历了从简单到复杂、从低级到高级、从地区到全球的发展过程。根据不同阶段的技术特点和应用需求，这个过程大致可划分为四个阶段。

1. 面向终端的第一代计算机网络

在 20 世纪 60 年代中期之前，当时的计算机造价昂贵，而通信线路和通信设备相对比较便宜，为了实现资源共享和信息处理，人们通过通信线路和通信设备将若干台终端与一台计算机相连，建立了一种联机系统。1954 年，美国空军建立的半自动化地面防空系统（SAGE）就是这种联机系统的典型应用。

联机系统的计算机既要负责数据处理，又要控制与终端的通信，负荷很重，同时一个终端要单独使用一根通信线路，因此通信线路利用率低。该系统还不能算是真正的计算机网络，但已是计算机技术与通信技术相结合形成的网络雏形，通常将这种具有通信功能的计算机系统称为面向终端的第一代计算机网络。

2. 以共享资源为主的第二代计算机网络

20 世纪 60 年代中期到 70 年代，计算机网络不再局限于单个计算机网络，出现了多个计算机互联的系统。计算机之间不仅可以彼此通信，还能进行信息的传输与交换，实现了计算机之间的资源共享。这种通过通信线路将若干自主的计算机连接起来的、以资源共享为主的计算机系统，就是第二代计算机网络。

1969 年，美国国防部高级研究计划署（Advanced Research Project Agency，ARPA）将分散在不同地区的计算机组建成了 ARPANET。ARPANET 是第二代计算机网络的主要代表，也是 Internet 的最早发源地，为现代计算机网络的发展奠定了基础。

第二代计算机网络与第一代计算机网络相比，其网络结构体系由主机到终端变为了由主机到主机。其次，第二代计算机网络以共享资源为主要目的，而不是以数据通信为主。

3. 体系结构标准化的第三代计算机网络

20 世纪 70 年代后期，由于 ARPANET 的成功，各大公司纷纷开发自己的网络系统，并公布自己使用的网络体系结构标准。这一时期，计算机网络逐渐普及，不同体系结构网络互联变得非常复杂。因此，1977 年国际标准化组织（International Standards Organization，ISO）的计算机与信息处理标准化技术委员会，成立专门研究和制定网络通信标准的机构，并于1984 年颁布了开放系统互连参考模型（Open System Interconnection/Reference Model，OSI/RM）。遵循这一协议的计算机网络具有统一的网络体系结构，各公司按照国际标准开发自己的网络产品，即可保证不同公司的产品可以在同一个网络中进行通信，这就是"开放"的含义。从此，计算机网络走上了标准化的道路。体系结构标准化的计算机网络被称为第三代计算机网络。

4. 以 Internet 为核心的第四代计算机网络

1984 年，美国国家科学基金会决定将教育科研网 NSFNET 与 ARPANET、MILNET 合并，向世界范围扩展，并命名为 Internet。进入 20 世纪 90 年代，Internet 把分散在各地的网络连接起来，形成了一个跨越国界范围、覆盖全球的网络，实现了更大范围的资源共享。

Internet 自产生以来就呈现出爆炸式的发展，特别是 1993 年美国宣布建立国家信息基础设施（National Information Infrastructure，NII）后，全世界许多国家都纷纷制定和建立本国的NII，从而极大地推动了计算机网络技术的发展。全球以 Internet 为核心的高速计算机互联网络已形成，Internet 已经成为人类最重要的、最大的知识宝库，使计算机网络的发展进入一个崭新的阶段，这就是第四代计算机网络。

现今的社会已进入一个以网络为中心的时代，网上传输的信息内容非常丰富，而且形式多样，包括文字、声音、图像、视频等，人们的生活越来越离不开计算机网络。同时，第四代计算机网络还在不断发展，发展方向是开放、集成、高速、移动、智能以及分布式多媒体应用。

6.1.2 计算机网络的组成及主要功能

计算机网络是利用通信线路和通信设备，把地理上分散的、能独立运行的多个计算机系统互相连接起来，在统一的网络协议和网络软件管理与协调下，实现资源共享和数据通信的系统。

1. 计算机网络的组成

计算机网络从逻辑功能上可划分为资源子网和通信子网两大部分，这两部分是通过通信线路连接的，如图 6-1 所示。计算机网络以资源共享为主要目的，网络用户通过终端对网络的访问分为本地访问和网络访问两类。本地访问是对本地主机资源的访问，在资源子网内部进行，它不经过通信子网。终端用户访问远程主机资源称为网络访问，它必须通过通信子网。

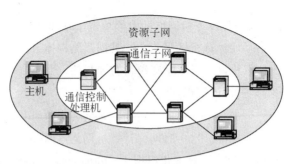

图 6-1　计算机网络组成

（1）资源子网

资源子网包括网络的数据处理资源和数据存储资源，负责全网的信息处理，为网络用户提供网络服务和资源共享等功能。资源子网由主计算机、智能终端、磁盘存储器、I/O设备、各种软件资源和信息资源等组成。

① 主机（Host）：在网络中，主机可以是大型机、中型机、小型机、工作站或微型机，它们通过通信线路与通信子网的通信控制处理机相连接，普通用户终端通过主机入网。主机不仅为本地用户访问网络中的其他主机设备和共享资源提供服务，而且要为网络中其他用户（或主机）共享本地资源提供服务。

② 终端（Terminal）：终端是用户访问网络的界面，它可以是简单的输入/输出终端设备，也可以是带微处理器的智能终端，具有存储预处理信息的能力。

（2）通信子网

通信子网是由负责数据通信处理的通信控制处理机（Communication Control Processor，CCP）和传输链路组成的独立的数据通信系统。它主要负责全网的数据通信，为网络用户提供数据传输、转接、加工和转换等通信处理工作。

① 通信控制处理机（CCP）：通信控制处理机是一种在数据通信系统和计算机网络中具有处理通信访问控制功能的专用计算机。通信控制处理机在网络拓扑中被称为网络结点，它一方面作为与资源子网的主机、终端的接口结点，将主机和终端连入网内；另一方面又作为通信子网中的各种数据存储转发结点，将源主机数据准确地发送到目的主机。

② 传输链路：传输链路为主机与通信控制处理机、通信控制处理机与通信控制处理机之间提供通信信道。这些链路的容量可以从每秒几十比特到每秒数千兆比特，甚至更高。近十几年来，无线信道、微波与卫星信道等被广泛用于计算机通信的传输信道。

2．计算机网络的主要功能

计算机网络的主要功能归纳起来，有以下四方面：

（1）数据通信

通信和数据传输是计算机网络的基本功能，用于在计算机系统之间传送数据和交换信息。通过计算机网络，分布在不同地理位置的生产单位和业务部门可以连接在一起进行集中控制和管理。另外，也可以通过计算机网络传送电子邮件、发布新闻消息和进行电子数据交换，极大地方便了用户，提高了工作效率。

（2）资源共享

资源共享是实现计算机网络的主要目的，这使得网络用户可以克服地理位置上的差异，共享网络中的资源。资源共享包括：

① 软件资源共享，如应用程序、数据等，可以由多名用户来使用。这种共享可以避免软件开发的重复劳动与大型软件的重复购置，进而实现分布式计算，且高效地利用硬盘空间的目的，多用户项目的协作也会变得更加轻松。

② 硬件资源共享。在网络中，经常会共享一些连接到计算机上的硬件设备，以此来避免贵重硬件设备的重复购置，提高硬件的使用率和减少硬件的投资，如处理机、网络打印机和大型磁盘阵列等。

（3）提高可靠性

安全可靠性是计算机网络得以正常运转的保障。在单个系统内，当计算机或者某些资源暂时失效时，将导致系统瘫痪。但在计算机网络中，每种资源，特别是一些重要的数据和资料，可以存放在多个地点，用户可以通过多种途径来访问这些资源。建立网络之后，可以方便地通过网络进行信息的转储和备份，从而避免了单点失效对用户产生的影响，大大提高了系统的可靠性。

（4）分布处理

单机的处理能力是有限的，且由于种种原因，计算机之间的忙闲程度是不均匀的。从理论上讲，在同一网内的多台计算机可以通过协同操作和并行处理来增强整个系统的处理能力，并使网内各计算机负载均衡。这样一方面可以通过计算机网络将不同地点的主机或外设采集到的数据信息送往一台指定的计算机，在此计算机上对数据进行集中和综合处理，通过网络在各计算机之间传送原始数据和计算结果；另一方面，当网络中某台计算机任务过重时，可将任务分派给其他空闲的计算机，使多台计算机相互协作、均衡负载、共同完成任务。

例如，在军事指挥系统中，计算机网络可以使大范围内的多台计算机协同工作，对收集到的可疑信息进行处理，及时发出警报，从而使最高决策机构迅速采取有效措施。

6.1.3 计算机网络的分类

按不同的分类标准，计算机网络有多种分类方法，如按地理范围分类、按网络拓扑结构分类、按信息交换方式分类和按传输介质分类等。其中，最常用的分类方法是按地理范围和网络拓扑结构进行划分。

1. 按地理范围分类

按地理范围划分是目前最为普遍的一种分类方法，因为地理范围的不同直接影响网络技术的实现与选择。根据这种分类标准，可以将计算机网络划分为局域网、城域网和广域网三种。

（1）局域网（Local Area Network，LAN）

局域网是将较小地理区域内的计算机或数据终端设备连接在一起的通信网络。局域网覆盖的地理范围比较小，一般在几十米到几千米之间，最大距离不超过 10 km。它常用于组建一个办公室、一栋楼、一个楼群、一个校园或一个企业的计算机网络。局域网可以由一个建筑物内或相邻建筑物的几百台至上千台计算机组成，也可以小到连接一个房间内的几台计算机、打印机和其他设备。局域网主要用于实现短距离的资源共享，数据传输速率快，一般为 10 Mbit/s～10 Gbit/s，有传输延迟低及误码率低等优点，建立、维护与扩展都较为方便。

（2）城域网（Metropolitan Area Network，MAN）

城域网是一种大型的 LAN，它的覆盖范围介于局域网和广域网之间，一般为几千米至几十千米。城域网的覆盖范围在一个城市内，它将位于一个城市之内不同地点的多个计算机局域网连接起来。城域网所使用的通信设备和网络设备的功能要求比局域网高，以便有效地覆盖整个城市的地理范围。一般在一个大型城市中，城域网可以将多个学校、企事业单位和医院的局域网连接起来。

（3）广域网（Wide Area Network，WAN）

广域网是在一个广阔的地理区域内进行数据、语音、图像信息传输的计算机网络。其分布范围通常是几十千米到几千千米，可以跨越海洋，遍布一个国家甚至全球。由于远距离数据传输的带宽有限，因此广域网的数据传输速率比局域网低，且误码率也相对较高。一个国家或国际间建立的网络都是广域网，如 Internet 是全球最大的广域网。

2. 按拓扑结构分类

计算机网络拓扑结构是将构成网络的结点和连接结点的线路抽象成点和线，用几何关系来表示网络结构，从而反映网络中各实体的结构关系，并且对网络的性能、可靠性以及建设成本管理等都产生着重要影响。常见的计算机网络拓扑结构有五种：星状结构、总线结构、环状结构、树状结构和网状结构，如图 6-2 所示。

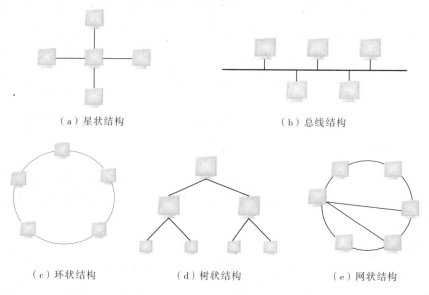

（a）星状结构　　　　　　　　　　　（b）总线结构

（c）环状结构　　　　　（d）树状结构　　　　　（e）网状结构

图 6-2　计算机网络拓扑结构

（1）星状拓扑结构

星状拓扑结构是最早的通用网络拓扑结构形式，它由一个中心结点和若干从结点组成，如图 6-2（a）所示。中心结点控制全网的通信，任何两个从结点之间的通信必须经过中心结点转发，因此，要求中心结点有较强的功能和较高的可靠性。

星状拓扑结构简单，组网方便，传输速率高。每个结点独占一条传输线路，消除了数据传送冲突现象。一台计算机及其接口故障不会影响到整个网络，扩展性好，配置灵活，网络易于管理和维护。但是它属于集中控制，中心结点一旦出现故障将导致全网瘫痪，可靠性较差。

（2）总线拓扑结构

如图6-2（b）所示，总线拓扑结构采用单根传输线路作为公共传输媒介，所有结点都连到这个公共媒介上，这个公共媒介称为信道。任何一个结点发送的数据都通过总线进行传播，同时能被总线上所有的结点接收。总线拓扑结构形式简单，增删结点容易，易于扩充，曾经是较为普遍的一种物理网络结构。

（3）环状拓扑结构

环状拓扑结构中所有结点被连接成闭合的环，信息是沿着环广播传送的，如图6-2（c）所示。在环状拓扑结构中，每一个结点只能和相邻结点直接通信，与其他结点通信时，信息必须依次经过两者间的每一个结点。

环状拓扑结构中传输线路方向固定，无线路选择问题，故容易实现。但是环中任何结点的故障都会导致全网瘫痪，可靠性较差。

（4）树状结构

树状结构是一种分层结构，结点按层次进行连接，其形状像一棵倒置的树，如图6-2（d）所示，顶端是树根，树根以下带分支，每个分支还可再带子分支，树根接收各站点发送的数据，然后再广播发送到全网。树状结构的优点是通信线路连接简单，网络管理不复杂，维护方便。其缺点是数据要经过多级传输，系统响应时间较长，资源共享能力差，可靠性低。

（5）网状拓扑结构

网状拓扑结构是指将各网络结点与通信线路互联成不规则的形状，结点之间是任意连接的，每个结点至少与其他两个结点相连，或者说每个结点至少有两条链路与其他结点相连，如图6-2（e）所示。在网状拓扑结构中，结点间路径多，大大减少了碰撞和阻塞，如果网络中一个结点或一段链路发生故障，信息可通过其他结点和链路到达目的结点，故可靠性高。但是这种网络结构复杂，成本较高，网络协议也比较复杂。

6.1.4　计算机网络硬件与软件

计算机网络是一个非常复杂的系统，与计算机系统类似，也是由硬件和软件两大部分组成，这是计算机网络存在并能应用的两大基础。

1. 计算机网络的硬件

计算机网络的硬件一般包括三部分：计算机系统、传输介质和通信设备。

（1）计算机系统

计算机系统是计算机网络的第一要素，不可缺少。计算机网络中的计算机可以是各种类型的计算机，包括巨型机、大型机、小型机、微机及笔记本式计算机等，这些计算机根据作用的不同，又可分为网络服务器和网络工作站。所谓网络服务器就是在网络中提供服务的计算机，而网络工作站就是网络中供个人使用的计算机，也称为客户机。

（2）传输介质

计算机网络中，除了计算机系统，还有用于连接计算机的传输介质和通信设备。传输介质是计算机和通信设备传输信息的媒介。传输介质可分为有线传输介质和无线传输介质。计算机网络中常用的有线传输介质有双绞线、同轴电缆、光缆等。

双绞线是由两根绝缘铜导线相互扭绞而成，通常一个绝缘外套封装四对双绞线，是目前局域网最常用的一种传输介质。双绞线可分为三类、四类、五类和超五类等多种，目前常用的是五类和超五类双绞线，如图 6-3 所示。

双绞线使用 RJ-45 连接器（俗称水晶头）来连接计算机和其他网络设备，如图 6-4 所示。RJ-45 连接器的外形和电话插头相似，其实两者完全不同，电话插头是四条线，RJ-45 是八条线。

图 6-3　双绞线　　　　　　　　　　图 6-4　RJ-45 连接器

同轴电缆由一根空心的外导体和一根位于中心轴线的内导体组成，内导体和外导体及外界之间用绝缘材料隔离。内导体一般是铜芯，外导体一般是金属箔网，如图 6-5 所示。有线电视的连接线就是同轴电缆。同轴电缆分为粗缆和细缆，局域网中的同轴电缆主要是细缆。

光缆主要由光导纤维（细如头发的玻璃纤维）、塑料保护套管及塑料外皮构成，如图 6-6 所示。光缆中传输的是光信号，其传输速度快，传输距离远，抗干扰能力强，是目前最理想的传输介质。

图 6-5　同轴电缆　　　　　　　　　　图 6-6　光缆

计算机网络中，无线传输介质常用的有无线电波、微波、红外线和激光等，通过无线传输介质可以组成无线网络，无线网络接入方便，便于移动，目前无线网络的使用越来越普遍。

（3）通信设备

计算机网络中，通信设备指网络连接设备，常用的有网络适配器、集线器（Hub）、交换机（Switch）和路由器（Router）等。

网络适配器又称网络接口卡（Network Interface Card，NIC），简称网卡，是局域网中提供各种网络设备与网络传输介质相连的接口。计算机中的网卡是插入到主板总线插槽上的一个硬件设备，用于将用户计算机与网络相连，如图 6-7 所示。

按所支持的传输介质不同，网卡可分为双绞线网卡、粗缆网卡、细缆网卡、光纤网卡。

集线器是局域网的一种连接设备，双绞线通过集线器将网络中的计算机连接在一起，同时扩大网络的传输距离，如图 6-8 所示。集线器有 4 端口、8 端口、16 端口和 32 端口等不同规格，各端口作用一样。

以集线器为中心的网络其优点是：当网络系统中某条线路或某结点出现故障时，不会影响网上其他结点的正常工作。

图 6-7　PC 网卡

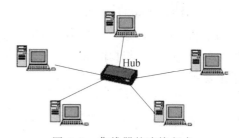

图 6-8　集线器的连接方式

交换机也是一种局域网连接设备，经常用来将计算机互联起来组成局域网。对于组建局域网，交换机接线方式和集线器一样，但比集线器传输效率高，具有更高的优越性。这是因为集线器主要是通过广播方式（一个端口发出的信息，传递到所有端口）来完成计算机之间的连接和通信，而交换机则是通过端口到端口传递来完成计算机之间的通信。因此，很多时候用交换机来代替集线器，可以改善网络的传输性能。交换机也有多个端口，每个端口作用一样。交换机外观如图 6-9 所示。

路由器属于网络互连设备，一般用来连接不同类型的网络。路由和交换之间的主要区别是交换发生在 OSI 参考模型数据链路层，而路由发生在第三层，即网络层。两者实现各自功能的方式是不同的，交换机交换速度快，但控制功能弱，路由器控制性能强，但报文转发速度慢。

图 6-9　交换机正面

目前路由器已经广泛应用于各行各业，各种不同档次的产品已成为实现各种主干网内部连接、主干网间互联和主干网与互联网互联互通业务的主力军。个人或企业局域网接入 Internet 需要用到路由器，如图 6-10 所示。

在广域网中，信息从一个结点传输到另一个结点时要经过许多路径，路由器的作用就是从一个网络传输到另一个网络时进行路径的选择，使得信息的传输有一条最佳的通路。这就像自驾车从广州到西安有多条路线可选择，但必有一条是最佳的。

对于普通家庭的组网，网络接入设备通常采用家用路由器，有多个端口，分为 LAN 端口和 WAN 端口，如图 6-11 所示。每个 LAN 端口连接一台计算机或一个局域网，WAN 端口连接其他路由器（如电信部门），可将局域网接入广域网。

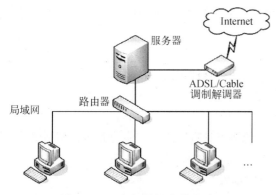

图 6-10　路由器的连接方式

1. 电源9V 1A 2. 电源开关

图 6-11　路由器

2. 计算机网络软件

计算机网络软件是一种在网络环境下运行、使用、控制和管理网络工作与通信双方交流信息的计算机软件。根据网络软件的功能和作用不同，可将其分为三类：网络通信协议、网络操作系统和网络应用软件。

（1）网络通信协议

网络通信协议是指通信双方必须共同遵守的约定和通信规则，它是通信双方关于通信如何进行所达成的协议。协议有三个要素：语义、语法、时序。语义确定协议的元素类型；语法规定协议元素的格式；时序详细说明事件的先后顺序。例如，用什么样的格式表达、组织和传输数据，何时开始发生，何时结束等。

在网络上通信的双方必须遵守相同的协议，才能正确地交流信息，就像人们谈话要用同一种语言一样，如果谈话时使用不同的语言，就会造成相互间听不懂对方在说什么的问题，那么将无法进行交流。因此，协议在计算机网络中是至关重要的。一般来说，协议的实现是由软件和硬件配合完成的。

目前，计算机网络用于网络互联的通信协议模型主要有两个：OSI 参考模型和 TCP/IP 协议簇。OSI 参考模型将网络通信的过程划分为七个层次，并规定了七个层次协议的具体功能。TCP/IP 协议簇是 Internet 采用的通信协议，也是层次结构，分为四层，包括多种协议，如电子邮件、文件传输等。OSI 参考模型与 TCP/IP 协议簇的关系如图 6-12 所示。

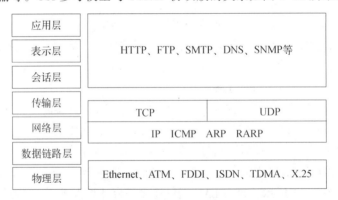

图 6-12 OSI 参考模型与 TCP/IP 协议簇的关系

OSI 参考模型是概念上的模型，指明了网络互联的正确方向；而 TCP/IP 是事实上的标准，是 Internet 的基础。

（2）网络操作系统

网络操作系统是计算机网络的核心软件，其他网络软件都需要网络操作系统的支持才能运行。网络操作系统使网络上各计算机能方便而有效地共享网络资源，是为网络用户提供所需的各种服务的软件和有关规程的集合。

除具有一般操作系统的功能外，网络操作系统还应具有网络通信能力和多种网络服务功能。目前常用的网络操作系统有 Windows、UNIX、Linux 和 NetWare。一般主流协议软件也都集成在网络操作系统中，例如 Windows 系统中的 TCP/IP 等。

（3）网络应用软件

网络应用软件是指为某一应用目的而开发的网络软件，它为用户提供一些实际的应用。

网络应用软件既可用于管理和维护网络本身，也可用于某一个业务领域。例如，IE 浏览器、电子邮件客户端软件、FTP 客户端软件、QQ、飞信等。

6.2　Internet 基础

Internet 音译为"因特网"，它是一个巨大的、全球范围的计算机网络。它本身不是一种具体的物理网络，而是把世界各地的计算机通过网络路由器和通信线路连接起来，进行数据和信息的交换，从而实现资源共享。当前，Internet 已逐渐渗透政治军事、教育科研、娱乐商业、购物休闲等领域，它还在不断的变化、发展，正逐步虚拟现实的世界，形成一个崭新的信息社会。

6.2.1　Internet 的形成与发展

1. Internet 的诞生

Internet 起源于 20 世纪 60 年代末美苏的冷战时期。当时，美国国防部为了保证美国本土防卫力量和海外防御武装在受到前苏联第一次核打击以后仍然具有一定的生存和反击能力，认为有必要设计出一种分散的指挥系统：它必须能够经受住故障的考验而维持正常工作，一旦发生战争，当网络的某一部分因遭受攻击而失去工作能力时，网络的其他部分应当能够维持正常通信。为了对这一构思进行验证，1969 年，美国国防部高级研究计划署 DARPA（Defense Advanced Research Projects Agency）资助建立了名为 ARPANET 的网络，它把美国几所著名大学的计算机主机连接起来，采用分组交换技术，通过专门的通信交换机和通信线路相互连接。这就是最早出现的计算机网络，也是 Internet 的雏形。

ARPANET 建立初期只有四个网络结点，由于可靠性高，它的规模迅速扩张，不久就从夏威夷到瑞典，横跨西半球。1972 年，在美国华盛顿举行的第一届计算机通信国际会议上，ARPANET 首次与公众见面。

1983 年，ARPA 把 TCP/IP 协议簇作为 ARPANET 的标准协议，其核心就是 TCP（传输控制协议）和 IP（网际协议）。后来，该协议集经过不断地研究、试验和改进，成为了 Internet 的基础。现在判断一个网络是否属于 Internet，主要就看它在通信时是否采用 TCP/IP 协议簇。

1985 年，美国国家科学基金会（National Science Foundation，NSF）认识到计算机网络对科学研究的重要性，接管 ARPANET，斥巨资建立起六大超级计算机中心，用高速通信线路把它们连接起来。这就构成了当时全美的 NSFNET（国家科学基金网）骨干网。NSFNET 是一个三级计算机网络，以校园网为基础，通过校园网形成区域性网络，再互联为全国性广域网，覆盖了全美主要的大学和研究所。之后，随着越来越多的计算机，包括德国、日本等外国的计算机接入 NSFNET，一个基于美国、连接世界各地网络的广域网逐步发展，最终形成了 Internet。

1990 年 6 月，鉴于其实验任务已经完成，在历史上起过重要作用的 ARPANET 正式退役，而由它演变而来的 Internet 却逐步发展为全球最大的互联网络。

2. Internet 的发展

1992 年，由于 Internet 用户数量急剧增加，连通机构日益增多，应用领域也逐步扩大，Internet 协会 ISOC（Internet Society）应运而生。该组织是一个非政府、非营利的行业性国际组织，以制定 Internet 相关标准、开发与普及 Internet 及与之相关的技术为宗旨。

今天，作为规模最大的国际性计算机网络，Internet 已连接了几十万个网络、上亿台主机。同时，Internet 的应用也渗透到了各个领域，从学术研究到股票交易、从学校教育到娱乐游戏、从联机信息检索到在线居家购物。

当然，由于 Internet 存在着技术上和功能上的不足，加上用户数量猛增，1996 年起，美国的一些研究机构和大学提出研制新一代 Internet 的设想，即 NGI（Next Generation Internet），并于 2001 年正式启动了第二代 Internet 的研究。其目标是提高传输速率及使用更先进的网络服务技术和开发更多带有革命性的应用，如远程医疗、远程教育等。

6.2.2　Internet 基本概念

1. IP 地址

在 Internet 上连接的所有计算机，从大型机到微机都是以独立的身份出现，称之为主机。为了实现各主机间的通信，每台主机都必须有唯一的网络地址，这个地址被称为 IP 地址（IP Address）。它与硬件地址即 MAC 地址不同，硬件地址是物理网络使用的与具体网络设备（如网卡）有关的数据链路层地址，是一个 48 位地址，设备出厂的时候就被固化在其中。

目前，IP 地址由 32 位二进制数构成，如 IP 地址 11010011010100111000001110001110。为了便于记忆，这些二进制位被分为 4 组，每组 8 位即一个字节，并用圆点进行分隔，每个字节的数值范围是 0～255。这种写法被称为"点分十进制"表示法，如上文提到的 IP 地址可写为 211.83.131.142，如图 6-13 所示。

32 位的 IP 地址由两个部分组成，如图 6-14 所示。具体如下：

① 网络标识 Network ID：标识主机连接到网络的网络号。

② 主机标识 Host ID：标识某网络内某主机的主机号。

B1	B2	B3	B4
11010011	01010011	10000011	10001110
211	83	131	142

图 6-13　IP 地址的表示

网络标识	主机标识

图 6-14　IP 地址的组成

网络按规模大小主要可分为三类，在 IP 地址中，由网络 ID 的前几位进行标识，分别被称为 A 类、B 类、C 类，如表 6-1 所示。另外，还有两类：D 类地址为网络广播使用；E 类地址保留为实验使用。

表 6-1　IP 地址的分类

类型	网络 ID	第一字节	主机 ID	最大网络数	最大主机数
A 类	B1，且以 0 起始	1～127	B2 B3 B4	127	16 777 214
B 类	B1 B2，且以 10 起始	128～191	B3 B4	16 256	65 534
C 类	B1 B2 B3，且以 110 起始	192～223	B4	2 064 512	254

IP 地址规定，全为 0 或全为 1 的地址另有专门用途，不分配给用户。

A 类地址：网络 ID 为 1 个字节，其中第 1 位为 0，可提供 127 个网络号；主机 ID 为 3 个字节，每个该类型的网络最多可有主机 16 777 214 台，用于大型网络。

B 类地址：网络 ID 为 2 个字节，其中前 2 位为 10，可提供 16 256 个网络号；主机 ID 为 2 个字节，每个该类型的网络最多可有主机 65 534 台，用于中型网络。

C 类地址：网络 ID 为 3 个字节，其前 3 位为 110，可提供 2 064 512 个网络号；主机 ID 为 1 个字节，每个该类型的网络最多可有主机 254 台，用于较小型网络。

所有的 IP 地址都由 NIC 负责统一分配，目前全世界共有三个这样的网络信息中心：INTERNIC——负责美国及其他地区；ENIC——负责欧洲地区；APNIC——负责亚太地区。因此，我国申请 IP 地址要通过 APNIC。用户在申请时要考虑 IP 地址的类型，然后再通过国内的代理机构提出申请。

今天的 Internet 协议被称为 IPv4（IP version 4），即 IP 协议第 4 版，在其 32 位的地址空间中，约有 43 亿个地址可用，但这与现在入网的机器数及人口数相比，其比例还比较小，所以正面临着 IP 资源危机。因此在第二代 Internet 的研究中，着手研发第 6 版 IP 协议，即 IPv6。在今后的一段时间内，IPv4 将和 IPv6 共存（如图 6-15 所示），并最终过渡到 IPv6。

图 6-15　IPv4 到 IPv6 过渡——隧道技术

与 IPv4 相比，IPv6 具有以下几方面的优势：

① 更大的地址空间。IPv4 中规定 IP 地址长度为 32，最大地址个数为 2^{32}；而 IPv6 的地址长度为 128，即最大地址个数为 2^{128}，其地址空间增加了 $2^{128}-2^{32}$ 个。

② 更小的路由表。IPv6 的地址分配遵循聚类原则，因而路由器在路由表中用一条记录就可以表示一片子网，大大减小了路由器中路由表的长度，提高了路由器转发数据包的速度。

③ 增加了增强的组播支持以及对流的控制，促进了网络上多媒体应用的发展，为服务质量控制提供了良好的网络平台。

④ 加入对自动配置的支持。这是 IPv6 对 DHCP 协议的改进和扩展，进而对网络（尤其是局域网）的管理更加方便和快捷。

⑤ 更高的安全性。使用 IPv6 的用户可以对网络层的数据进行加密，并对 IP 报文进行校验，极大地增强了网络的安全性。

⑥ 允许扩充。

⑦ 灵活的头部格式。用一系列固定格式的扩展头部取代了 IPv4 中可变长度的选项字段，并且选项的出现方式也有所改变。路由器可以简单路过选项而不做任何处理，加快了报文处理速度。

IPv6 有 3 种表示方法，分别是冒号十六进制表示法、零压缩表示法、组合 IPv4 和 IPv6 地址的混合表示法。

2. 域名

域名是因特网上用来查找网站的专用名字，作用类似于地址、门牌名。域名是唯一的，不重复的。域名也是互联网中用于解决地址对应问题的一种方法。

域名的功能是映射互联网上服务器的 IP 地址，从而使人们能够与这些服务器连通。如

209.131.36.157 这个 IP 地址是门户网站——雅虎的服务器地址，访问该网站时，可以在浏览器中输入该 IP 地址，当然也可以输入 http://www.yahoo.com 网址，显然域名更容易理解和记忆。域名与 IP 地址的关系像是某人的姓名与身份证号码的关系，显然，姓名比身份证号码更容易记忆，并且在交流中具有更强的可读性。

域名分为顶层（Top-level）、第二层（Second-level）、子域（Sub-domain）等。国际域名相当于一个二级域名，如 http://www.yahoo.com；国内域名属于地区性域名，相当于一个三级域名，如 www.pconline.com.cn。国际域名在级别上要高于国内域名，国际域名只有一个，而地区性域名可以有多个。通过域名通常能了解该服务器的相关信息，例如 www.hebtu.edu.cn，最右边的 cn 表示中国，edu 表示教育网，hebtu 表示"河北师范大学"，www 表示主机名，因此，www.hebtu.edu.cn 就表示中国教育网上的河北师范大学的服务器。

3. URL

URL（Uniform Resource Locator，统一资源定位符），是 Internet 上可供访问的各类资源的地址，也就是通常所说的网址。URL 是 Internet 上用来指定一个位置或某一个网页的标准方式，它的语法结构如下：

```
协议名称://主机名称[:端口/存放目录/文件名称]
```

例如，http://www.microsoft.com:23/exploring/exploring.html，http 表示协议名称，www.microsoft.com 表示主机名称，23 表示主机端口，Exploring 表示存放目录，exploring.html 表示文件名称。

常用协议名称如表 6-2 所示。

表 6-2　常用协议名称

协 议 名 称	协 议 说 明	示　　例
HTTP	WWW 上的存取服务	http://www.yahoo.com
Telnet	代表使用远端登录的服务	telnet://bbs.nstd.edu
FTP	文件传输协议，通过互联网传输文件	ftp://ftp.microsoft.com/

4. TCP/IP

TCP/IP（传输控制协议/网际协议）是网络中使用的最基本、最广泛的通信协议。它规范了网络上的所有通信设备，尤其是一台主机与另一台主机之间的数据往来格式以及传送方式。

从名字上看 TCP/IP 包括两个协议：传输控制协议（TCP）和网际协议（IP），实际上它是一组协议，包括远程登录、文件传输和电子邮件等上百个协议。TCP 协议和 IP 协议是保证数据完整传输的两个基本的重要协议，其中，IP 保证数据的传输，TCP 保证数据传输的质量。

TCP/IP 是 Internet 的基础协议，也是一种计算机数据打包和寻址的标准方法。在数据传送中，可以形象地理解为有两个信封，TCP 和 IP 就像是信封，要传递的信息被划分成若干段，每一段塞入一个 TCP 信封，并在该信封面上记录有分段号的信息，再将 TCP 信封塞入 IP 大信封，发送上网。在接收端，一个 TCP 软件包收集信封，抽出数据，按发送前的顺序还原，并加以检验，若发现差错，TCP 将会要求重发。因此，TCP/IP 在 Internet 中几乎可以无差错地传送数据。对普通用户来说，并不需要了解网络协议的整个结构，仅需了解 IP 的地址格式，即可与世界各地进行网络通信。

6.2.3 Windows 7 下设置 IP 地址

Windows 7 中 IP 地址的设置方法如下：

① 单击任务栏右下角的【网络连接】图标，在打开的面板中，单击【打开网络和共享中心】，如图 6-16 所示。

② 在打开的【网络和共享中心】窗口中，单击左侧的【更改适配器配置】选项，如图 6-17 所示。

③ 在打开的【网络连接】窗口中右击【本地连接】图标，从弹出的快捷菜单中选择【属性】命令，如图 6-18 所示。

图 6-16　网络连接

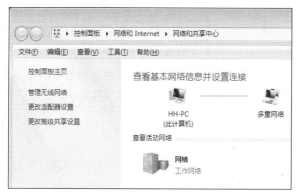

图 6-17　【网络和共享中心】窗口

图 6-18　本地连接

④ 在弹出的【本地连接 属性】对话框中，选中【此连接使用下列项目】选项区域中的【Internet 协议版本 4　(TCP/IPv4)】选项，单击【属性】按钮，如图 6-19 所示。

⑤ 在弹出的【Internet 协议版本 4　(TCP/IPv4)属性】对话框中，输入局域网内应采用的 IP 地址、子网掩码以及 DNS 服务器地址，如图 6-20 所示，单击【确定】按钮完成设置。

图 6-19　【本地连接 属性】对话框

图 6-20　【Internet 协议版本 4】对话框

6.2.4　Internet 接入技术

随着互联网在国内的广泛普及，人们对网络已经不再陌生。目前的宽带接入方式主要有 ISDN、ADSL、Cable Modem、STB 机顶盒以及 DDN 专线、ATM（异步传输模式）网、宽带卫星接入等几种。

1. Modem 接入

Modem 接入是众多上网方式中比较简单的一种方案，但也是目前速度最慢的一种。优点主要有：只要有电话线的地方，就可以上网，不需要特别铺设线路，也不需在电信局申请；硬件设备单一，接入方式简单，应用支持广泛。缺点主要有：速度慢，最高只有 56 kbit/s，而且 Modem 利用的是电话局的普通用户双绞线，线路噪声大、误码率高；用户需分别支付上网费和电话费，上网时造成电话长期占线。目前，这种方式已很少使用。

2. ISDN 接入

ISDN（Integrated Services Digital Network）俗称"一线通"。它采用数字传输和数字交换技术，将电话、传真、数据、图像等多种业务综合在一个统一的数字网络中进行传输和处理。用户利用一条 ISDN 用户线路，可以在上网的同时拨打电话、收发传真，就像两条电话线一样。主要适合于普通家庭用户使用，其缺点是速率仍然较低，无法实现一些高速率要求的网络服务，并且费用同样较高。

3. ADSL 接入

ADSL（Asymmetrical Digital Subscriber Loop）非对称数字用户环路，是一种能过通过普通电话线提供宽带数据业务的技术，也是目前极具发展前景的一种接入技术。ADSL 因下行速率高、频带宽、性能优、安装快捷方便、不需交纳电话费等特点，深受广大用户喜爱，成为继 Modem、ISDN 之后又一种全新的高效接入方式，也是目前使用较多的接入方式。

4. Cable Modem 接入

Cable Modem 即电缆调制解调器，是一种基于有线电视网络铜线资源的接入方式，适用于拥有有线电视网的家庭、个人或中小团体。Cable Modem 的特点是接入速率高，容易接入 Internet，不需要拨号和等待登录，用户可以随意发送和接收数据，不占用任何网络和系统资源，没有距离限制，覆盖的地域很广。缺点在于基于有线电视网络的架构是属于网络资源分享型的，当用户激增时，速率就会下降且不稳定，扩展性不够。

5. DDN 专线接入

数字数据网络（Digital Data Network，DDN）是随着数据通信业务的发展而迅速发展起来的一种新型网络。DDN 的主干网传输媒介有光缆、数字微波、卫星信道等；DDN 传输的数据具有质量高、速度快、网络时延小等一系列优点，特别适合于计算机主机之间、局域网之间、计算机主机与远程终端之间的大容量、多媒体、中高速通信的传输。

6. 光纤宽带接入

通过光纤接入到小区节点或楼道，再由网线连接到各个共享点上（一般不超过 100 米），提供一定区域的高速互联接入。特点是速率高，抗干扰能力强，适用于家庭，个人或各类企事业团体，可以实现各类高速率的互联网应用（视频服务、高速数据传输、远程交互等），缺点是一次性布线成本较高。

7. 无源光网络接入

PON（无源光网络）技术是一种点对多点的光纤传输和接入技术，下行采用广播方式，上行采用时分多址方式，可以灵活地组成树形、星形、总线形等拓扑结构，在光分支点不需要节点设备，只需要安装一个简单的光分支器即可。具有节省光缆资源、带宽资源共享、节省机房投资、设备安全性高、建网速度快、综合建网成本低等优点，缺点是一次性投入较大。

8. 无线接入

无线接入技术是指在终端用户和交换机之间的接入网部分全部或部分采用无线传输方式，为用户提供固定或移动的接入服务的技术。作为有线接入网的有效补充，它有系统容量大、话音质量与有线一样，覆盖范围广，系统规划简单，扩容方便，可加密码或用 CDMA 增强保密性等技术特点，可解决边远地区、难于架线地区的信息传输问题，是当前发展最快的接入技术。

6.3　Internet 应用

6.3.1　网上漫游

1. World Wide Web

World Wide Web 称为全球信息网，简称 3W 或 WWW，也称万维网，发明者是蒂姆·伯纳斯–李。1994 年 10 月，蒂姆·伯纳斯–李在麻省理工学院计算机科学实验室成立了万维网联盟（简称 W3C）。

WWW 是一个基于超文本方式的信息检索服务工具，可以为网络用户提供信息的查询和浏览服务，它将位于 Internet 上不同地点的相关数据信息有机地编织在一起，提供友好的信息查询接口，用户仅需要提出查询要求，而到什么地方查询及如何查询则由 WWW 自动完成。WWW 提供丰富的文本、图像、音频和视频等多媒体信息，并将这些信息集合在一起，且提供导航功能，用户可以方便地在各页面间进行浏览，因此，WWW 已成为 Internet 最重要的服务。以下为几个常用的术语和概念：

① 超链接（Hyperlink）：指从一个网页指向一个目标的连接关系，这个目标可以是另一个网页，相同网页上的不同位置，还可以是一个图片、一个电子邮件地址、一个文件，甚至是一个应用程序。而在一个网页中用来超链接的对象，可以是一段文本或一个图片等。当浏览者单击具有链接的文字或图片后，链接目标将显示在浏览器上，并且根据目标的类型来打开或运行。

② 超文本（Hypertext）：用超链接的方法，将各种不同空间的文字信息组织在一起的网状文本。超文本是一种用户界面范式，用以显示文本及与文本之间相关的内容，普遍以电子文档方式存在，其中的文字包含可以链接到其他位置或者文档的连接，允许从当前阅读位置直接切换到超文本链接所指向的位置。

③ 超文本标记语言（Hyper Text Markup Language，HTML）：不能算是一种程序设计语言，

而是一种标记格式，用于编写 Web 网页。HTML 文档是一个由标签组成的文本文件，扩展名为.htm 或.html，可由浏览器解释执行。它的一般书写格式如下：

<标签名>　　内容　　</标签名>

④ 超文本传输协议（Hypertext Transfer Protocol，HTTP）：提供访问超文本信息的功能，是 WWW 浏览器和 WWW 服务器之间的应用层通信协议。采用请求/响应模型，由客户端向服务器发送一个请求，包含请求的方法、地址、协议版本、客户信息等；服务器以一个状态行作为响应，返回相应的内容包括消息协议的版本，成功或者错误编码，服务器信息及可能的实体内容等。

⑤ 浏览器：可以显示网页服务器或者文件系统的 HTML 文件内容，并让用户与这些文件交互的一种软件。常见的浏览器如 Microsoft 的 IE、谷歌的 Google Chrome 和 360 安全浏览器等。现在的浏览器作用已不再局限于网页浏览，还包括信息搜索、文件下载、音乐欣赏、视频点播等。

2. Internet Explorer 浏览器

浏览器又称 Web 客户端程序，用于获取 Internet 上的信息资源。Internet Explorer（简称 IE）是微软公司开发的基于超文本技术的 Web 浏览器，下面以 IE 9 为例，介绍浏览器的常用功能和操作方法。

（1）IE 浏览器的启动和关闭

启动 IE 浏览器的方法有多种，常用的有：

① 双击桌面上的 Internet Explorer 快捷图标启动。

② 单击程序按钮区的【Internet Explorer】按钮。

③ 选择【开始】→【所有程序】→【Internet Explorer】命令。

而关闭 IE 浏览器的常用方法有：

① 单击 IE 窗口右上角的【关闭】按钮。

② 单击 IE 窗口左上角，在弹出的快捷菜单中选择【关闭】命令。

③ 在任务栏 IE 程序按钮上右击，在弹出的快捷菜单中选择【关闭窗口】命令。

④ 选中 IE 窗口，按【Alt+F4】组合键。

（2）IE 浏览器的工作界面

IE 9 浏览器的工作界面由地址栏、菜单栏、选项卡、工具按钮、收藏夹、状态栏等组成。例如，在地址栏中输入 http://www.sina.com，并按【Enter】键，IE 浏览器窗口中会显示新浪网的首页，如图 6-21 所示。

① 地址栏：用户在此处输入网址，按【Enter】键可打开相应的网页，单击右端的下拉按钮，可以查看近期打开过的网页地址。

② 菜单栏：提供了文件、编辑、查看、收藏夹、工具等菜单。菜单栏默认不显示，可通过选择【查看】→【工具栏】→【菜单栏】命令或者按【Alt】键，将其打开或关闭。

③ 选项卡：在 IE 窗口中，可以建立多个选项卡以同时浏览网页，单击选项卡标签可切换到对应的选项卡。在选项卡中打开网页后，其标签会同时显示网页的标题。

④【收藏夹】按钮：保存用户经常访问的网页地址列表。

图 6-21 IE 浏览器的工作界面

⑤【工具】按钮：实际是 IE 浏览器的菜单栏，显示了在浏览网页过程中经常用到的工具选项，如打印、文件、页面、安全、查看下载和工具等。单击某个选项，即可实现对应的功能或打开相应的功能菜单。

⑥ 状态栏：显示当前浏览器相关的信息，在打开网页的过程中，会显示网页的打开进度。

（3）浏览网页

① 使用地址栏：在浏览器地址栏中输入要访问网页的 URL 地址，按【Enter】键或单击地址栏中的【转到】按钮，即可打开相应网页。

将鼠标指针移至网页上具有超链接的文字或图片上，指针变为🖑状，此时单击可以跳转到链接页面。

② 使用命令按钮。IE 浏览器提供了导航按钮，方便用户浏览网页。

- 【后退】按钮⬅：单击该按钮，返回上一个访问的网页。
- 【前进】按钮➡：单击该按钮，链接到当前页面的下一个页面。
- 【刷新】按钮↻：用于重新显示当前网页。
- 【停止】按钮✖：用于停止对当前页面的显示。
- 【主页】按钮🏠：单击该按钮，返回起始网页。

③ 多选项卡浏览。每当打开一个新窗口，IE 会在新建的选项卡中将网页内容显示出来，通过单击不同选项卡即可切换显示不同网页。网页选项卡右侧，有一个没有显示网页图标和名称的按钮，单击该按钮可以新建一个空白选项卡，其页面显示用户经常访问的网站，并将它们彩色编码以便快速导航，如图 6-22 所示。

（4）保存网页上的信息

① 保存当前页。选择【文件】→【另存为】命令，在弹出的【保存网页】对话框中，设置网页的保存位置，输入保存网页的名称，在【保存类型】下拉列表中选择文件类型，单击【保存】按钮。

图 6-22　新建选项卡页面

说明：IE 浏览器提供了四种文件保存类型，分别具有各自的特点。

①"网页，全部（*.htm;*.html）"格式：按照网页文件原始格式保存所有元素（包括图片、动画等），保存后的网页将生成一个同名的文件夹，用于保存网页中的图片等资源。

②"Web 档案，单个文件（*.mht）"格式：将网页文件所有信息保存在一个文档中，并不生成同名文件夹。

③"网页，仅 HTML（*.htm;*.html）"格式：只是单纯保存当前 HTML 网页，不包含网页中的图片、声音或其他内容。

④"文本文件（*.txt）"格式：自动将网页中的文字信息提取出来，并保存在一个文本文件中。

②保存网页中的文本。选中要保存的文本后将其复制到剪贴板中，启动文字处理程序，如记事本、Word 文档等，将复制的文本粘贴到其中并保存文件即可。

③保存网页中的图片。右击要保存的图片，在弹出的快捷菜单中选择【图片另存为】命令，在弹出的【保存图片】对话框中，设置保存位置并输入文件名，单击【保存】按钮。

（5）收藏夹

①收藏网页。选择【收藏夹】→【添加到收藏夹】命令，弹出【添加收藏】对话框，如图 6-23 所示，在【名称】文本框中会自动显示该网页的标题，也可为其设置一个新名称。在【创建位置】下拉列表中选择保存的文件夹，也可以单击【新建文件夹】按钮，在弹出的对话框中创建新文件夹。单击【添加】按钮，将当前网页（其实是该网页的地址）添加到浏览器的收藏夹中。

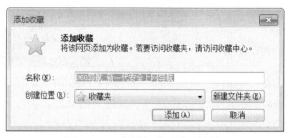

图 6-23　【添加收藏】对话框

② 使用收藏夹。单击【收藏夹】按钮，即可打开图 6-24 所示的【收藏夹】窗格，所有收藏的网址将以列表形式显示出来，单击网页名称就可链接到选中的网页。单击【收藏夹】按钮可将其关闭。

③ 整理收藏夹。收藏的网页多了，就需要对收藏夹中的网页进行分类整理，以便查阅，方法为：在【收藏夹】窗格中单击【添加到收藏夹】按钮右侧的下拉按钮，在下拉菜单中选择【整理收藏夹】命令，弹出【整理收藏夹】对话框，如图 6-25 所示，在该对话框中可以进行自定义文件夹，分类保存网页地址等操作。

图 6-24　【收藏夹】窗格

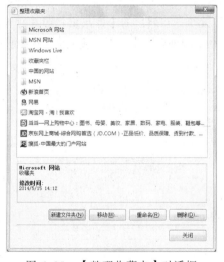

图 6-25　【整理收藏夹】对话框

（6）管理 IE 浏览器

选择【工具】→【Internet 选项】命令，弹出【Internet 选项】对话框，分别有常规、安全、隐私、内容、连接、程序和高级七个选项卡，可对浏览器的选项进行设置。

① 设置主页。选择【常规】选项卡，在【主页】选项区域，在编辑框中输入一个 URL 地址，如 http://www.sina.com，如图 6-26 所示，单击【确定】按钮，启动浏览器后自动打开新浪首页。若把当前已打开的页面设为默认主页，则单击【使用当前页】按钮，当前页的网址即添加至编辑框。

② 删除浏览历史记录。选择【常规】选项卡，在【浏览历史记录】选项区域，单击【删除】按钮，弹出【删除浏览历史记录】对话框，如图 6-27 所示，选中要删除选项的复选框，如临时 Internet 文件和网站文件、历史记录和表单数据等，单击【删除】按钮即可。

图 6-26 【Internet 选项】对话框

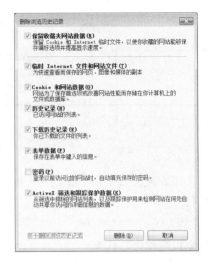

图 6-27 【删除浏览历史记录】对话框

③ 阻止弹窗程序。选择【隐私】选项卡，在【弹出窗口阻止程序】选项区域，选中【启用弹出窗口阻止程序】复选框，可以屏蔽网页上的弹出广告，如图 6-28 所示。另外，单击【设置】按钮，在弹出的【弹出窗口阻止程序设置】对话框中可以进行高级设置，如图 6-29 所示，在【例外情况】中添加允许的网站地址列表，在【筛选级别】下拉列表中选择高、中、低三个筛选级别。

图 6-28 【隐私】选项卡

图 6-29 【弹出窗口阻止程序设置】对话框

④ 设置自动完成。选择【内容】选项卡，在【自动完成】选项区域，单击【设置】按钮，弹出【自动完成设置】对话框，如图 6-30 所示，在对话框中取消选中【表单上的用户名和密码】复选框，以后进入一个新网站，输入用户名和密码时，系统可禁止自动保存登录密码。

⑤ 设置默认浏览器。选择【程序】选项卡，在【默认的 Web 浏览器】选项区域中单击【设为默认值】按钮，即可恢复 IE 为默认浏览器，如图 6-31 所示。

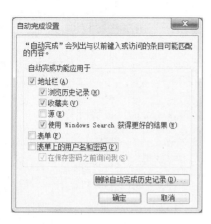

图 6-30 【自动完成设置】对话框

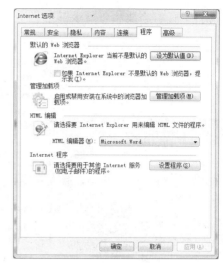

图 6-31 【程序】选项卡

注意：如果计算机目前默认浏览器不是 IE，【设为默认值】按钮为可选状态，相反，【设为默认值】按钮则为不可选状态，并会选中【如果 Internet Explorer 不是默认的 Web 浏览器，提示我】复选框。

⑥ 高级设置。选择【高级】选项卡，在【设置】选项区域，取消选中【显示图片】复选框，如图 6-32 所示，那么浏览网页时只会显示文字，图片位置只显示一个小图标，这样可以加快网页的显示速度，再次选中该复选框，又可以重新显示图片。【在网页中播放动画】和【在网页中播放声音】等复选框的使用方法与【显示图片】相同。

（7）下载网络资源

利用 Internet，用户可以把网络中的资源如音乐、电影和应用程序等，下载到本机磁盘中。

① 使用 IE 浏览器下载。对于体积较小的网络资源文件，可以使用浏览器直接下载。如下载迅雷软件的方法为：打开迅雷产品中心主页，右击网页中的【立即下载】按钮，如图 6-33 所示，在弹出的快捷菜单中选择【目标另存为】命令，在弹出的【另存为】对话框中，设置保存位置，修改文件名，单击【保存】按钮。此时，下载程序自动添加至下载管理器，在其中可以查看下载进度、速度和剩余时间等信息，如图 6-34 所示。

② 使用迅雷下载。迅雷是一款基于多资源超线程技术的下载软件，使用迅雷，用户可以感受使用浏览器下载所无法比拟的速度，具体操作方法为：在网页中右击下载文件的链接，从弹出的快捷菜单中选择【使用迅雷下载】命令，在弹出的【新建任务】对话框中，设置保存位置，单击【立即下载】按钮，开始下载文件。单击迅雷窗口管理窗格【正

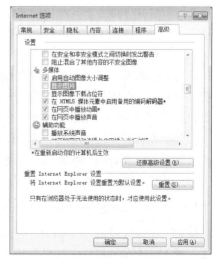

图 6-32 【高级】选项卡

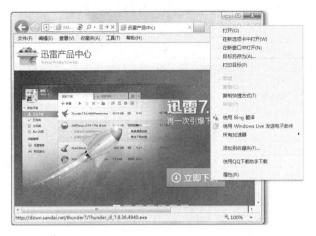

在下载】选项，任务窗格将显示正在下载文件的文件名、大小、完成百分比等信息，如图 6-35 所示。

图 6-33　迅雷下载窗口　　　　　　图 6-34　下载管理器

图 6-35　迅雷下载界面

3. FTP 服务

文件传输服务得名于其所用的文件传输协议 FTP。它提供交互式的访问，允许用户在计算机之间传送文件，并且文件的类型不限，如文本文件、二进制文件、声音文件、图像文件、数据压缩文件等。

使用 FTP 服务，用户可以直接进行任何类型文件的双向传输，其中将文件传送给 FTP 服务器称为上传；而从 FTP 服务器传送文件给用户称为下载。一般在进行 FTP 文件传送时，用户要知道 FTP 服务器的地址，且还要有合法的用户名和密码。现在，为了方便用户传送信息，许多信息服务机构都提供匿名 FTP（Anonymous FTP）服务。用户只需以 Anonymous 作为用户名登录即可。但匿名用户通常只允许下载文件，而不能上传文件。

FTP 服务可以通过 IE 浏览器完成，用户只需要在 IE 地址栏中输入如下格式的 URL 地址：

```
ftp://[用户名:密码@]ftp服务器域名:[端口号]
```

例如，在地址栏输入 ftp://222.30.226.20/，可以打开河北师范大学汇华学院校内 FTP，选择【查看】→【在 Windows 资源管理器中打开 FTP 站点】命令，切换到 Windows 资源管理器视图下查看，如图 6-36 所示。

图 6-36　FTP 服务器界面

通过 IE 浏览器启动 FTP 的方法速度较慢，还会将密码暴露在浏览器中而不安全，因此一般都安装并运行专门的 FTP 客户程序，目前，常见的客户端软件有 CuteFTP 和 LeapFTP。

6.3.2　电子邮件

电子邮件（E-mail）是指发送者和指定的接收者使用计算机通信网络发送信息的一种非交互式通信方式。它是 Internet 应用最广泛的服务之一。电子邮件具有使用简单、投递迅速、收费低廉、容易保存、全球畅通无阻等特点，被人们广泛使用。

电子邮件服务器是 Internet 邮件服务系统的核心。用户将邮件提交给邮件服务器，该服务器根据邮件中的目的地址，将其传送到对方的邮件服务器；另一方面，它负责将其他邮件服务器发来的邮件，根据地址的不同转发到收件人各自的电子邮箱中。这一点和邮局的作用相似。

用户发送和接收电子邮件时，必须在一台邮件服务器中申请一个合法的账号，其中包括用户名和密码，以便在该邮件服务器中拥有自己的电子邮箱，即一块磁盘空间，用来保存自己的邮件。每个用户的邮箱都具有一个全球唯一的电子邮件地址。

电子邮件地址由用户名和电子邮件服务器域名两部分组成，中间由"@"分隔。其格式为：

用户名@电子邮件服务器域名

例如，电子邮件地址 songxiao@126.com，其中 songxiao 表示用户名，126.com 表示电子邮件服务器域名。

1. 电子邮箱的申请

免费邮箱是大型门户网站常见的互联网服务之一，新浪、搜狐、网易、QQ 等网站均提供免费邮箱申请服务。申请免费邮箱首先要考虑的是登录速度，作为个人通信应用，需要一个速度较快、邮箱空间较大且稳定的邮箱，其他需要考虑的功能还有邮件检索、POP3 接收、垃圾邮件过滤等。另外，还有一些可以与其他互联网服务同时使用的免费邮箱，这样更便于个人多重信息管理的同时，也减少了种类繁多的注册过程。

申请电子邮箱的过程一般分为三步，登录邮箱提供商的网页，填写相关资料，确认申请。下面以申请 163 的免费电子邮箱为例，一起来申请一个属于自己的邮箱。

【例 6-1】在 163 网易免费电子邮箱中申请一个邮箱。

【解】具体操作步骤为：

① 打开 IE 浏览器，在地址栏中输入 http://mail.163.com。

② 单击【注册】按钮，打开注册页面。

③ 按照网页上的提示填写好各项信息（其中带*号的项目不能为空），单击【立即注册】按钮。

有了自己的电子邮箱后，就可以在主页面上登录，进行邮件的收发。

2. Outlook 2010 的使用

除了在 Web 网页上收发电子邮件外，还可以使用电子邮件客户端。在日常使用中，大多数人偏爱后者，因为其方便且功能更强大。下面以 Microsoft office Outlook 2010 为例，介绍电子邮件的阅读、收发、撰写、回复和转发等操作。

（1）账户的设置

在使用 Outlook 收发邮件之前，首先要对 Outlook 进行账户设置。启动 Outlook 2010，选择【文件】→【信息】命令，在级联菜单中单击【添加账户】按钮，如图 6-37 所示，弹出【添加新账户】对话框，如图 6-38 所示，选中【电子邮件账户】单选按钮，单击【下一步】按钮。在图 6-39 所示的对话框中正确填写电子邮件地址和密码等信息后，单击【下一步】按钮，Outlook 会自动联系邮箱服务，并进行账户配置，当出现祝贺您界面时，说明配置成功。

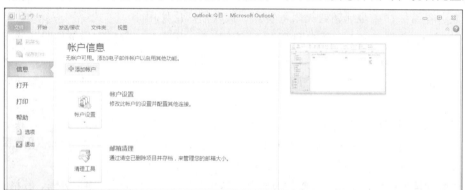

图 6-37 【账户信息】窗口

图 6-38 【添加新账户】对话框

图 6-39 设置账户信息

（2）撰写和发送邮件

账户设置完成之后就可以进行邮件的收发。首先试着给自己写一封邮件，其具体操作步骤如下：

① 选择【开始】→【程序】→【Microsoft Outlook 2010】命令，启动 Outlook 2010。

② 在【开始】选项卡中单击【新建电子邮件】按钮，打开图 6-40 所示的【撰写新邮件】窗口，窗口上半部分为信头，下半部分为信体。

图 6-40　【撰写新邮件】窗口

③ 在【收件人】文本框中输入收件人的电子邮箱地址，本例为 alice_liu000000@163.com。若要给多人发送，则各 E-mail 地址之间用英文分号";"或者英文","隔开。

④ 在【抄送】文本框中输入抄送人的电子邮箱地址，没有可以不输入。若要给多人发送，则各 E-mail 地址之间用英文分号";"隔开。

⑤ 在【主题】文本框中输入此邮件的主题，该主题会显示在收件人邮件列表中。为了方便对方检索，主题尽量不要省略，而且还要反映邮件的内容。

⑥ 正文区中输入邮件的正文，利用【邮件】和【插入】选项卡以设置文本的字体、颜色、背景和插入图片等。

⑦ 如果除正文之外还要附加一个文件，可以在【邮件】选项卡中单击【附加文件】按钮，弹出【插入文件】对话框，如图 6-41 所示，选择要附加的文件，单击【插入】按钮，本例插入一个名为"会议通知"的 Word 文档作为附件。

⑧ 撰写完毕后，单击左侧的【发送】按钮，即可发往上述各收件人。

（3）接收和阅读邮件

一般情况下，都是先连接到 Internet，然后启动 Outlook。要查看是否有电子邮件，单击【发送/接收】选项卡中的【发送/接收所有文件夹】按钮，邮件会下载到 Outlook 的【收件箱】中，新下载的邮件会用黑体显示，阅读完该邮件后字体就会显示正常。阅读邮件的操作步骤如下：

① 单击 Outlook 窗口左侧的【收件箱】图标，窗口中部显示邮件列表区，所有收到的信件都在此列出，窗口右侧显示邮件的预览，如图 6-42 所示。

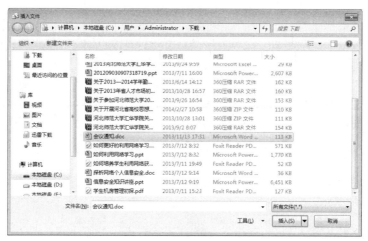

图 6-41 【插入文件】对话框

图 6-42 【邮件预览】窗口

② 若要详细阅读邮件，或者对邮件做进一步操作，可以双击打开它。例如，双击打开邮件列表区中的"测试邮件"，打开【邮件阅读】窗口，如图 6-43 所示。

图 6-43 【邮件阅读】窗口

③ 若邮件含有附件，在【邮件】图标的右侧会列出附件的名称，需要查看附件内容时，单击附件名称，在 Outlook 中预览，如图 6-44 所示。有些附件不是文档，无法预览，可以双击附件名称打开。如果要保存附件，右击附件名称，从弹出的快捷菜单中选择【另存为】命令，在弹出的【保存附件】对话框中设置保存路径，并单击【保存】按钮。

阅读完毕后，直接单击窗口右上角的【关闭】按钮，即可结束邮件的阅读。

图 6-44　附件显示位置

（4）回复邮件

打开要回复的邮件，单击【答复】按钮或者【全部答复】按钮，打开图 6-45 所示的【邮件答复】窗口。原发件人地址自动变为收件人地址并填入【收件人】文本框中，原邮件主题自动加上"答复："字样并填入【主题】文本框，原邮件的内容在正文区也显示出来并作为引用内容。用户直接在正文区起始处输入自己要回复的内容，单击【发送】按钮，即可完成回信。

图 6-45　【邮件回复】窗口

（5）转发邮件

① 打开要转发的邮件，单击【转发】按钮，打开【邮件转发】窗口，如图 6-46 所示。原邮件的主题自动加上"转发："字样并填入【主题】文本框，原邮件的内容在正文区也显示出来。

② 在【收件人】文本框中填入收件人地址，多个地址之间用逗号或分号隔开。

③ 必要时，在正文区撰写附加信息。单击【发送】按钮，完成转发。

图 6-46 【邮件转发】窗口

（6）联系人的使用

联系人是 Outlook 中非常有用的工具之一，它不仅可以保存联系人的姓名、电子邮件地址、邮编、电话、通信地址等信息，还具有自动填写编辑邮件时的电子邮件地址等功能。

添加联系人的操作步骤如下：

① 在 Outlook【开始】选项卡中单击左下角的【联系人】图标，打开【联系人】窗口，如图 6-47 所示。在窗口的中部列出了已有联系人的名片，其中显示联系人的姓名、电子邮件地址等摘要信息。双击某一个联系人名片，可打开详细信息窗口查看或者进行编辑操作。选中某个联系人名片，在功能区单击【电子邮件】按钮，就可以给该联系人编写并发送邮件。

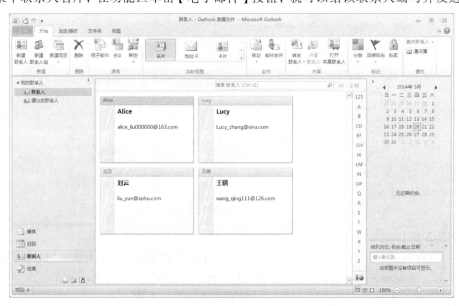

图 6-47 【联系人】视图

③ 在功能区单击【新建联系人】按钮，打开联系人资料编辑窗口，如图 6-48 所示。

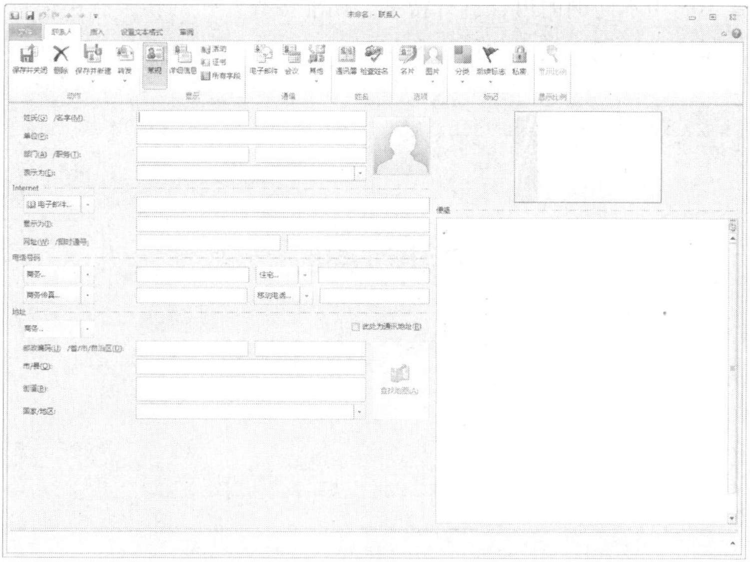

图 6-48　【新建联系人】窗口

③ 将联系人的各项信息填写到对应的文本框中，单击【保存并关闭】按钮，退出窗口。

④ 新添加的联系人名片就会显示在图 6-47 所示的视图中。

6.3.3　信息检索与数据检索

1. 信息检索

信息检索（Information Retrieval）是指知识有序化识别和查找的过程。广义的信息检索包括信息检索与存储，狭义的信息检索是根据用户查找信息的需要，借助于检索工具，从信息集合中找出所需信息的过程。

Internet 是一个巨大的信息库，通过信息检索，可以了解和掌握更多的知识，了解行业内外的技术状况。搜索引擎（Search Engine）是随着 Web 信息技术的应用迅速发展起来的信息检索技术，它是一种快速浏览和检索信息的工具。

"搜索引擎"是 Internet 上的某个站点，有自己的数据库，保存了 Internet 上很多网页的检索信息，并且不断地更新。当用户查找某个关键词时，所有在页面内容中包含了该关键词的网页都将作为搜索结果被搜索出来，再经过复杂的算法进行排序后，按照与搜索关键词的相关度高低，依次排列，呈现在结果网页中。这些网页可能包含要查找的内容，从而起到信息检索导航的目的。

目前，常用搜索引擎有百度（http://www.baidu.com）、搜狗（http://www.sogou.com）、Google（http://www.google.com.hk）等。图 6-49 所示为百度的主页。

使用搜索引擎检索信息，其实是一种很简单的操作，只要在搜索引擎的文本框中输入要搜索的文字即可，搜索引擎会根据列出的关键字找出一系列的搜索结果以供参考。下面介绍一些搜索技巧以提高搜索的精度。

① 选择能较确切描述所要查找的信息或概念的词，这些词称为关键词。关键词不要口

语化，并且不要使用错别字。关键词的组合也要准确。关键词越多（用空格连接），搜索结果越精确。有时候不妨用不同词的组合进行搜索，如准备查广州动物园有关信息，用"广州动物园"比用"广州 动物园"搜索的结果要好。

图 6-49　百度主页

② 使用"-"号可以排除部分的搜索结果，如要搜索除作者金庸外的武侠小说，可以输入"武侠小说 -金庸"，减号"-"前要留一个空格。

③ 使用双引号精确匹配，如果输入的关键词很长，搜索引擎经过分析后，给出的搜索结果中的查询词可能是拆分的，给关键词加上双引号，则搜索引擎不拆分关键词。

④ 在指定网站上查找，可以使用 site:，如在指定的网站上查电话，则输入"电话 site:www.baidu.com"（检索词和 site 之间有空格）。

⑤ 在标题中查找，可以使用 intitle:，如查找故宫博物院的标题，则输入"intitle:故宫博物院"。

⑥ 限制查找，可以使用 inurl:，如只搜索 URL 中的 BMP 的网页，则输入"inurl: BMP"。

⑦ 限制查找文件类型，可以使用 filetype:，冒号后是文档格式，例如 PDF、DOC、XLS等。如要查找有关霍金的黑洞 pdf 文档，则输入"霍金 黑洞 filetype:pdf"。

2. **数据检索**

随着互联网的扩展和升级，网络数据库迅猛发展。中国知网（http://www.cnki.net）是我国最大的全文期刊数据库，是目前世界上最大的连续动态更新的中国期刊全文数据库。其中收录从 1994 年至今（部分刊物回溯至 1979 年，部分刊物回溯至创刊）的期刊，总计万余种。内容涉及自然科学、工程技术、人文与社会科学等各个领域，用户遍及全球各个国家与地区，实现了我国知识信息资源在互联网条件下的社会化共享与国际化传播。

CNKI 全文数据库的文件一般以.caj 格式输出，因此需要特定的阅读软件 CAJViewer 进行浏览。CNKI 不是免费站点，用户必须先付费获取账号和密码，否则只能浏览一些免费信息，如文献摘要、专利信息等，而不能阅读全文或下载文件。

CNKI 检索范围包括十大专辑：理工 A、理工 B、理工 C、农业、医药卫生、文史哲、政治军事与法律、教育与社会科学综合、电子技术与信息科学、经济与管理，共 168 个专题。检索条件包括检索词、检索项、模式、时间、范围、记录数和排序等七个选项。其中，检索词是用户必须输入的关键字，其余六项可以使用默认值。

知网首页如图 6-50 所示。下面介绍中国知网检索平台的各项功能。

图 6-50　中国知网首页

检索平台提供了统一的检索界面，采取了一框式的检索方式，用户只需要在文本框中直接输入自然语言（或多个检索短语）即可检索，简单方便。一框式的检索默认为检索"文献"。文献检索属于跨库检索，可以包含期刊、博硕士论文库、国内会议、国际会议、报纸和年鉴等。也可以在一框式检索方式中选择其他数据库，如期刊、博硕士、会议、报纸等。

基于学术文献的需求，该平台提供了高级检索、专业检索、作者发文检索、科研基金检索、句子检索及文献来源检索等面向不同需要的六种跨库检索方式，构成了功能先进、检索方式齐全的检索平台。

在图 6-51 所示的高级检索界面中，按照用户需求输入相关条件后即可检索出信息。若用户对结果仍不满意，可改变检索条件重新检索。

图 6-51　高级检索界面

单击【文献】按钮右侧的下三角按钮，在列表中可以选择不同的数据库，例如"期刊"等。

（1）检索范围控制条件

检索范围控制条件提供对检索范围的限定，准确控制检索的目标结果，便于用户检索，检索范围控制条件包括：

① 文献发表时间控制条件。

② 文献来源控制条件。

③ 文献支持基金控制条件。

④ 发文作者控制条件。

（2）文献内容特征

提供基于文献内容特征的检索项：全文、篇名、主题、关键词、中图分类号。填写文献内容特征并检索的步骤如下：

① 在下拉列表框中选择一种文献内容特征，在其后的检索框中输入一个关键词。

② 若一个检索项需要由两个关键词控制，如全文中包含"计算机"和"发展"，可选择"并含""或含"或"不含"关系，在第二个检索框中输入另一个关键词。

③ 单击检索项前的【+】按钮，添加另一个文献内容特征检索项。

④ 添加完所有检索项后，单击【检索】按钮，即可进行检索。

注意：文献内容特征和检索控制条件之间是"与"的关系。通过单击【+】按钮，可以增加内容特征条目或者作者条目。

图 6-52　扩展词列表

（3）扩展词推荐

在检索框中输入一个关键词后，系统会自动推荐中心词为该关键词的一组扩展词，例如输入"数学"后弹出图 6-52 所示的列表，在其中选中一个感兴趣的词，即可进行检索。

（4）精确/模糊检索

检索项后的【精确】下拉列表框可控制该检索项关键词的匹配方式。"精确"匹配是在检索框中输入的子值和搜索源完全一致。"模糊"匹配包含检索词的子值，不考虑可显示中英文以外的符号。例如，输入检索词"电子学报"，则可能检索出"量子电子学报"这样的期刊上发表的文献。如果检索电子××学报，需要加通配符"*"或"?"。

（5）中英文扩展检索

对于内容检索项，输入检索词后，可启用"中英文扩展检索"功能，系统将自动使用该检索词对应的中文扩展词和英文扩展词进行检索，帮助用户查找更多、更全的中英文文献。

6.3.4　网页制作基础

1. 网页

网页由超文本置标语言（HTML）的文件格式构成，是构造网站的基本元素，是承载各种网站应用的平台。每个网页上都可以使用文字、表格、图像、音乐、视频、动画、程序等信息，网页之间通过超链接实现相互关联。

常用网页制作语言主要包括：

（1）HTML

HTML 是 WWW 上用于描述文本、色彩、布局等网页元素的标记语言，是网页制作的基础。

（2）XML

可扩展置标语言（Extensible Markup Language，XML）是一种可用来标记数据、定义数据类型的结构性标记语言。用户可以定义各种标识来描述信息中的元素，然后通过分析程序进行处理，使信息能"自我描述"。XML 与 HTML 的区别在于前者的核心是数据，后者主要用于显示数据。从语法上来说，HTML 大小写不敏感，而 XML 区分大小写。

（3）ASP

动态服务器页面（Active Server Pages，ASP）是由微软公司开发，可以与数据库和其他程序进行交互，是一种简单、方便的编程工具，其文件扩展名是.asp。ASP 是一种服务器端脚本编写环境，采用 VBScript 或 JavaScript 作为脚本引擎。ASP 网页可以包含 HTML 标记、普通文本、脚本命令以及 COM 组件等，利用它可以向网页中添加交互式内容（如在线表单），也可以创建使用 HTML 网页作为用户界面的 Web 应用程序。

（4）PHP

超文本预处理语言（PHP：Hypertext Preprocessor，PHP）是一种通用开源脚本语言。其大量地借用 C、Java 和 Perl 语言的语法，并耦合 PHP 自己的特性，将程序嵌入 HTML 文档中去执行，使 Web 开发者能够快速地写出动态页面。PHP 支持目前绝大多数数据库。另外，PHP 是完全免费的，可以从 PHP 官方站点（http://www.php.net）自由下载，并可以不受限制地获得源码，甚至可以加进自己需要的特色。

（5）JSP

JSP（Java Server Page）是 Sun 公司推出的跨平台动态页面开发语言，JSP 可以在 Serverlet 和 JavaBean 的支持下，完成功能强大的站点程序。使用 JSP 技术，Web 页面开发人员可以使用 HTML 或者 XML 标识来设计和格式化最终页面，使用 JSP 标识或脚本来产生页面上的动态内容。

（6）JavaScript

JavaScript 是一种基于对象和事件驱动的客户端脚本语言，编写较为容易。JavaScript 语言是通过嵌入或整合在标准 HTML 中实现的，也就是说，JavaScript 的程序是直接加入在 HTML 文档中的，当浏览器读取到 HTML 文件中的 JavaScript 程序时，会立即解释并执行有关的操作，而无须编译器，其运行速度比 Java Applet 快得多。JavaScript 是制作动态网页必不可少的元素。在网页上经常看到的动态按钮、滚动字幕，绝大多数是使用 JavaScript 技术制作的。

2. HTML 简介

HTML 是网页设计的基本语言，该语言编写的文件称为 HTML 文件。它是由多个标签组成的一种文本文件，可用于说明文字、图像、表格、动画、超链接等网页元素，通过文本编辑器创建的 HTML 页面在互联网上展示，并且能跨平台、跨浏览器使用。

（1）元素

HTML 元素是构成 HTML 文本文件的主要内容，包括文本、文本格式、段落、段落格式、表格、表格单元格、超链接、图片和声音等。这些元素必须由 HTML 标签进行定义，浏览器根据这些标签定义才能判断网页元素属于哪一类,该如何显示。HTML 元素由 HTML 标签进行定义。

HTML 元素有以下一些特点:

① 每个 HTML 元素都有一个元素名,如 body、h1、p、br。

② 开始标签是被尖括号包围的元素名,如<html>。

③ 结束标签是被尖括号包围的斜杠和元素名,如</html>。

④ 元素内容位于开始标签和结束标签之间,如<b>恭喜!</b>。

⑤ 某些 HTML 元素没有结束标签,如<hr>。

(2)标签

HTML 标签用来定义 HTML 元素,由尖括号 "<" 和 ">" 和所包围元素的名称组成。HTML 标签有以下特点:

① HTML 标签是成对出现,如<b>和</b>。

② 位于起始标签和终止标签之间的文本是元素的内容。

③ HTML 标签对大小写不敏感,如<b>和<B>作用是相同的。

常用的 HTML 标签及其功能描述如表 6-3 所示。

表 6-3　HTML 常用标签

标 签 名 称	功 能 描 述	标 签 名 称	功 能 描 述
<html>	定义 HTML 文档	 	定义简单的折行
<body>	定义文档的主体	<hr>	定义水平线
<h1> to <h6>	定义标题 1~标题 6	<!-->	定义注释
<p>	定义段落	<a>	定义超链接
<table>	定义表格	<th>	定义表格的表头
<tr>	定义表格的行	<td>	定义表格单元
<img>	定义图像	<form>	定义表单
<input>	定义输入域	<select>	定义一个选择列表
<textarea>	定义文本域(一个多行的输入控件)	<option>	定义下拉列表中的选项
<label>	定义一个控制的标签	<button>	定义一个按钮
<ul>	定义无序列表	<li>	定义列表项

(3)属性

属性是为 HTML 元素提供的附加信息。在一般情况下,HTML 属性指 HTML 标签的属性。属性总是以名称/值对的形式出现,如 name="value",总是在 HTML 元素的开始标签中规定。

【例 6-2】属性举例。

【解】<h1>标签表示定义标题的开始。

<h1 align="center">标签的 align 属性是对标题文本 "对齐方式" 的指定。表示标题 h1 在浏览器显示的时候居于窗口正中。

(4)基本结构

HTML 文档的基本结构主要包括文档的开始和结尾、头部和主体三部分。

【例 6-3】HTML 文档的基本结构。

【解】程序代码如下：

```
<html>
<head>
<meta http-equiv="Content-Type" content="text/html;charset=gb2312">
<title>文档标题</title>
</head>
<body>
<p>文档主体</p>
</body>
</html>
```

【例 6-3】中，<html>…</html>为文档的开始和结尾；<head>…</head>为头部，可在该标签间定义文档属性（<meta>）和文档标题（<title>…</title>）；<body>…</body>为主体部分，文档的文字、图像、动画以及表格等元素均放在该标签间。

【例 6-4】用 HTML 进行综合网页设计。

【解】HTML 代码如图 6-53（a）所示，其中列举了网页的部分元素，在浏览器中显示效果如图 6-53（b）所示。

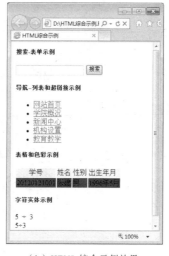

（a）HTML 综合示例代码 　　　　　（b）HTML 综合示例效果

图 6-53　HTML 综合示例

在纯文本编辑软件（如记事本、EditPlus 等）编写 HTML 代码制作网页，工作量巨大，可读性不强，容易出错。可视化网页编辑工具使网页制作变成了一项轻松的工作，常用的可视化网页编辑工具有微软网页编辑软件（如 Microsoft Office SharePoint Designer 2010）和 Adobe 网页编辑软件（如 Adobe Dreamweaver CS6），这两款可视化工具都可以自动将设计的网页页面转换成 HTML 代码。

说明：

2014 年 10 月 29 日，万维网联盟宣布，HTML5 标准规范制定完成，它将取代 1999 年制定的 HTML 4.01、XHTML 1.0 标准。HTML 5 是近十年来 Web 开发标准最巨大的飞跃，它的新使命是将 Web 带入一个成熟的应用平台，在 HTML 5 平台上，视频，音频，图象，动画，以及同电脑的交互都被标准化。HTML5 仍处于完善之中，未来还会加入实时通信、电子支付、应用开发等方面的规范，目前大部分浏览器已经支持 HTML5 的一些功能。

HTML5 标准旨在消除 Internet 程序对 Flash， Silverlight， JavaFX 等一类浏览器插件的依赖，除了原先的 DOM 接口，还增加了更多 API，如：本地音频视频播放、动画、地理信息、硬件加速、本地运行(即使在 Internet 连接中断之后)、本地存储、从桌面拖放文件到浏览器上传、语义化标记等。

3. 网页设计软件

（1）SharePoint Designer 简介

微软公司在 2006 年底停止提供 FrontPage 软件，取而代之的是 Microsoft Office SharePoint Designer，但它并不是 FrontPage 的简单升级版本。该软件基于 SharePoint 技术创建，用于自定义 Microsoft SharePoint 网站并生成启用工作流的应用程序，操作界面同 FrontPage 类似，如图 6-54 所示。

图 6-54　SharePoint Designer 2010 界面

这款 Microsoft SharePoint Designer 具有全新的视频预览功能，包括新媒体和一个 Silverlight 的内容浏览器 Web 部件。微软内嵌了 Silverlight 功能（一种工具，用于创建交互式 Web 应用程序）和全站支持 AJAX 功能，让企业用户很方便地给网站添加丰富的多媒体和互动性体验。通过在网页上设置显示一个视频显示框，可以建设自己的视频网站而不需要额外的编程。

SharePoint 支持 Wiki 标记，而 SharePoint 所见即所得的编辑方式也让操作者能够很好地掌控设计的准确性。在某些方面，SharePoint 甚至比许多 Wiki 更容易使用。它还具有卓越的 Excel 图表功能，通过此功能，Excel Web Access 能够将实时的 Excel 图表和数据信息嵌入 SharePoint 的网页之中，图表内容将监视操作者所有的更新，使得表格保证显示最新数据内容。SharePoint 能够让用户可以预览在文件库中所包含的视频和其他多媒体资源，不用一一打开就能获取一定文档内容，让浏览更加方便。

微软对 SharePoint 2010 的社区功能进行了全面的提升，用户配置文件包括了同事、兴趣爱好和专业知识。社区的标记和评级，使得它更容易分享内容。此外，SharePoint 支持让工作流程可视化，让操作人员能更加准确地掌握在 Microsoft Visio 中编辑工作的进展情况。

（2）Dreamweaver 简介

Dreamweaver 是一款专业的网页制作和网站管理软件，其界面如图 6-55 所示，利用它可以轻而易举地制作出跨平台的动感网页。Dreamweaver 具有灵活编写网页的特点，不但将世界一流水平的"设计"和"代码"编辑器合二为一，而且在设计窗口中还精化了源代码，能帮助用户按工作需要定制自己的用户界面。该软件具有强大的多媒体处理功能，可以方便地插入 Java、Flash、Shockwave、ActiveX 以及其他媒体文件。在设计 DHTML 和 CSS 方面表现得极为出色，它利用 JavaScript 和 DHTML 语言代码轻松地实现网页元素的动作和交互操作。同时，还提供行为和时间线两种控件来产生交互式响应和进行动画处理。

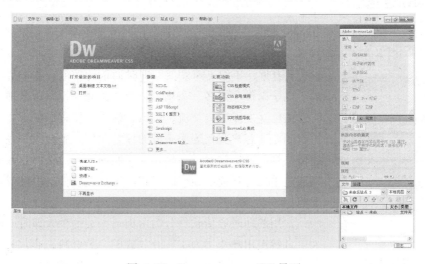

图 6-55　Dreamweaver　CS5 界面

Dreamweaver 内建图形编辑引擎可以实现网页页面编辑时对图片的直接处理，而不需要再调用专门的图片处理工具，这样减少了图片处理时间，使得图片效果更加美观。它提供的站点管理功能可以方便的对本地站点文件进行管理，使用方法类似于 Windows 的资源管理器。在完成对站点文件的编辑后，还可以用其将本地站点上传到因特网上。

（3）Fireworks 简介

Fireworks 是 Adobe 公司推出的一款网页图像制作软件，其界面如图 6-56 所示。它能很好地创建和优化 Web 图像，快速构建网站与 Web 界面原型。该软件不仅具备矢量图和位图的编辑功能，还提供了一个预先构建资源的公共库，可与 Adobe 的其他软件（如 Photoshop、Illustrator、Dreamweaver 与 Flash 等）集成开发，大大降低了网络图像编辑的难度。使用 Fireworks 不仅可以轻松制作出动感十足的 GIF 动画，还可以出色地完成图像切割、动态按钮制作、动态翻转图等。Fireworks 的方便之处在于可将很多图形图像的效果直接生成 HTML 代码，嵌入到现有网页中或作为单独页面呈现。

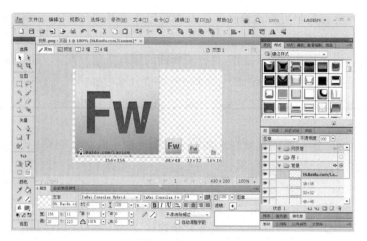

图 6-56　Fireworks 界面

6.3.5　即时通信

即时通信（Instant Messaging，IM）是一个终端服务，允许两人或多人使用网络，即时传递文字信息、档案、语音与视频交流。

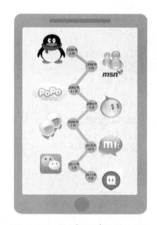

图 6-57　常见即时通信工具

随着近几年的迅速发展，即时通信的功能日益丰富，逐渐集成了电子邮件、博客、音乐、电视、游戏和搜索等多种功能。即时通信已经发展成集交流、资讯、娱乐、搜索、电子商务、办公协作和企业客户服务等为一体的综合化信息平台。一些重要即时通信提供商都提供通过手机接入互联网即时通信的业务，用户可以通过手机与其他已经安装了相应客户端软件的手机或计算机收发消息。

常用的即时通信软件分为两类，一类是个人即时通信，以个人（自然）用户使用为主，开放式的会员资料，非营利目的，方便聊天、交友、娱乐，如 QQ、YY 语音、新浪 UC、百度 HI、阿里旺旺、移动飞信等，此类软件，以网站为辅、软件为主，免费使用为辅、增值收费为主。另一类是企业即时通信，如 Microsoft Lync、信鸽、ActiveMessenger、网络飞鸽、Anychat、腾讯 RTX、LiveUC 等，以企业内部办公为主，建立员工交流平台，减少运营成本，促进企业办公效率。

小结

Internet 是一种公用信息的载体，具有开放性、快捷性、普及性，由成千上万个不同类型、不同规模的计算机网络组成，是世界上规模最大的计算机网络。

本章主要介绍 Internet 及其应用，首先，介绍了计算机网络基础知识，包括计算机网络的发展，计算机网络的组成及主要功能，计算机网络的分类以及计算机网络的硬件和软件。其次，对 Internet 的基本情况做了介绍，包括 Internet 的形成与发展，IP 地址、域名 URl 和 TCP/IP 等 Internet 相关的基本概念，Windows 7 下 IP 地址的设置方法与 Internet 的接入技术。

最后，介绍了 Internet 的常见应用，包括 WWW、浏览器和电子邮件的使用、信息检索与数据检索、网页制作基础与即时通信等。

习题

一、选择题

1. 与计算机网络相连的任何一台计算机，不管是巨型计算机还是微型计算机，都被称为（   ）。

    A. 服务器　　　　　　B. 工作站　　　　　　C. 客户机　　　　　D. 主机

2. 计算机网络是用通信线路把分散布置的多台独立计算机及专用外围设备互连，并配以相应的（   ）所构成的系统。

    A. 系统软件　　　　　B. 应用软件　　　　　C. 网络软件　　　　D. 操作系统

3. 计算机网络按其覆盖的范围分类，可以分为广域网、（   ）和局域网。

    A. 校园网　　　　　　B. 以太网　　　　　　C. 互联网　　　　　D. 城域网

4. 下列传输介质中，提供的带宽最大的是（   ）。

    A. 双绞线　　　　　　B. 普通电线　　　　　C. 同轴电缆　　　　D. 光缆

5. 因特网的基础是 TCP/IP 协议，它是（   ）。

    A. 单一的协议　　　　B. 两个协议　　　　　C. 三个协议　　　　D. 协议集

6. Internet 上的每台正式计算机用户都有一个独有的（   ）。

    A. E-mail　　　　　　B. 协议　　　　　　　C. TCP/IP　　　　　D. IP 地址

7. 通过 FTP 进行上传文件到 FTP 服务器，需要使用（   ）。

    A. 用户名　　　　　　B. 匿名　　　　　　　C. 密码　　　　　　D. 用户名和密码

8. 下面关于 HTML 说法错误的是（   ）。

    A. HTML 的意思是"超文本标记语言"　　B. HTML 是用于编写网页的统一的语言规范
    C. 设计者经常用记事本编写网页　　　　D. 网页的头标记是 head

9. Internet 服务中的实时通信又称即时通信，它是指可以在 Internet 上在线进行（   ）。

    A. 语音聊天　　　　　B. 视频对话　　　　　C. 文字交流　　　　D. 以上都是

10. 搜索引擎被称为因特网服务的服务，使用搜索引擎可以进行分类查询和（   ）。

    A. 模糊查询　　　　　B. 指定查询　　　　　C. 关键字查询　　　D. 任意方法查询

二、操作题

1. 使用"百度搜索"查找诺贝尔文学奖获得者莫言的个人资料，并将其个人资料保存到 D 盘下 Word 文档"莫言个人资料.docx"中。

2. 将 George Wells（邮件地址：georgewells@126.com）添加到 Outlook 联系人中，然后给他发一封邮件，主题为"莫言个人资料"，插入附件"莫言个人资料.docx"（题目 1 中文档），正文内容为"George，你好，你要的资料我已整理完毕，放在附件中，请查收，谢谢。"

3. 在 IE 浏览器的收藏夹中新建一个名为"常用网站"的文件夹，将搜狗搜索的网址（http://www.sogou.com/）添加至该文件夹下。将网站中国搜索（http://www.chinaso.com/）设置为浏览器的起始页，并删除浏览器历史记录。

多媒体技术及其应用

随着信息技术的快速发展，多媒体技术也得到了飞速发展，并广泛应用于计算机的各个领域。多媒体技术使计算机具有处理文字、图像、音频和视频的综合能力，它以形象而丰富的文字、图像、声音等信息和方便的交互性，极大地改善了人机界面，改变了人们使用计算机的方式。多媒体技术广泛应用于教育教学、模拟演练、视频会议以及家庭生活与娱乐等领域，给人们的生活、学习、工作和娱乐带来深刻的变化。因此，有人把多媒体技术称为计算机技术的又一次革命。

7.1　多媒体的基本概念

7.1.1　媒体及其分类

1. 媒体的概念

媒体一词来源于拉丁语 Medium，是指人借助用来传递信息与获取信息的工具、渠道、载体、中介物或技术手段。通常情况下，媒体在计算机领域中有两种含义：一是指存储信息的实体（又称媒质），如磁带、磁盘、光盘、半导体存储器等；二是指信息的表示形式，即信息传播的载体，如文字、图像、音频和动画等。多媒体技术中的媒体是指后者。

2. 媒体的类型

国际电话与电报咨询委员会（CCITT）将媒体分为以下五种类型：

① 感觉媒体（Perception Medium）：能直接作用于人的感觉器官，使人能直接产生感觉的一种媒体。如文字、声音、图像等。

② 表示媒体（Representation Medium）：它是人为构造出来的一种媒体，主要是为了加工、处理和传输感觉媒体。

③ 表现媒体（Presentation Medium）：是指感觉媒体和用于通信的电信号之间转换的一类媒体，它又分为两种：一种是输入表现媒体，如键盘、摄像机、光笔、麦克风等；另一种是输出表现媒体，如显示器、音响、打印机等。

④ 存储媒体（Storage Medium）：用于存放表示媒体（感觉媒体数字化后的媒体），以便于计算机进行加工、处理和调用。这类媒体主要是指外部存储设备如硬盘、磁带、CD-ROM 等。

⑤ 传输媒体（Transmission Medium）：是通信过程中的信息载体，用来将媒体从一处传送到另一处的物理媒体，如双绞线、同轴电缆、光纤等。

在多媒体技术中所说的媒体一般指的是感觉媒体。

7.1.2 常见的媒体元素

1. 文本

文本是指各种文字，包括各种字体、符号以及格式，是使用最广泛的媒体元素。文本主要分为两类：格式化文本可以设置字体、大小、颜色及段落等属性，有格式地编排文本，如.docx文件；非格式化文本不能进行排版，如.txt文件。常见的文本文件格式有.txt、.wri、.rtf、.docx等。

2. 图形

图形是计算机根据一系列指令集合来绘制的几何信息，如点、线、面的位置、形状、色彩等，又称矢量图形。图形在缩放、旋转、移动等处理过程中不失真，具有很好的灵活性，但其描述的对象轮廓比较简单，色彩不是很丰富。图 7-1 所示的图形即为一个矢量图形。

图 7-1　矢量图形

图形主要用于工程制图中，大多数 CAD 和 3D 造型软件使用矢量图形作为基本图形存储格式。存储时只保存图形的算法和特征点，占用的空间较小。

3. 图像

图像是指由输入设备捕获的实际场景画面或以数字化形式存储的真实影像，一般指的是位图图像。适合表现层次和色彩比较丰富、包含大量细节的图像，但存储信息较多，占用空间较大。

常见的图形图像格式有：

① JPG 格式：JPG 是目前比较流行的一种图像格式，扩展名为.jpg。JPG 是一种高效的压缩格式，可以最大限度地提高传输速度，以 JPG 格式存储的文件大小是其他类型图像文件的几十分之一。

② GIF 格式：GIF 是由 CompuServe 公司在 1987 年为了制定彩色图像传输协议而开发的，文件扩展名为.gif。GIF 格式图像的体积很小，在通信传输时速度较快。在一个 GIF 文件中可以存放多幅彩色图像，逐幅读出并显示到屏幕上，构成了一种最简单的动画。

③ BMP 格式：BMP 使用像素点来表示图像，每个像素的颜色信息由 RGB 组合或者灰度值表示，所占用的存储空间较大，文件扩展名为.bmp。BMP 图像是一种与设备无关的文件格式，是 Windows 系统中的标准图像文件格式。

④ PSD 格式：PSD 是 Photoshop 的标准图像文件格式，文件扩展名为.psd，可以保留图像的图层信息，便于后期修改和制作各种特效。

⑤ TIFF 格式：TIFF 是标签图像文件格式的缩写，文件扩展名为.tif 或.tiff，最早流行于 Macintosh 机上。TIFF 格式主要用来存储黑白图像、灰度图像和彩色图像，多用于广告、杂志等的印刷，现在已经成为出版多媒体 CD-ROM 中的一个重要文件格式。

图形图像是经常用到的素材，在这里需要注意以下几点：

（1）像素

像素（Pixel）是图像处理中最基本的单位，在位图中每一个栅格就是一个像素，如图 7-2

所示，每个像素点可以表现出不同的颜色和亮度。显示器就是通过很多这样横向和纵向的栅格来表示图像的，在单位面积内的像素越多，图像的显示效果就越好。

图 7-2　像素栅格

（2）分辨率

分辨率是指单位长度内包含的像素数量。常见的分辨率有图像分辨率、显示器分辨率等。

图像分辨率是每英寸包含的像素数，通常用像素/英寸（pixel per inch，ppi）表示。图像的分辨率越高，图像的质量就越高，但计算机对其处理速度就相对较慢。

在打印时，高分辨率的图像比低分辨率的图像包含的像素更多，因此像素点更小。例如，分辨率为 72 ppi 的 1 英寸×1 英寸的图像总共包含 5 184 个像素（72×72 像素=5 184 像素）。同样是 1 英寸×1 英寸，分辨率为 300 ppi 的图像总共包含 90 000 个像素。与低分辨率的图像相比，高分辨率的图像可以显现出更多的细节和更细致的颜色过渡。但是，提高图像的分辨率并不会对图像品质有多少改善，只是将原来的像素信息扩散到更多的像素中。

显示器分辨率的单位是 dpi（dot per inch），是指显示屏上单位长度内能显示的点的数目。显示器分辨率是由显示器和显卡的性能决定的，一般的计算机显示器分辨率为 96 dpi。

（3）图像深度

图像深度（又称颜色深度）是指存储每个像素所用的位数，用于量度图像最多能使用的颜色数。若每个像素只有一位颜色位，则该像素只能表示亮或暗，这就是二值图像。若每个像素有 8 位颜色位，则在一副图像中可以有 2^8=256 种不同的颜色。若每个像素具有 16 位颜色位，则可使用的颜色数达 2^{16} 种。

常见的图像深度种类有 16 位、24 位和 32 位、48 位等，一般来说，32 位图像深度就能满足日常需要。

4. 音频

音频是指人类能够听到的所有声音，包括人说话的声音、动物鸣叫声等自然界的各种声音；也包括有节奏、旋律或和声的音乐。声音和音乐在本质上是相同的，都是具有振幅和频率的声波。

常见的音频格式有：

① MP3 格式：MP3 是 Internet 上最流行的音乐格式，文件的扩展名是.mp3。它使用了有损压缩技术，过滤掉了人耳不敏感的高音部分，从而将声音文件变为原来大小的 1/12 左右，更利于互联网用户在网上试听或下载。MP3 音频的音质会有所失真，但对一般人来说听起来与 CD 音质没有区别。

② WAV 格式：WAV 又称波形文件，是 Windows 所用的标准数字音频，文件的扩展名是.wav。它是对实际声音进行采样的数据，可重现各种声音，但产生的文件很大，需要进行数据的压缩处理。

③ MIDI 格式：MIDI 不是声音信号，而是一套指令，它指示乐器即 MIDI 设备要做什么、怎么做，如演奏音符、加大音量、生成音响效果等，其扩展名为.mid。

由于计算机处理和存储的都是数字信息，即 0、1 信号，而声音是模拟信号，所以在多媒体系统中，传统的模拟信号必须转换为数字信号。时间和幅值上均连续变化的信号称为模拟信号，时间和幅值上均离散的信号称为数字信号，如图 7-3 所示。

（A）模拟信号　　　　　　　　　　　（B）数字信号

图 7-3　模拟信号及数字信号

将模拟信号转变成数字信号的处理过程称为模拟信号的数字化。需要三个步骤：采样、量化和编码。采样是以一定的时间间隔检测模拟信号波形幅值；量化是将采样时刻的幅值归整到与其最接近的整数标度；编码是将量化后的整数用一个二进制序列来表示。

（1）采样

每隔一定的时间间隔 T 对在时间上连续的音频信号抽取瞬时幅值的过程称为采样或抽样，如图 7-4 所示。两次采样的时间间隔大小 T 称为采样周期；$1/T$ 称为采样频率，表示单位时间内的采样次数。

显而易见，相邻两次采样的时间间隔越短，即采样频率应越高，采样值就越接近真实信号。但提高采样频率，会导致数据量增大。另外，采样频率的选择还必须考虑被采样信号变化的快慢程度。

通常情况下，采样频率一般有三种，人的语音使用 11.025 kHz 的采样频率，要达到音乐效果需选择 22.05 kHz 的采样频率，而要获取高保真的 CD 音质效果则需要选用 44.1 kHz 的采样频率。

（2）量化

采样所得到模拟值还需要进行离散化处理，将采样时刻的幅值归整到与其最接近的整数标度的过程称为量化，如图 7-5 所示。

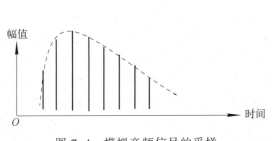

图 7-4　模拟音频信号的采样

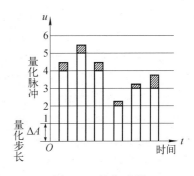

图 7-5　量化过程

量化分级的数目称为量化级数，表示该级数的二进制的位数称为量化位数。当量化位数

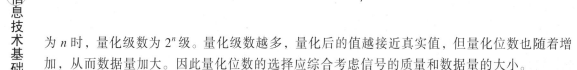

为 n 时，量化级数为 2^n 级。量化级数越多，量化后的值越接近真实值，但量化位数也随着增加，从而数据量加大。因此量化位数的选择应综合考虑信号的质量和数据量的大小。

（3）编码

模拟信号经过采样和量化后，时间和幅值上均变成了离散的数字信号，为了防止信息在传输过程中发生变形和衰减，需要对量化结果进行二进制编码。

多媒体信息的数字化是整个多媒体技术的基础。在多媒体信息中，音/视频信息所占的比重非常大，因此如何把模拟的音/视频信号转变为数字信号也就成为多媒体技术中研究的一个重点问题。将模拟的音/视频信号转变为数字信号的过程称为音/视频信号的模/数转换（A/D转换）。

5. 动画

动画是指借助于动画制作软件或计算机编程等方式，采用图像处理技术，生成一系列可共实时播放连续画面的技术。计算机动画是顺序播放若干幅时间和内容连续的静态图像。

常见动画文件格式有：

① FLC 格式：FLC 文件是 Autodesk 公司在其出品的 2D、3D 动画制作软件中采用的彩色动画文件格式。它采用高效的数据压缩技术，是一种可使用各种画面尺寸及颜色分辨率的动画格式。

② SWF 格式：SWF 是 Flash 动画文件格式，其扩展名为 .swf。近年来该文件格式在网页中得到广泛应用，是目前最流行的二维动画技术。用它制作的动画文件，可嵌入到 HTML 文件中，也可单独使用，或以 OLE 对象的方式出现在各种多媒体创作系统中。SWF 文件的存储量很小，易于在网络上传输，具有丰富的影音效果和很强的交互功能。

6. 视频

视频是由若干幅内容相关的图像连续播放形成的，主要来源于用摄像机拍摄的连续自然场景画面。视频与动画一样，都是由连续的画面组成的，只是视频画面图像是自然景物的图像。

常见的视频文件格式有：

① RM 格式：RM 文件是 RealNetworks 公司开发的一种流式视频文件格式，主要用于在低速率的广域网上传输实时活动视频影像，可以根据网络传输速率的不同而采用不同的压缩比率，从而实现视频数据的实时传送和实时播放。RM 文件还可以与 RealServer 服务器相配合，在数据传输过程中边下载边播放视频影像。

② AVI 格式：AVI（Audio Video Interleaved）是 Microsoft 公司开发的数字音频与视频文件格式，现在已被多数操作系统支持。AVI 文件目前主要应用在多媒体光盘上，用来保存电影、电视等各种影像信息，有时也应用于 Internet 上，供用户下载、欣赏新影片的精彩片断。

③ MPEG 格式：MPEG 文件格式是运动图像压缩算法的国际标准，它采用有损压缩方法减少运动图像中的冗余信息，几乎被所有的计算机平台支持。MPEG 的平均压缩比为 50:1，最高可达 200:1，有着很高的压缩效率，同时图像和声音的质量非常好，兼容性也很强。

④ MOV/QT 格式：MOV/QT 文件是苹果公司开发的一种音频、视频文件格式，用于保存音频和视频信息，具有先进的音频和视频功能，被所有主流计算机平台支持。MOV/QT 以其领先的多媒体技术和跨平台特性、较小的存储空间要求、技术细节的独立性得到了业界的广泛认可，目前已成为数字媒体软件技术领域公认的工业标准。

7.1.3 多媒体及多媒体技术

1. 概念

多媒体（Multimedia）一般理解为多种媒体（文本、图形、图像、音频、动画、视频等）的综合集成与交互，也是多媒体技术的代名词。

按照与时间的相关性，可以将多媒体分为静态媒体和流式媒体。静态媒体是与时间无关的媒体，如文本、图形、图像等；流式媒体是与时间有关的媒体，如音频、动画、视频，此类媒体有实时和同步等要求。

多媒体技术是利用计算机对数字化的多媒体信息进行分析、处理、传输以及交互性应用的技术。目前，多媒体技术的研究已经进入稳定期。从多媒体数据处理的目标上来看，多媒体技术的研究方向从以发展为重点，向着发现、传输与理解并重方向发生着改变，部分应用技术逐渐成为研究热门，相关技术领域的发展将会持续活跃。可以说，多媒体技术的发展改善了人机交互手段，提供了更接近自然的信息交流方式。

2. 多媒体技术的特征

多媒体技术是计算机综合处理声音、文字、图像等信息的技术，具有多样性、集成性、实时性和交互性。

① 多样性：是相对于传统计算机而言的，指信息载体的多样化，即计算机中信息表达方式的多样化，如文字、图像、视频等，这一特性使计算机能处理的信息范围更广，使人机交互界面更加人性化。

② 集成性：是指将多媒体信息有机地组织在一起，使文字、声音、图像一体化，综合地表达某个完整信息。集成性不仅是各种媒体的集成，同时也是多种技术的系统集成。可以说，多媒体技术包含了当今计算机领域内最新的硬件、软件技术，它将不同性质的设备和信息媒体集成为一个整体，并以计算机为中心综合地处理各种信息。

③ 实时性：指在人的感官系统允许的情况下，进行多媒体交互。多媒体技术要求同时处理声音、文字和图像等多种信息，并能够实时处理音频和视频图像。

④ 交互性：交互性是多媒体技术的关键特征，它是多媒体计算机与电视机、激光唱机等家用声像电器有所差别的关键。

以计算机为基础的多媒体技术以其丰富多彩的表现形式、高超的交互能力和高度的集成性得到了广泛的应用。

7.2　多媒体技术及应用

7.2.1 多媒体技术

多媒体技术是一门综合的高新技术，它是微电子技术、计算机技术和通信技术等相关学科综合发展的产物。多媒体技术涉及许多发展成熟的学科，研究的内容几乎覆盖所有与信息相关的领域，是一门跨学科的综合技术。多媒体技术的发展依赖于许多基础技术的发展，主要有以下几个方面：

1. 多媒体数字化处理技术

由于计算机中存储和处理的都是二进制数据，而人类感知到的各种感觉媒体，如声音、视频等，都是以模拟信号来表示，因此，模拟音频和视频都需要经过模/数转换后，才能存储在计算机中，而计算机中的数字音频和视频，则需要经过数/模转换才能还原。模/数转换就是将模拟信号转换成数字信号的数字化处理技术。

2. 多媒体数据压缩/解压缩技术

经过数字化处理后的多媒体数据，数据量仍然很大，这不仅占用很大的存储空间，而且影响其传输速度，因此，需要对数字化的多媒体数据进行压缩。数据压缩技术是多媒体技术研究的重要内容，使用数据压缩技术，可以将文本数据压缩到原来的 1/2 左右，将音频数据压缩到原来的 1/2 ~ 1/10，图像数据压缩到原来的 1/2 ~ 1/60。

3. 多媒体专用芯片技术

利用超大规模集成电路（VLSI）技术，可以生成价格低廉的多媒体芯片，在微型计算机中配置各种价格低廉的硬件芯片，可构成多媒体微型计算机系统。

多媒体专用芯片主要包括两类：一类是固定功能的芯片，如实现静态图像数据压缩/解压缩的专用芯片、支持用于运动图像压缩的 MPEG 标准芯片等；另一类是可编程的数据信号处理器（DSP）芯片，其功能较灵活，可通过编程完成各种不同的操作，并能适应编码标准的改变和升级，这些多媒体专用芯片不仅大大提高了音频、视频信号处理速度，而且在音频、视频数据编码时可以增加特技效果。

4. 大容量光存储技术

由于数字化的多媒体音频、视频等信息是基于时间变化的，即便经过压缩处理后，随着时间的延长数据量也将增大，这就需要大容量的存储设备来存储这样的数据。光盘存储器正好适应了这样的需要，每张 CD-ROM 盘片可以存储 650 MB 的数据，而 DVD 盘片的存储器容量最高可达 17 GB。

5. 多媒体软件技术

多媒体软件技术主要包括多媒体操作系统技术、多媒体素材采集与制作技术、多媒体编辑与创作技术、多媒体应用程序开发技术、多媒体数据库管理技术等。

6. 多媒体通信技术

多媒体通信技术包括语音、图像、视频信号实时压缩的混合传输技术，不同媒体信号（如语音和视频）的数据量不同，在传输时还要考虑同步传输问题，以保证视频图像和伴音的同步播放。此外，要充分发挥多媒体信息的处理能力，还必须与网络技术相结合，若不借助网络，视频会议、医疗会诊等就无法实现。

另外还有超文本与超媒体技术、媒体输入/输出技术等基本技术，正是由于这些技术的飞速发展，使得多媒体技术得到全面发展，广泛应用于我们的工作、学习和生活的各个方面。

7.2.2　多媒体数据压缩

多媒体数据压缩是实现多媒体信息处理的关键技术，主要目的是减少存储容量和降低数据传输量。数据压缩理论的研究已有 40 多年的历史，技术日趋成熟，衡量数据压缩的好坏有三个重要指标：一是压缩率较大；二是实现压缩的算法简单，压缩和解压缩速度快，尽量做到实时压缩、解压缩，且符合压缩/解压缩编码的国际标准；三是恢复效果要好，尽可能地能恢复原始数据。

1. 无损压缩与有损压缩

数据压缩技术的分类方法有很多，如果按照原始数据与解压缩得到的数据之间有无差异，可以将压缩技术分为无损压缩和有损压缩两类。

（1）无损压缩

无损压缩又称无失真压缩，该方法利用数据的统计冗余进行压缩，即统计原数据中重复数据的出现次数进行编码压缩，通过解压缩对数据进行重构，从而恢复原始数据，使压缩前和解压缩后的数据完全一致。无损压缩的压缩率受到数据统计冗余度的理论限制，一般为 2:1 ~ 5:1。该类方法广泛用于文本数据、程序代码和某些要求不丢失信息的特殊应用场合的图像数据（如指纹图像、医学图像等）压缩。常用的无损压缩编码有哈夫曼（Huffman）编码、行程编码等。

（2）有损压缩

有损压缩又称有失真压缩，解压缩后的数据与原来的数据有所不同，但一般不影响人对原始信息的理解。例如，图像和声音中包含的数据往往存在一些冗余信息，即使丢掉一些数据也不至于人们对声音或图像所表达的意思产生误解，因此可以采用有损压缩，所损失的是少量不敏感的数据信息。有损压缩广泛应用于语音、图像和视频数据的压缩。常用的有损压缩编码有预测编码、变换编码等。

2. 常见的压缩格式

（1）RAR 格式

RAR 是一种常见的压缩文件格式，扩展名为.rar，RAR 文件可以用 WinRAR 软件来进行压缩和解压缩，压缩速度相对 ZIP 格式文件来说较慢，但是压缩率比较高，是目前主流的压缩文件格式。

（2）ZIP 格式

ZIP 格式的扩展名为.zip，属于几种主流的压缩格式之一，最出名的压缩软件是 WinZIP。从 Windows ME 版本开始微软就内置了对 ZIP 文件的支持，不需要单独为它安装一个压缩或者解压缩软件。与 RAR 文件格式相比，ZIP 的压缩率较低，但是压缩速度快。

（3）MP3 格式

MP3 是一种音频压缩技术，其全称是动态影像专家压缩标准音频层面 3（Moving Picture Experts Group Audio Layer III），简称为 MP3。它可以大幅度地降低音频数据量，利用 MPEG Audio Layer 3 的技术，将音频以 1:10 甚至 1:12 的压缩率，压缩成容量较小的文件，而对于大多数用户来说音质没有明显的下降。

（4）MPEG 格式

MPEG（Moving Pictures Experts Group）是由 ITU 组织和 ISO 组织共同制定发布的视频、音频数据的压缩标准。MPEG 的基本原理是：在单位时间内采集并保存第一帧信息，然后存储其余帧相对第一帧发生变化的部分，以达到压缩的目的。MPEG 压缩标准可实现帧之间的

第 7 章　多媒体技术及其应用

压缩，其平均压缩比可达 50:1，压缩率比较高。主要发布过 MPEG-1、MPEG-2、MPEG-4 和 MPEG-7 四个版本。

（5）JPEG 格式

JPEG（Joint Photographic Experts Group）是第一个针对静止图像压缩的国际标准，是一种有损压缩格式，去除冗余的图像数据，获得较高的压缩比，同时图像质量也比较高，压缩比通常在 10:1 ~ 40:1 之间。在所有静止图像压缩格式中，JPEG 格式是压缩率最高、应用最广泛的格式。随着多媒体技术和网络技术的发展，人们对图像质量和功能的要求越来越高，1996 年联合图像专家组提出了新一代的 JPEG 格式标准——JPEG2000，可以在保证一定失真率的前提下，主观图像质量优于现有的 JPEG 标准。

7.2.3　流媒体技术

"流媒体"不是一种新的媒体，而是一种新的媒体传送方式。流媒体技术是指把连续的多媒体文件压缩成一个个数据包，由视频服务器向用户计算机传送，用户可以一边下载一边观看、收听，而不必等到整个文件全部下载完。

1.　流媒体的基础

在网络上传输音/视频等多媒体信息，目前主要有下载和流式传输两种方案。音/视频文件一般都较大，所以需要的存储容量也较大，同时由于网络带宽的限制，下载常常要花数分钟甚至数小时，所以这种处理方法延迟也很大。流式传输时，声音、影像或动画等由服务器向用户计算机连续、实时传送，用户不必等到整个文件全部下载完毕，而只需经过几秒或十几秒的启动延时即可进行观看。当媒体在客户机上播放时，文件的剩余部分将在后台从服务器内继续下载。流式不仅使启动延时成十倍、百倍地缩短，而且不需要太大的缓存容量。

2.　流媒体的关键技术

流媒体实现的关键技术就是流式传输，流式传输定义很广泛，现在主要指通过网络传送媒体（如视频、音频）的技术总称。其特定含义为通过 Internet 将影视信息传送到客户机。实现流式传输有两种方法：实时流式传输（Real Time Streaming）和顺序流式传输（Progressive Streaming）。一般说来，如视频为实时广播，或使用流式传输媒体服务器，或应用诸如 RTSP 的实时协议，即为实时流式传输。如使用 HTTP 服务器，文件通过顺序流发送。采用哪种传输方法依赖于用户的需求。当然，流式文件也支持在播放前完全下载到硬盘。

流媒体的传输技术主要有三种：点对点（Unicast）、组播（Multicast）和广播（Broadcast）。点对点的特点是流媒体的源和目的地是一一对应的，即流媒体从一个源发送出去后只能到达一个目的地。组播是一种基于"组"的广播，其源和目的地是一对多的关系，但这种一对多的关系只能在同一个组内建立，即流媒体从一个源发送出去后，任何一个已经加入了与源同一个组的目的地均可以接收到，但该组以外的其他目的地均接收不到。广播的源和目的地也是一对多的关系，但这种一对多的关系并不局限于组，同一网段上的所有目的地可以接收到，广播可以看作组播的一个特例。

广播和组播对于流媒体传输来说是很有意义的，因为流媒体的数据量往往都很大，需要占用很大的网络带宽。如果采用点对点方式，需要有多少个目的地就传输多少份流媒体，所以所需的网络带宽与目的地的数目成正比。如果采用广播或组播方式，那么流媒体在源端只需传输一份，组内或同一网段上的所有客户端应用均可以接收到，这就大大降低了网络带宽的占用。

流媒体技术目前被广泛用于多媒体新闻发布、在线直播、网络广告、电子商务、视频点播、远程教育、远程医疗、网络电台等领域。流媒体技术的应用将为网络信息交流带来革命性的变化，将对人们的工作和生活产生深远的影响。

7.2.4 多媒体技术的应用

多媒体技术使传统的计算机具有多媒体特性，处理信息的种类更加丰富，其友好的人机交互界面，完全改变了计算机的专业化形象，大大缩短了人与计算机之间的距离。如今，多媒体技术几乎覆盖了计算机应用的绝大多数领域，而且还开拓了涉及人类生活、娱乐、学习等方面的新领域。下面介绍多媒体应用的几个主要领域。

1. 教育培训

教育培训是多媒体技术应用的一个主要领域。以多媒体计算机为核心的现代教育技术改变了传统的教学手段，使计算机辅助教学（CAT）更加丰富多彩，做到声、文、图并茂，使学习者各个感官交互，注意力集中，扩大视野，大大提高学习效率。应用多媒体技术进行教学，其创造出的逼真的教学环境和友好的交互方式，有效地提高了学习效果。

2. 模拟训练

利用多媒体技术丰富的表现形式和虚拟现实技术，研究人员能够设计出逼真的仿真训练系统，如飞行模拟训练等。训练者只需要坐在计算机前操作模拟设备，就可得到如同操作实际设备一般的效果，不仅能够有效地节省训练经费、缩短训练时间，还能够避免一些不必要的损失。

3. 娱乐应用

精彩的游戏和 VCD、DVD 都可以利用计算机的多媒体技术来展现，计算机产品与家电娱乐产品的区别越来越小。视频点播（Video on Demand，VOD）也得到了广泛应用，电视节目中心将所有的节目以压缩后的数据形式存入数据库，用户只要通过网络与中心相连，就可以在家里按照指令菜单调取任何一套节目或调取节目中的任何一段。在影视后期制作中，多媒体技术用来合成影视特效，以此来避免让演员处于危险的境地，减少电影的制作成本，使电影更扣人心弦，如楼房倒塌、海啸、火山喷发等场面。

4. 视频会议

视频会议的应用是多媒体技术最重大的贡献之一。该应用使人的活动范围扩大而距离更近，其效果和方便程度比传统的电话会议优越得多。通过网络技术和多媒体技术，视频会议系统使两个相隔万里的与会者能够像面对面一样随意交流。

5. 咨询演示

在旅游、邮电、交通、商业、宾馆等公共场所，通过多媒体技术可以提供高效的咨询服务。在销售、宣传等活动中，使用多媒体技术能够图文并茂地展示产品，从而使客户对商品能够有一个感性、直观的认识。

7.3　常见的多媒体编辑软件

7.3.1　常用软件介绍

多媒体素材编辑软件的主要功能是对图像、音频、动画和视频等进行采集和编辑，主要有图形图像编辑软件、音频编辑软件、视频编辑软件等。

1. 图形图像编辑软件

（1）CorelDRAW 简介

CorelDRAW 是加拿大 Corel 公司开发的一个基于矢量绘图和图像编辑的图形图像软件，如图 7-6 所示。强大的功能、简洁的界面操作环境使其广泛应用于广告设计、插画设计、标志制作、版面设计以及分色输出等诸多领域，是创建矢量图形的首选工具。

Corel 公司陆续推出了十几个版本，软件功能日趋完善和强大。使用 CorelDRAW 编辑的图形默认为 CDR 文件，也可根据需要导出为 JPG、PDF、BMP 等其他文件格式。

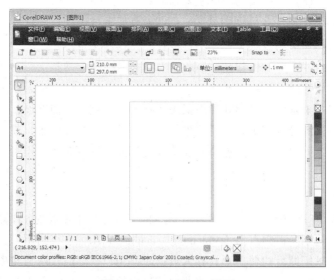

图 7-6　CorelDRAW 界面

（2）Photoshop 简介

Photoshop 是美国 Adobe 公司推出一款专业的图像处理软件，其拥有良好的用户界面，功能强大、简单实用，在平面设计、数字影像、广告设计和网页制作等诸多领域应用广泛，受到设计者的普遍欢迎。使用 Photoshop 编辑的文件默认为 PSD 文档。

（3）AutoCAD 简介

Autodesk（欧特克）公司首次于 1982 年开发的自动计算机辅助设计软件，用于二维绘图、设计文档和基本三维设计。现已经成为国际上广为流行的绘图工具。AutoCAD 具有良好的用户界面，通过交互菜单便可以进行各种操作，如图 7-7 所示。它采用多文档设计环境，非计算机专业人员也能很快地学会使用。AutoCAD 适应性广泛，它可以在各种操作系统支持的微型计算机和工作站上运行。

（4）Adobe Illustrator 简介

Illustrator 是全球最著名的矢量图形软件，其功能强大，界面友好，已经占据了全球矢量编辑软件中的大部分份额。Adobe Illustrator 广泛应用于印刷出版、专业插画、多媒体图像处理和网页制作等，可以提供较高的精度和控制，适合生产任何小型到大型的复杂项目。目前Illustrator 已经完全占领专业的印刷出版领域。

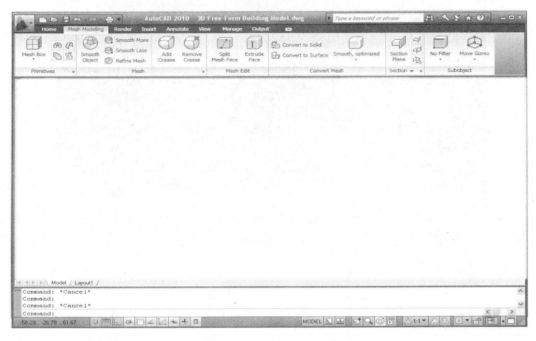

图 7-7　AutoCAD 界面

2．音频编辑软件

（1）Adobe Audition 简介

Adobe Audition 是一款专业音频编辑软件，专为在广播设备和后期制作设备方面工作的音视频专业人员设计，可提供先进的音频混合、编辑、控制和效果处理功能。Audition 是一个完善的多声道录音室，可提供灵活的工作流程，使用简便。无论是要录制音乐、无线电广播，还是为录像配音，利用 Audition 均可创造出高质量的音频效果。目前的最新版本 Adobe Audition CC，完善了各种音频编码格式接口，如已经支持 FLAC 和 APE 无损音频格式的导入和导出以及相关工程文件的渲染。

（2）GoldWave 简介

GoldWave 是一个功能强大的数字音乐编辑器，是一个集声音编辑、播放、录制和转换的音频工具，还可以对音频内容进行格式转换等处理。GoldWave 体积小巧，但是功能强大，支持的音频文件包括 WAV、IFF、AIFF、AIFC、AU、SND、MP3、AVI、MOV、APE 等格式，也可以从 CD、VCD、DVD 或其他视频文件中提取声音，GoldWave 包含丰富的音频处理特效，从一般特效如多普勒、回声、混响、降噪到高级的公式计算都可以实现。其界面如图 7-8所示。

图 7-8　GoldWave 界面

3. 视频编辑软件

（1）会声会影简介

会声会影是友立（Ulead）公司推出的一款视频编辑和光盘制作的软件，如图 7-9 所示。目前会声会影的最新版本为 Corel VideoStudio Pro X10。该软件具有成批转换功能与捕获格式完整的特点，虽然无法与 EDIUS、Adobe Premiere 和 Sony Vegas 等专业视频处理软件媲美，但简单易用、功能丰富，在国内普及度较高。

图 7-9　会声会影界面

（2）Adobe Premiere 简介

Premiere 是 Adobe 公司推出的一款常用的基于非线性编辑设备的音/视频编辑软件，在

Mac 和 Windows 平台下均可使用。Premiere 软件编辑画面质量好、兼容性强，可以与 Adobe 公司推出的其他软件相互协作，广泛应用于广告制作和电视节目制作。

（3）EDIUS 简介

EDIUS 是日本 Canopus 公司的非线性编辑软件，专为广播和后期制作环境而设计，特别适合无带化视频制播和存储。EDIUS 拥有完善的基于文件工作流程，提供了实时、多轨道、多格式混编、合成、色键、字幕和时间线输出功能。除了标准的 EDIUS 系列格式，还支持 InfinityJPEG 2000、DVCPRO、P2、VariCam、Ikegami GigaFlash、MXF、XDCAM 和 XDCAM EX 视频素材。同时支持所有 DV、HDV 摄像机和录像机。

4. 动画编辑软件

（1）Flash 简介

Flash 是目前流行的网页动画制作软件，界面如图 7-10 所示，具有操作简单、体积小巧以及交互性强等特点，广泛应用于网站制作、功能演示、网络动画和教学辅助等领域。

Flash 的源文件为 FLA 格式，生成的动画文件为 SWF 格式，该类型文件必须有 Flash 播放器才能正常播放，且播放器的版本不能低于 Flash 程序自带播放器的版本。

图 7-10　Adobe Flash 界面

（2）3ds Max 简介

3ds Max 是美国 Autodesk 公司推出的一款三维动画渲染和制作软件，是当今全球最为流行的三维动画创作软件之一，广泛应用于影视特效、工业设计、建筑设计、多媒体制作、科学研究以及游戏开发等各个领域，其界面如图 7-11 所示。

3ds Max 2016 作为当前最新版本，提供了全新的创意工具集、增强型迭代工作流以及 Nitrous 加速图形核心，能有效提高创作效率。软件具有渲染和仿真功能，绘图、纹理和建模工具集以及多应用工作流，可让设计者有充足的时间制定更出色的创意决策。

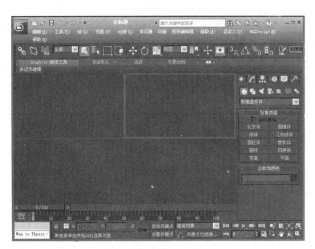

图 7-11　3ds Max 界面

5. 其他软件介绍

（1）光影魔术手

光影魔术手是一个对数码照片画质进行改善及效果处理的软件，它简单易用，而且完全免费。利用光影魔术手不需要任何专业的图像处理技术，就可以制作出专业胶片摄影的色彩效果，是摄影作品后期处理、图片快速美容、数码照片冲印整理时必备的图像处理软件，其界面如图 7-12 所示。

图 7-12　光影魔术手界面

（2）Ulead Photo Express

Ulead Photo Express（我形我速）是友立出品的著名数码软件，可制作出色的相片与项目，供亲朋好友欣赏。"我形我速"不只是简单的图像编辑程序，它可以用最精彩的方式，展示精彩的创意，将平凡无奇的相片转换成杰出的艺术品，与亲朋好友一起分享。它可以创建多种内容：贺卡、日历、计划表、剪贴书页、屏幕保护，甚至网页。

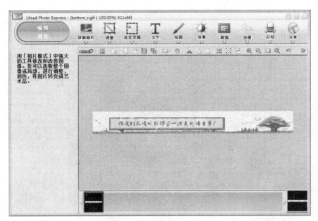

图 7-13　我形我速界面

（3）Gif Animator

Gif Animator 是友立公司（Ulead）出版的动画 GIF 制作软件，不但可以把一系列图片保存为 GIF 动画格式，内建的 Plugin 有许多现成的特效可以立即套用，能产生二十多种 2D 或 3D 的动态效果，还可以将 AVI 文件转成 GIF 动画文件，将动画 GIF 图片最佳化，能将放在网页上的动画 GIF 图"减肥"，以便让人能够更快速的浏览网页，其界面如图 7-14 所示。

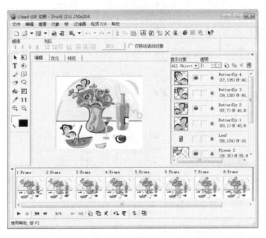

图 7-14　Ulead GIF Animator 界面

7.3.2　图像处理软件 Photoshop 简介

Photoshop 是最常用的图像处理软件之一，广泛应用于图书封面、海报、产品包装的设计、影像创意、婚纱照片设计、建筑效果图后期修饰和网页图像处理等领域。本书以广泛使用的 Photoshop CS5 版本为例进行介绍。

1. Photoshop 界面介绍

打开 Photoshop CS5 程序，其界面如图 7-15 所示。

菜单栏中包含 Photoshop 软件中的所有命令，通过这些命令可以实现对图像的各种操作。Photoshop CS5 中包含 11 个菜单，分别为文件、编辑、图像、图层、选择、滤镜、视图、窗口和帮助等。

菜单栏
选项栏
应用程序栏
面板
工具箱
状态栏

图 7-15　Photoshop CS5 主界面

　　选项栏用来显示所选工具的参数。在图像处理中，可以根据需要在选项栏中设置不同的参数。设置的参数不同，得到的图像效果也不同。

　　工具箱包含了该软件的所有工具，如图 7-16 所示。在工具图标上右击，会显示这组工具中其他隐藏的工具。单击工具箱顶端的 ▶▶ 按钮，可以将单栏显示的工具箱调整为双栏显示。

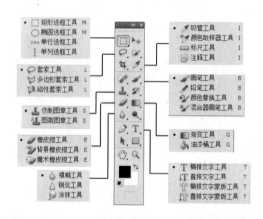

图 7-16　工具箱工具名称

2. Photoshop 常用工具

（1）移动工具

　　移动工具 ▸♦ 是最常用的工具，在进行图像的布局时，可用来移动图层、选区等。使用方法为：选中需要移动的区域或图层，拖动到合适位置即可将其移动；按住【Alt】键的同时拖动鼠标，可以将其复制。

（2）选区工具

通常情况下，对整幅图像的部分区域进行操作，被选中的部分叫做选区。选区是一个封闭的区域，可以是任何形状。选区一旦建立，大部分操作就只对选区范围有效。如果要针对全图进行操作，必须先取消选区。

创建选区可以使用：选框工具组、套索工具组、魔棒工具组，以及【选择】菜单。三个工具组位于工具箱上部，如图 7-17 所示。

图 7-17　选区工具

（3）画笔工具组

画笔工具✎可以用前景色来绘制线条。铅笔工具✐用来创建硬边线条。这两种工具都可以在选项栏中修改笔的直径、硬度、形状。颜色替换工具✎能够快速替换特定区域的颜色，可用于校正颜色。

（4）橡皮擦工具组

橡皮擦工具✐用来擦除像素。背景橡皮擦工具✐用来擦除背景色，使背景变透明。魔术棒橡皮擦工具✐只需一次单击，就可去除与单击处连通的图案。

（5）填充工具组

渐变工具▮的作用是产生逐渐变化的颜色，操作时需要在选项栏中选择渐变方式和颜色，并用鼠标在选区内拖动出一条线，渐变效果如图 7-18 所示。油漆桶工具✎的作用是用前景色或图案，按照图像中像素的颜色进行填充，填充的范围是与单击处的像素点颜色相同或相近的像素点，可以在选项栏中设置容差值来调整范围。

（a）线性渐变	（b）径向渐变	（c）菱形渐变	（d）对称渐变	（e）角度渐变

图 7-18　渐变效果

注意：除非有选区或蒙版存在，否则无论用鼠标拖动的线条有多长，产生的渐变都将充满整个画面。

（6）图章工具组

仿制图章工具✎用来复制取样的图，先从图像中取样，然后将样本复制到其他图层图像或同一图像的其他部分。方法为：按住【Alt】键在原图①处单击提取采样点，如图 7-19（a）所示，然后在②处拖动鼠标进行涂抹，效果如图 7-19（b）所示。

仿制图章工具经常被用来修补图像中的破损处，原理是用周围临近的像素值来填充指定位置的颜色。图案图章工具✎可以对图像添加 Photoshop 提供的一些图案样式，或者用图像的一部分作为图案绘画。

（a）原图　　　　　　　　　　　　　　（b）使用仿制图章后的图

图 7-19　仿制图章工具复制效果

3．Photoshop 常用概念介绍

（1）图层

通俗地讲，图层就像是含有文字或图形等元素的胶片，一张张按顺序叠放在一起，组合起来形成页面的最终效果。图层可以将页面上的元素精确定位，在其中可以加入文本、图片、表格、插件，也可以在里面再嵌套图层。

例如，要绘制一幅画，首先要有画板，然后在画板上添加一张透明纸绘制一个圆圈，绘制完成后，再添加一张透明纸绘制嘴巴……依此类推，从而得到一幅完整的作品，如图 7-20 所示。在这个绘制过程中，添加的每一张纸就是一个图层。使用图层的优点是对某一图层进行修改时，不会影响到其他图层。

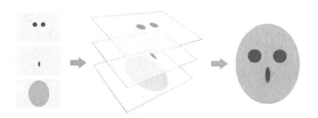

图 7-20　图层与图像的关系

图层的常用操作可以在【图层】面板、【图层】菜单内完成，如图 7-21 所示。

（a）多个图层组成的图像　　　　　　　　（b）图层面板

图 7-21　图层

要编辑图像中的某个对象，必须先选中该对象所在的图层。在【图层】面板中，选中要编辑的图层，图层会显示蓝色，此时可以对该图层进行移动、调整、填充、变形等各种编辑操作。

（2）图层样式

Photoshop 为图层提供了很多的艺术特效，称作图层样式，如投影、发光、斜面和浮雕、描边等，效果如图 7-22 所示。使用图层样式可以快速完成某些特殊效果。

图 7-22　图层样式效果

（3）图层蒙版

图层蒙版是加在普通图层上的一个遮盖，通过创建图层蒙版来隐藏或显示图像中的部分或全部。图层蒙版是灰度图像，如果用黑色在蒙版图层上进行涂抹，涂抹的区域图像将被隐藏，显示下层图像的内容，即当前图层为透明。反之，如果采用白色在蒙版图层上涂抹，则会显示当前图层的图像，遮住下层图像内容，即当前图层为不透明。如果图层蒙版上是灰色，即当前图层为半透明。使用图层蒙版可以对图像进行合成，对原图像具有保护作用，操作方便、便于修改。

添加图层蒙版：在【图层】面板中选中需要添加图层蒙版的图层，单击【添加图层蒙版】按钮◻，即可为该图层添加蒙版。如果已在图像中创建了选区，可以根据选区范围在当前图层上建立图层蒙版。

删除图层蒙版：在【图层】面板中要删除的图层蒙版上右击，选择【删除图层蒙版】命令即可。要编辑图层蒙版需要先选中图层蒙版。

为图层添加图层蒙版以后，常会用到渐变工具对蒙版进行编辑。使用渐变工具可以制作渐隐的效果，使图像过度的非常自然，在合成图像中常被应用。

例如，用图 7-23（a）、（b）所示图片，制作如图 7-23（d）所示效果。将图 7-23（b）置于图 7-23（a）上，对上层图像添加图层蒙版，并选择渐变工具在图层蒙版上，从上向下拖动出黑到白的渐变效果，就可得到如图 7-23（d）所示效果。在图层蒙版中黑色代表完全透明，所以对应部位显示底层天空图像，白色代表不透明，所以对应部位显示上层海洋图像，灰色代表半透明，所以对应部位同时显示上下两层图像，使两幅图片完美融合在一起。

（a）底层图像　　　　　（b）上层图像　　　　（c）图层蒙版设置　　　　（d）最终效果

图 7-23　编辑图层蒙版

4. 常用的基本操作

（1）调整图像颜色

选择【图像】→【调整】→【色相/饱和度】命令，可以修改图像的色调、饱和度、亮度。如图 7-24 所示。

（a）原图

（b）降低色相

（c）降低饱和度

（d）提高亮度

图7-24　图像色彩调整效果图

（2）改变图像尺寸和大小

利用 Photoshop 的菜单可以很方便地调整图像的像素大小、文档大小和分辨率，下面通过一个例子来说明操作方法。

【例7-1】打开"素材\第7章多媒体\例7-1证件照.jpg"，将图7-25的证件照尺寸调整为240×320（宽×高，单位：像素），大小为20 KB以下。

【解】具体操作步骤如下：

① 用 Photoshop 打开"素材\第7章多媒体\例7-1证件照.jpg"，如图7-26所示。

图7-25　证件照

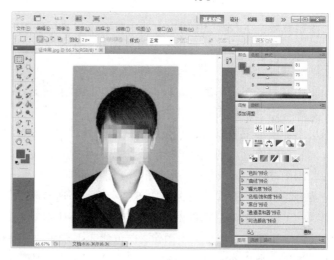

图7-26　打开证件照

② 选择【图像】→【图像大小】命令，弹出【图像大小】对话框，如图7-27所示，去掉【约束比例】前的对勾，在【像素大小】位置设置图像的高度为320，宽度为240（单位是像素），即可改变图像尺寸。

③ 调整图像大小为20 KB以内。选择【文件】→【存储为Web所用格式】命令，如图7-28所示，在弹出的对话框中，选择 JPEG 格式，在保证图片清晰的前提下相应调整品质，可选择页面上方的【双联】栏查看图片大小，调到图片大小20 KB以内，保存即可。

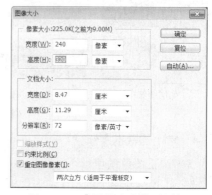

图7-27　【图像大小】对话框

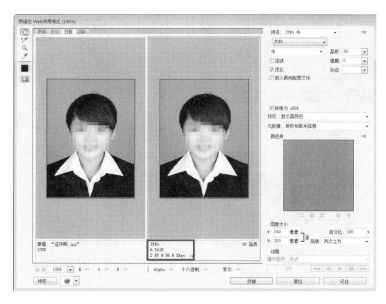

图 7-28 【存储为 Web 所用格式】对话框

（3）变形图像

选定一个选区，选择【编辑】→【变换】/【自由变换】命令，可以对选区进行缩放、旋转、斜切、扭曲、透视、变形等操作，双击可应用变换。图 7-29 中的（b）、（c）、（d）是对图片进行各种变形的效果。

（a）原图　　　　　　（b）斜切　　　　　　（c）透视　　　　　　（d）变形

图 7-29 图像变形

（4）裁剪图像

使用【裁剪】命令可以将图像按照选区进行矩形裁剪，在打开的文件中创建一个选区，执行【图像】→【裁剪】命令即可。

（5）历史记录

在用 Photoshop 处理图像过程中一旦出现误操作，可以通过【历史记录】面板返回到误操作之前的状态，如图 7-30 所示。

（6）更换证件照的背景颜色

更换证件照的背景颜色方法有很多：魔棒、替换颜色、抠图调色等等，在这里只介绍一种方法。

【例 7-2】打开"素材\第 7 章多媒\例 7-2 证件照.jpg"，将图 7-25 证件照的蓝色背景更换成红色背景。

【解】具体操作步骤如下：

① 用 Photoshop CS5 打开要处理的证件照片，为背景图层复制一个图层，如图 7-31 所示。

图 7-30 【历史记录】面板

图 7-31 复制图层

② 选择【选择】→【色彩范围】命令，弹出【色彩范围】对话框，如图 7-32 所示。在背景颜色区域单击，将"色彩容差"调整到合适的值，单击【确定】按钮后可将背景颜色选中，用"油漆桶"工具更换颜色即可。

③ 如果边缘有锯齿，为了使边缘柔和一些，可以进行羽化。选择合适的工具（如磁性套索），圈出如图 7-33 所示的区域。执行【选择】→【修改】→【羽化】命令，在弹出的【羽化选区】对话框中，填写合适的羽化半径，单击【确定】按钮。接着执行【选择】→【反向】命令，即可将背景色选中，重新填充背景色即可。

图 7-32 【色彩范围】对话框

图 7-33 套索选区

（7）制作 GIF 动画

Photoshop 除了可以编辑静态图片外，还可以制作动画，下面将介绍制作 GIF 动态图片的方法。

【例 7-3】使用 Photoshop 打开"素材\第 7 章多媒体\例 7-3"文件夹中的三张图片，制作 GIF 格式的变脸动画，如图 7-34 所示。

【解】具体操作步骤为：

①制作图层：用 Photoshop 同时打开文件夹内的"a1.jpg、b1.jpg、c1.jpg"三张图片，将图片 b 拖到图片 a 中，拖放方法：切换到图片 b 窗口，利用工具栏中的移动工具，将图片 b 直接拖入图片 a 中，将图片 c 拖到图片 a 中，如图 7-35（a）所示，此时在图片 a 中共有三个图层，分别存放三张图片，每张图片的尺寸大小要一致。

（a）第1帧（图片a）　　　　（b）第2帧（图片b）　　　　（c）第3帧（图片c）

图7-34　变脸动画效果

② 从图层建立帧：选择【窗口】→【动画】命令，在 Photoshop 界面的下部弹出【动画
（帧）】面板。单击面板右侧的下拉三角按钮，选择【从图层建立帧】选项，将出现三个动
画帧的缩略图，如图7-35（b）所示。

③ 在面板下方的"选择循环次数"里面选择【永远】选项，即一直循环播放动画。

④ 单击第1帧画面下方的三角形，设置延迟时间1秒；同样方法设置第2、3帧的延
迟为1秒。

（a）图层制作　　　　　　　　　　　　（b）【动画（帧）】面板

图7-35　动画设置

⑤ 选择【文件】→【存储为 Web 和设备所用格式】命令，在弹出的对话框中单击【存
储】按钮，即可将动画保存为 GIF 格式。

小结

多媒体技术使计算机具有文字、图像、音频和视频等的综合处理能力，它给人们的生活、
学习、工作和娱乐带来深刻的变化。

媒体是信息传播的载体，是人与人之间进行沟通及交流的中介物质。国际电话与电报咨
询委员会（CCITT）将媒体分为感觉媒体、表示媒体、表现媒体、存储媒体和传输媒体五种
类型。常见的媒体元素有文本、图形、图像、音频、动画、视频。

多媒体技术是计算机综合处理声、文、图等信息的技术，具有多样性、集成性、实时性，
交互性。其基本技术具体包括数字化处理技术、数据压缩/解压缩技术、多媒体通信技术、大
容量光存储技术等。其中，多媒体数据压缩是实现多媒体信息处理的关键技术，可以分为无
损压缩和有损压缩两类。

多媒体素材编辑软件的主要功能是对图像、音频等进行采集和编辑，主要有图形图像编
辑软件、音频编辑软件、视频编辑软件等。

习题

一、选择题

1. 下面各项中，（ ）不是常用的多媒体信息压缩标准。

 A．JPEG 标准 B．MP3 压缩 C．LWZ 压缩 D．MPEG 标准

2. 下面的图形图像文件格式中，（ ）可实现动画效果。

 A．WMF 格式 B．GIF 格式 C．BMP 格式 D．JPG 格式

3. 下面程序中（ ）不属于音频播放软件工具。

 A．Windows Media Player B．GoldWave

 C．QuickTime D．ACDSee

4. 媒体中的（ ）指的是能直接作用于人们的感觉器官，从而能使人产生直接感受的媒体。

 A．感觉媒体 B．表示媒体 C．显示媒体 D．存储媒体

5. 下列（ ）文件属于视频文件。

 A．JPG B．AU C．ZIP D．AVI

6. 构成位图图像的最基本单位是（ ）。

 A．颜色 B．通道 C．图层 D．像素

7. MPEG 是数字存储（ ）图像压缩编码和伴音编码标准。

 A．静态 B．动态 C．点阵 D．矢量

8. Photoshop 不能制作的是（ ）。

 A．邮票 B．贺卡 C．平面广告 D．网站

9. 下面程序中，（ ）属于三维动画制作软件工具。

 A．3ds Max B．Fireworks C．Photoshop D．Authorware

10. 将模拟声音信号转变为数字信号的数字化过程是（ ）。

 A．采样→编码→量化 B．量化→编码→采样

 C．编码→采样→量化 D．采样→量化→编码

二、简答题

1. 媒体可分为哪几类？

2. 多媒体技术的特征有哪些？

3. 为什么要压缩多媒体信息？